普通高等教育"十二五"规划教材（高职高专教育）

U0318249

建筑构造与识图

主　编　王邓红　童慧芝
副主编　殷芳芳　邬京虹
编　写　徐怡红　李　强　黄　晋
　　　　江晨晖　戚甘红
主　审　厉　莎

中国电力出版社
CHINA ELECTRIC POWER PRESS

内 容 提 要

本书为普通高等教育"十二五"规划教材（高职高专教育）。全书共分 9 章，主要内容包括建筑构造概述、建筑施工图、基础与地下室构造、墙体、楼地层、屋顶、楼梯与其他垂直交通设施、门与窗构造、变形缝，以及一套完整的某宿舍楼建筑施工图和结构施工图。全书按照国家颁布的最新的建筑标准和规范编写，反映了我国近年来在建筑科技方面的新成就，并在内容上推陈出新。章节内容以介绍当代建筑设计发展的最新研究为出发点，结合工程现场实例、图片，把主要篇幅放在建筑构造和建筑施工图识读上，而对建筑制图和画法几何内容进行弱化处理。

本书可作为高职高专院校工程造价、建筑工程技术、建筑工程管理等专业的教材，也可作为相关专业技术人员参考用书。

图书在版编目（CIP）数据

建筑构造与识图/王邓红，童慧芝主编. —北京：中国电力出版社，2014.8
普通高等教育"十二五"规划教材．高职高专教育
ISBN 978-7-5123-5928-4

Ⅰ.①建… Ⅱ.①王…②童… Ⅲ.①建筑构造-高等职业教育-教材②建筑制图-识别-高等职业教育-教材 Ⅳ.①TU22②TU204

中国版本图书馆 CIP 数据核字（2014）第 141543 号

中国电力出版社出版、发行
（北京市东城区北京站西街 19 号　100005　http://www.cepp.sgcc.com.cn）
汇鑫印务有限公司印刷
各地新华书店经售

*

2014 年 8 月第一版　2014 年 8 月北京第一次印刷
787 毫米×1092 毫米　16 开本　15.75 印张　384 千字
定价 36.00 元

敬 告 读 者

前　言

　　建筑构造与识图是工程造价、建筑工程技术、建筑工程管理等专业的必修课，本书是作者在总结多年教学经验和工程经验的基础上，根据高等专科学校土建类专业对房屋建筑构造方面的要求编写而成的。

　　本书在编写时，力求内容精炼，表述准确，概念清晰，强调适用性和应用性。在讲透基本原理的基础上，结合工程现场实例、图片，使读者能够举一反三，触类旁通，以增强思维能力的培养。本书反映了我国近年来在建筑科技方面的新成就，按照国家颁布的最新的建筑标准和规范编写，并在内容上推陈出新。章节内容以介绍当代建筑设计发展的最新研究为出发点，希望对学生有所启发，并能提高学生的创新意识。

　　在内容的选取上，为适应高等职业学校基于工作过程的人才培养需要，本书从满足必须和够用的基本要求出发，把主要篇幅放在建筑构造和建筑施工图识读上，而对建筑制图和画法几何内容进行弱化处理。

　　本书提供了一套完整的某宿舍楼建筑施工图和结构施工图工程实例（单独成册，附于书后），可让学生用真实工程进行识图训练，提高施工图识读能力，这是本书的一大特色。

　　全书由浙江同济科技职业学院王邓红、童慧芝主编，浙江同济科技职业学院殷芳芳和浙江建设职业技术学院邬京虹副主编。参加本书编写的人员有浙江同济科技职业学院童慧芝、王邓红（编写第1、5、7章）；浙江同济科技职业学院殷芳芳（编写第2章中2.1～2.6节）；浙江建设职业技术学院邬京虹（编写第8章）；浙江理工大学科技与艺术学院徐怡红（编写第4章）、李强（编写第3章）、黄晋（编写第6章）；浙江建设职业技术学院江晨晖（编写第9章）；杭州太学节能科技有限公司总经理、高级工程师戚甘红（编写第2章中2.7节以及提供了本书大部分施工图片）。

　　本书由浙江同济科技职业学院工程造价专业带头人厉莎主审，并提出了许多宝贵意见，谨在此表示诚挚的谢意！

　　由于建筑行业发展很快，新标准、新规范不断更新，限于编者的水平，书中的错漏之处恐难避免，恳请读者批评指正。

编　者

目　　录

前言

第1章　建筑构造概述 ··· 1
1.1　建筑物的分类和等级划分 ··· 1
1.2　建筑的构造组成部分及作用 ······································· 3
1.3　建筑模数协调统一标准 ··· 5
复习思考题 ·· 7

第2章　建筑施工图 ··· 8
2.1　工程制图的一般规定 ··· 8
2.2　建筑工程制图的基本规定 ··· 11
2.3　建筑总平面图 ··· 20
2.4　建筑平面图 ··· 24
2.5　建筑立面图 ··· 33
2.6　建筑剖面图 ··· 38
2.7　建筑详图 ··· 41
复习思考题 ·· 45

第3章　基础与地下室构造 ··· 47
3.1　基础与地基的关系 ··· 47
3.2　基础的埋置深度 ··· 48
3.3　基础的类型 ··· 49
3.4　地下室构造 ··· 54
复习思考题 ·· 57

第4章　墙体 ··· 58
4.1　墙体的类型与设计要求 ··· 58
4.2　砖墙及砌块墙构造 ··· 63
4.3　隔墙与隔断 ··· 79
4.4　墙面装修 ··· 84
复习思考题 ·· 89

第5章　楼地层 ··· 91
5.1　楼地层的组成与类型 ··· 91
5.2　钢筋混凝土楼板构造 ··· 92
5.3　顶棚 ··· 96
5.4　地面构造 ··· 97

5.5 阳台与雨篷 …………………………………………………………… 102

复习思考题 ……………………………………………………………… 104

第6章 屋顶 ………………………………………………………………… 105

6.1 屋顶的类型、坡度及排水 ………………………………………… 105

6.2 平屋顶的构造 ……………………………………………………… 112

6.3 坡屋顶的构造 ……………………………………………………… 125

复习思考题 ……………………………………………………………… 133

第7章 楼梯与其他垂直交通设施 …………………………………… 134

7.1 楼梯概述 …………………………………………………………… 134

7.2 预制装配式钢筋混凝土楼梯构造 ………………………………… 139

7.3 现浇整体式钢筋混凝土楼梯构造 ………………………………… 139

7.4 楼梯的细部构造 …………………………………………………… 140

7.5 台阶与坡道 ………………………………………………………… 142

7.6 电梯与自动扶梯 …………………………………………………… 143

复习思考题 ……………………………………………………………… 146

第8章 门与窗构造 …………………………………………………… 147

8.1 概述 ………………………………………………………………… 147

8.2 窗的种类与构造 …………………………………………………… 148

8.3 门 …………………………………………………………………… 153

复习思考题 ……………………………………………………………… 156

第9章 变形缝 ………………………………………………………… 157

9.1 概述 ………………………………………………………………… 157

9.2 伸缩缝 ……………………………………………………………… 158

9.3 沉降缝 ……………………………………………………………… 161

9.4 防震缝 ……………………………………………………………… 163

复习思考题 ……………………………………………………………… 164

参考文献 …………………………………………………………………… 166

第1章 建筑构造概述

　　建筑构造是一门研究建筑物各组成部分构造原理和构造方法的学科，它是依据建筑物的使用功能、经济条件、施工技术与艺术造型要求，达到功能适用、坚固、经济合理、美观实用的设计目标。通过对本课程的学习，使学生能够掌握建筑构造的基本原理和一般方法，同时也将提高学生识读和绘制建筑图的水平。

　　建筑构造与实际应用紧密联系，综合性强，在学习时应注意以下几点：

　　（1）认识建筑构造应从整体到局部，再从局部回到整体，既有良好的整体把握能力，又对细部构造有深刻理解。

　　（2）应注意了解建筑构造方面的新技术，加深对常用典型构造做法和标准图集的理解。

　　（3）应多留意身边的建筑，应多参观施工中的建筑，在实践中验证、充实理论。

　　（4）重视绘图技能的训练，了解构造想法是如何用建筑语言表达出来的。通过作业和课程设计，不断提高绘图和识图能力。

1.1 建筑物的分类和等级划分

　　建筑物的分类方法很多，不同的分类方法对建筑的称谓也有所不同。

1.1.1 按使用功能分

　　建筑物按照使用功能不同可以分为三大类：民用建筑、工业建筑与农业建筑。

　　民用建筑是供人们工作、学习、生活、休息、娱乐及进行社会活动等用的非生产性建筑。

工业建筑是用于工业生产的建筑，主要指工业厂房、生产车间、辅助生产车检、产品仓库等。

农业建筑是用于农业生产、生活的建筑，主要指农民用房和粮仓、畜牧场、农业机械、种植用房、种子储存等有特殊要求的建筑物。

民用建筑是最为常见，也是本书重点内容。民用建筑又分为居住建筑和公共建筑。

（1）居住建筑，如宿舍、别墅、住宅、公寓等，居住建筑与人们的生活关系密切，需要量大，占地面积最广。

（2）公共建筑按照使用功能特点，又可以分为以下建筑类型：文教建筑、托幼建筑、医疗卫生建筑、科研建筑、商业建筑、行政办公建筑、观演性建筑、体育建筑、展览建筑、商业建筑、电信广播电视建筑、交通建筑、金融建筑、园林建筑、纪念性建筑等。

建筑功能的不同，决定了建筑设计的不同思路和方向。

1.1.2　按建筑结构类型分类

按照建筑结构所用材料不同，建筑物可以分为以下几种类型：

（1）木结构建筑：指以木材作为房屋承重骨架的建筑。从世界建筑发展史来看，古代西方多采用土石结构建筑，古代东方则多采用木结构建筑。木结构具有自重轻、构造简单、施工方便等优点，但木材易腐、易燃，又因我国森林资源缺少，现已较少采用。

（2）砖混结构建筑：指以砖材和混凝土作为承重骨架的建筑。在砖混结构中，砖材形成砖墙、砖柱承担竖向重量，钢筋混凝土材料形成楼板承担水平重量。

（3）钢筋混凝土结构建筑：指以钢筋混凝土作为承重骨架（梁、板、柱、墙）的建筑。钢筋混凝土结构应用广泛，防火、耐久性好。

（4）钢结构建筑：指以钢材为主要承重骨架的建筑。钢结构适用于高层建筑承重和工业厂房的柱、吊车梁和屋架，钢结构耗材量大。

1.1.3　按建筑层数分类

1. 住宅按层数分类

低层住宅：1~3层；多层住宅：4~6层；中高层住宅：7~9层；高层住宅：10层及以上。

2. 其他民用建筑按建筑高度分类

建筑高度：室外设计地面至建筑主体檐口顶部的垂直距离。

（1）普通建筑：建筑高度不超过24m的民用建筑和建筑高度超过24m的单层民用建筑。

（2）高层建筑：10层及10层以上的住宅，建筑高度超过24m的公共建筑（不包括单层主体建筑）。

（3）超高层建筑：建筑高度超过100m的民用建筑。

1.1.4　按民用建筑等级划分

建筑物的等级一般按耐久性和耐火性进行划分。

1. 按耐久性能分级

建筑物的耐久等级主要根据建筑物的重要性和规模大小划分，作为基建投资和建筑设计的重要依据。《民用建筑设计通则》（GB 50352—2005）中对建筑物的设计使用年限作出了规定，见表1.1。

表 1.1　　　　　　　　　　　　　　设 计 使 用 年 限 分 类

类别	设计使用年限（年）	示　　　例	类别	设计使用年限（年）	示　　　例
1	5	临时性建筑物	3	50	普通建筑物和构筑物
2	25	易于替换结构构件的建筑物	4	100	纪念性建筑和特别重要的建筑

　　注　设计使用年限是指不需要进行结构大修和更换结构构件的年限。

　　2. 按耐火程度分级

　　耐火等级取决于房屋主要构件的耐火极限和燃烧性能。耐火极限指从受到火的作用起，到失去支撑能力或产生穿透性洞口或构件背火一面温度升高到220℃时所延续的时间。

　　按材料的燃烧性能把构件分为燃烧体（如木材、纸板、胶合板等）、难燃烧体（如沥青混凝土构件、木板条抹灰等）及非燃烧体（如石材、砖、混凝土等）。

　　多层民用建筑主要构件的耐火等级分为四级，参照《建筑设计防火规范》（GB 50016—2006），见表1.2。

表 1.2　　　　　　　　　多层民用建筑构件的燃烧性能和耐火极限

构件名称		耐火等级			
		一级	二级	三级	四级
墙	防火墙	不燃烧体 3.00	不燃烧体 3.00	不燃烧体 3.00	不燃烧体 3.00
	承重墙	不燃烧体 3.00	不燃烧体 2.50	不燃烧体 2.00	难燃烧体 0.50
	非承重外墙	不燃烧体 1.00	不燃烧体 1.00	不燃烧体 0.50	燃烧体
	楼梯间的墙 电梯井的墙 住宅单元之间的墙 住宅分户墙	不燃烧体 2.00	不燃烧体 2.00	不燃烧体 1.50	难燃烧体 0.50
	疏散走道两侧的隔墙	不燃烧体 1.00	不燃烧体 1.00	不燃烧体 0.50	难燃烧体 0.25
	房间隔墙	不燃烧体 0.75	不燃烧体 0.50	难燃烧体 0.50	难燃烧体 0.25
柱		不燃烧体 3.00	不燃烧体 2.50	不燃烧体 2.00	难燃烧体 0.50
梁		不燃烧体 2.00	不燃烧体 1.50	不燃烧体 1.00	难燃烧体 0.50
楼板		不燃烧体 1.50	不燃烧体 1.00	不燃烧体 0.50	燃烧体
屋顶承重构件		不燃烧体 1.50	不燃烧体 1.00	燃烧体	燃烧体
疏散楼梯		不燃烧体 1.50	不燃烧体 1.00	不燃烧体 0.50	燃烧体
吊顶（包括吊顶搁栅）		不燃烧体 0.25	难燃烧体 0.25	难燃烧体 0.15	燃烧体

1.2　建筑的构造组成部分及作用

　　各类建筑物虽然使用功能、构造方法、规模大小和空间处理方面各有要求，但构成建筑物的主要部分是相同的，都包括了基础、墙或柱、楼地层、屋顶、楼梯和门窗六大组成部分，下面以图1.1示例说明。

　　1. 基础

　　区别于地基，基础是组成建筑物的最底下部分，承担着建筑物上部传递下来的全部荷载，并将这些荷载有效地传给地基。因此，基础必须具有足够的强度、刚度和稳定性，并能

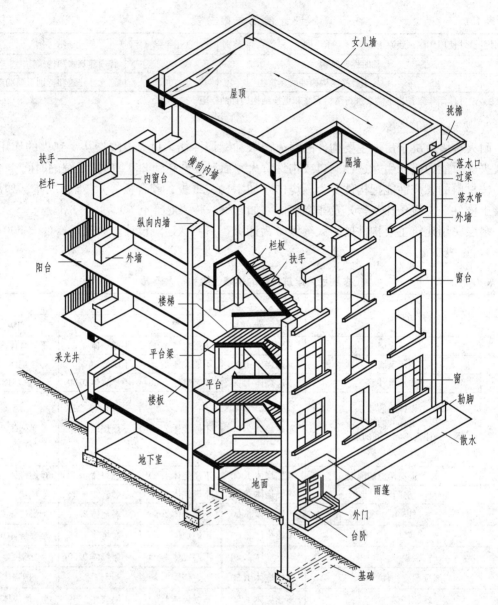

图 1.1　房屋的构造组成

够抵抗地下各种有害因素的侵蚀。地基用来承受基础传递过来的荷载，不属于建筑物的组成部分。

2. 墙或柱

从建筑上来说，墙或柱起到外围护内分隔的作用，形成建筑竖向空间。从结构上来说，墙或柱有承重和不承重两种类型。当墙或柱承重时，它承担屋顶、楼板层、楼梯、门窗等构件传来的荷载，并把他们传给基础。

3. 楼地层

楼地层分隔水平空间，承担水平面内的荷载，如楼板自重、装修荷载、人群家具自重等，并将这些荷载通过主次梁传递给墙或柱。同时楼地层还能与承重墙柱形成空间骨架，互相支撑。

楼层应具有足够的抗弯强度和刚度，并应具备功能所需的防火、防水、隔声性能。

地层也称地坪层，是建筑物底部与地基的分隔构件，它承担着底层房间的地面荷载。一般地层不架空，与土壤层接触，所以比较于楼层，强度要求比楼板低。同时，由于存在地下水或地下潮气时，需要做防潮、防水处理。

4. 屋顶

屋顶是建筑物顶部的承重和围护构件。与楼板层一样，屋顶承受水平面内的荷载，承受风、雨、施工及检修等屋顶荷载，并将这些荷载传递给墙或柱；同时抵抗外界的风雨雪的侵袭和太阳辐射。因而，屋顶应具有足够的强度、刚度及防水、保温、隔热等性能。

5. 楼梯

楼梯是建筑物必须具备的垂直交通设施，供人们上下楼层和紧急疏散之用。在数量、位置、宽度、坡度、细部构造及防火性能等方面均应满足通行能力的要求。

6. 门窗

门窗属于非承重构件。门主要用来交通和分隔房间，兼有采光通风的功能；窗主要起到采光通风的作用，同时也是重要的围护构件。门窗应具有建筑物功能要求的保温、隔声、防火等能力。

一幢建筑物除上述六大基本组成部分之外，对不同使用功能的建筑物，还有许多特有的构配件，如阳台、雨篷、台阶、通风孔、排烟道等。

1.3　建筑模数协调统一标准

为了使建筑制品、建筑构配件和组合件实现工业化大规模生产，使不同材料、不同形式和不同制造方法的建筑构配件、组合件符合模数并具有较大的通用性和互换性，以加快设计速度，提高施工质量和效率，降低建筑造价，我国制订了《建筑模数协调标准》（GB/T 50002—2013）。

建筑模数是指选定的尺寸单位，也是建筑设计、建筑施工、建筑材料与制品、建筑设备等各部门进行尺度协调的基础，其目的是使构配件安装吻合，并有互换性。

1. 基本模数

基本模数的数值规定为 100mm，表示符号为 M，即 1M 等于 100mm。它是建筑模数协调统一标准中的基本单位，整个建筑物或其中一部分以及建筑组合件（指建筑材料或构配件做成的房屋功能组成部分）的模数化尺寸均应是基本模数的倍数。

2. 扩大模数

模数尺寸中凡为基本模数整数倍的称为扩大模数，适用于水平方向的水平扩大模数基数应为：3M、6M、12M、15M、30M、60M。适用于竖直方向的竖直扩大模数基数为 3M 和 6M 两个。

3. 分模数

分模数是基本模数的分数倍，为了满足缝隙、构造节点、构配件断面尺寸等较小尺寸。分模数按照 $\frac{1}{10}$M、$\frac{1}{5}$M、$\frac{1}{2}$M 取用其相应尺寸为 10mm，20mm，50mm。

基本模数、扩大模数和分模数共同构成模数数列。

4. 模数数列

模数数列是由基本模数、扩大模数和分模数为基础拓展成的一系列模数尺寸。它可以保证各类建筑及其组成部分间尺度的统一协调，减少建筑尺寸的种类，并确保尺寸具有合理的灵活性。建筑物的所有尺寸除特殊情况外，均应满足模数数列的要求。表 1.3 为我国现行的模数数列。

表 1.3　　　　　　　　　　常 用 模 数 数 列　　　　　　　　　　mm

模数名称	基本模数	扩大模数						分模数		
模数基数 基数数值	1M 100	3M 300	6M 600	12M 1200	15M 1500	30M 3000	60M 6000	1/10M 10	1/5M 20	1/2M 50
	100	300						10	20	
	200	600	600					20		
	300	900						30		
	400	1200	1200	1200				40	40	
	500	1500			1500			50		50
	600	1800	1800					60	60	
	700	2100						70		
	800	2400	2400	2400				80	80	
	900	2700						90		
	1000	3000	3000		3000	3000		100	100	100
	1100	3300						110		
	1200	3600	3600	3600				120	120	
模数数列	1300	3900						130		
	1400	4200	4200					140	140	
	1500	4500			4500			150		150
	1600	4800	4800	4800				160	160	
	1700	5100						170		
	1800	5400	5400					180	180	
	1900	5700						190		
	2000	6000	6000	6000	6000	6000	6000	200	200	200
	2100	6300							220	
	2200	6600							240	
	2300	6900								250
	2400	7200	7200	7200					260	
	2500	7500			7500				280	
	2600		7800						300	300
	2700		8400	8400					320	
	2800		9000			9000				
	2900		9600	9600					340	
	3000								360	
	3100			10 800					380	

续表

模数名称	基本模数	扩大模数	分模数
应用范围	主要用于建筑物层高、门窗洞口和构配件截面	1. 主要用于建筑物的开间或柱距、进深或跨度、层高、构配件截面尺寸和门窗洞口等处； 2. 扩大模数 30M 数列按 3000mm 进级，其幅度可增至 360M；60M 数列按 6000mm 进级，其幅度可增至 360M	1. 主要用于缝隙、构造节点和构配件截面等处； 2. 分模数 1/2M 数列，按 500mm 进级，其幅度可增至 10M

复习思考题

一、填空题

1. 民用建筑按用途分有＿＿＿＿＿、＿＿＿＿＿、＿＿＿＿＿三种类型。

2. 模数数列指以＿＿＿＿＿模数、＿＿＿＿＿模数、＿＿＿＿＿模数为基数扩展的一系列尺寸。

3. 从广义上讲，建筑是指＿＿＿＿＿与＿＿＿＿＿的总称。

4. 住宅建筑按层数划分，其中＿＿＿＿＿层为多层；＿＿＿＿＿层以上为高层。

5. 一般民用建筑是由＿＿＿＿＿、＿＿＿＿＿、＿＿＿＿＿、＿＿＿＿＿、＿＿＿＿＿、＿＿＿＿＿、＿＿＿＿＿等基本构件组成的。

二、选择题

1. 民用建筑包括居住建筑和公共建筑，其中（　　）属于居住建筑。
   A. 托儿所　　　　B. 宾馆　　　　　　C. 公寓　　　　　　D. 疗养院

2. 某民用建筑开间尺寸有 3.1m、4.2m、5.2m、2.8m，其中（　　）属于标准尺寸。
   A. 3.1m　　　　B. 5.2m　　　　　　C. 4.2m　　　　　　D. 2.8m

3. 普通建筑物和构筑物的设计使用年限为（　　）年。
   A. 25　　　　　B. 50　　　　　　　C. 100　　　　　　D. 5

4. 下列不属于建筑物组成部分的是（　　）。
   A. 地基　　　　B. 基础　　　　　　C. 地平层　　　　　D. 屋顶

三、简答题

1. 民用建筑主要由哪些部分组成？

2. 民用建筑按照设计使用年限如何划分？

3. 如何定义高层建筑？

4. 什么是建筑模数？什么是基本模数？

第2章　建筑施工图

　　工程图样是工程界的技术语言，是房屋建造施工的依据。为了保证建筑施工图样基本统一，图面清晰简明，有利于提高制图效率，工程技术人员必须熟悉和掌握绘制工程图样的基本知识和基本技能。

　　本章除了介绍建筑施工图的基本制图规定和图示特点之外，还阐述了建筑施工图的图示内容和识图方法。本章重点内容包括建筑总平面图及施工总说明，建筑平面图、建筑立面图、建筑剖面图，建筑详图等建筑图纸的识图。

2.1　工程制图的一般规定

　　建筑工程施工图是由多种专业设计者分别将建筑物的形体、大小、构造、结构、装饰、设备等设计构思和设计意图，依照规定，详细、准确绘制出来的图样。建筑工程施工图是工程技术界的共同语言，是工程设计人员与施工人员传递工程信息的桥梁，是指导施工的重要依据，并对施工人员的施工行为具有约束力。因此，建筑工程施工图一定要做到基本统一，符合《房屋建筑制图统一标准》（GB/T 50001—2010）（以下简称《制图统一标准》）的规定。

2.1.1　图纸幅面及格式

一、图幅

图幅即图纸幅面尺寸的大小，所有图纸的幅面及图框应符合表 2.1 的规定。

表 2.1　　　　　　　　　　　　幅 面 及 图 框 尺 寸　　　　　　　　　　　mm

尺寸代号＼幅面代号	A₀	A₁	A₂	A₃	A₄
$b \times l$	841×1189	594×841	420×594	297×420	210×297
c	10			5	
a	25				

一套施工图中，在选用图纸幅面时，应以一种规格为主。在特殊情况下，根据实际需要选用 $A_0 \sim A_3$ 加长图纸，图纸短边一般不应加长，长边加长，加长尺寸应符合表 2.2 的规定。

表 2.2　　　　　　　　　　　　图 纸 长 边 加 长 尺 寸　　　　　　　　　　　mm

幅面尺寸	长边尺寸	长边加长后尺寸
A₀	1189	1486　1635　1783　1932　2080　2230　2378
A₁	841	1051　1261　1471　1682　1892　2102
A₂	594	743　891　1041　1189　1338　1486　1635　1783　1932　2082
A₃	420	630　841　1051　1261　1471　1682　1892

注　有特殊需要的图纸，可采用 $b \times l$ 为 841mm×891mm 与 1189mm×1261mm 的幅面。

图纸使用方式有横式和立式。以短边作为垂直边称横式，以短边作为水平边称立式，一般 $A_0 \sim A_3$ 图纸宜横式使用，必要时立式使用。

需要微缩复制的图纸，其图纸四边均应附有对中标志，线宽应为 0.35mm，伸入图幅内 5mm。图纸格式具体如图 2.1 所示。

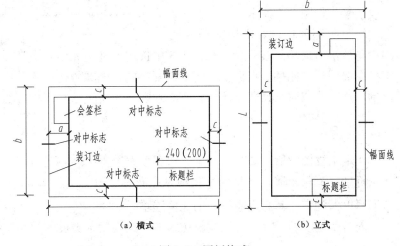

图 2.1　图纸格式

二、标题栏与会签栏

图纸的标题栏、会签栏及装订边的位置见图 2.2 和图 2.3。

图 2.2　标题栏　　　　　　　　图 2.3　学生作业图标

1. 标题栏（简称图标）

标题栏应按图 2.2 绘制在图纸的右下角，根据工程需要选择其尺寸、格式及分区。

学生作业图标可按图 2.3 绘制。

（专业）	（实名）	（签字）	（日期）

图 2.4　会签栏

2. 会签栏

会签栏位于图框线外侧的左上角或右上角，栏内应填写各工程负责人员所代表的专业，姓名，日期（年、月、日），其尺寸为 100mm×20mm，见图 2.4。一个会签栏不够用时可并列增加一个。不需会签栏的图纸可不设会签栏。

2.1.2　比例

图样的比例为图形与实物相对应的线性尺寸之比。比例的大小，是指比值的大小。建筑工程施工图的常用比例见表 2.3。

表 2.3　　　　　　　　　　　　　建筑工程施工图的常用比例

图　名	常用比例	可用比例
总平面图	1：500、1：1000、1：2000	1：300、1：400
平面图、立面图、剖面图	1：50、1：100、1：150、1：200	1：60
详图	1：10、1：20	1：5、1：25、1：4

比例的符号为"："，比例应以阿拉伯数字表示，如 1：10、1：20、1：100 等。比例宜注写在图名的右侧，字的基准线应取平；比例的字高宜比图名的字高小一号或二号，如图 2.5 所示。

立面图 1:100　　　⑥ 1:10

图 2.5　比例的注写

绘图所用的比例，应根据图样的用途与被绘对象的复杂程度，从表 2.3 中选用，并优先用表中常用比例。一般情况下，一个图样应选用一种比例。根据专业制图需要，同一图样可选用两种比例。特殊情况下也可自选比例，这时除应注出绘图比例外，还必须在适当位置绘制出相应的比例尺。

2.1.3　字体

1. 汉字

建筑工程图中所需书写的文字、数字或符号等，均应笔画清晰、字体端正、排列整齐，标点符号应清楚正确。文字的字高应从下列系列中选用：3.5、5、7、10、14、20mm。如需书写更大的字，其高度应按 $\sqrt{2}$ 的比值递增。

图名及说明的汉字，宜采用长仿宋体，其高度与宽度的关系应符合表 2.4 的规定。

表 2.4　　　　　　　　　　　　　　长仿宋体字高宽关系　　　　　　　　　　　　　mm

字高	20	14	10	7	5	3.5
字宽	14	10	7	5	3.5	2.5

大标题、图册封面、地形图等的汉字，也可书写成其他字体，但应易于辨认。汉字的简化字书写，必须符合国务院公布的《汉字简化方案》和有关规定。长仿宋体的书写要领是：横平竖直、起落分明，填满方格，结构匀称，如图 2.6 所示。

建筑工程技术房屋构造
平立剖面图比例东南西
北说明楼梯基础正反结

图 2.6　长仿宋体结构示例

2. 拉丁字母、阿拉伯数字与罗马数字

建筑工程图中拉丁字母、阿拉伯数字与罗马数字的书写、排列应符合表 2.5 的规定，拉丁字母、阿拉伯数字与罗马数字，如需写成斜体字，其斜度应是从字的底线逆时针向上倾斜 75°。斜体字的高度与宽度应与相应的直体字相等，见图 2.7。

表 2.5   拉丁字母、阿拉伯数字与罗马数字的书写规则

书写格式	一般字体	窄字体
大写字母高度	h	h
小写字母高度（上下均无延伸）	$\frac{7}{10}h$	$\frac{10}{14}h$
小写字母伸出的头部或尾部	$\frac{3}{10}h$	$\frac{4}{14}h$
笔画宽度	$\frac{1}{10}h$	$\frac{1}{14}h$
字母间距	$\frac{2}{10}h$	$\frac{2}{14}h$
上下行基准线间距	$\frac{15}{10}h$	$\frac{21}{14}h$
字间距	$\frac{6}{10}h$	$\frac{6}{14}h$

图 2.7 字母、数字书写示例

拉丁字母、阿拉伯数字与罗马数字的字高，应不小于 2.5mm。数量的数值注写，应采用正体阿拉伯数字。各种计量单位凡前面有量值的，均应采用国家颁布的单位符号注写。单位符号应采用正体字母。

分数、百分数和比例数的注写，应采用阿拉伯数字和数学符号，例如四分之三、百分之二十五和一比二十应分别写成 3/4、25％和 1：20。当注写的数字小于 1 时，必须写出个位的 "0"，小数点应采用圆点，齐基准线书写，例如 0.01。

2.2 建筑工程制图的基本规定

2.2.1 建筑工程制图的产生

建筑施工图由设计单位根据设计任务书的要求、相关的设计资料、计算数据及建筑艺术等多方面因素设计绘制而成的。根据建筑工程的复杂程度，其设计过程分为两阶段设计和三阶段设计两种。一般情况都按两阶段进行设计，对于较大的或技术上较复杂、设计要求较高的工程，才按三阶段进行设计。两阶段设计包括初步设计和施工图设计两个阶段。

1. 初步设计的主要任务

初步设计的主要任务是根据建设单位提出的设计任务要求，进行调查研究、搜集资料、提出设计方案。其内容包括必要的工程图纸，如简略的平面图、立面图、剖面图等图样，设计概算和设计说明等。

有时还要向业主提供建筑效果图、建筑模型及电脑动画效果图，以便直观地反映建筑物的真实情况。方案图报业主征求意见，并报规划、消防、卫生、交通、人防等相关部门

审批。

初步设计的工程图纸和相关文件只是作为提供方案研究和审批之用,不能作为施工的依据。

2. 施工图设计的主要任务

建筑施工图设计的主要任务是满足工程施工各项具体技术要求,提供一切准确可靠的施工依据,其内容包括工程施工所有专业(即土建、装饰、水暖电等专业)的基本图、详图及其说明书、计算书等。

对于整套施工图纸是设计人员的最终成果,是施工单位进行施工的依据。因此,施工图设计的图纸必须详细完整、前后统一、尺寸齐全、准确无误,符合国家建筑制图标准。

2.2.2 建筑施工图的分类和编排顺序

1. 建筑施工图的分类

图纸目录和施工总说明。图纸目录包括全套图纸中每张图纸的名称、内容、图号等。施工总说明包括工程概况、建筑标准、载荷等级。如果是地震地区,还应有抗震要求以及主要施工技术和材料要求等。对于较简单的房屋,图纸目录和施工总说明可以放在"建筑施工图"中的"总平面图"内。

建筑施工图,由总平面图、平面图、立面图、剖面图、详图等组成。

结构施工图,由基础平面图、楼层结构布置平面图、结构构件详图等组成。

设备施工图,包括给水、排水施工图,采暖、通风施工图,电气施工图等。

2. 建筑施工图的编排顺序

一套简单的房屋施工图就有一二十张图纸,一套大型复杂建筑物的图纸至少也得有数十张、上百张甚至会有数百张之多。因此,为了便于看图,易于查找,就应把这些图纸按顺序编排。

建筑工程施工图一般的编排顺序是:首页图(包括图纸目录、施工总设计说明、防火专篇、抗震专篇、门窗表、房屋一览表等),建筑施工图,结构施工图,给排水施工图,采暖通风施工图,电气施工图等。

2.2.3 建筑施工图的图示规定

一、图线

1. 线宽

图线的宽度 b,宜从下列线宽系列中选取:2.0、1.4、1.0、0.7、0.5、0.35mm。每个图样应根据复杂程度和比例大小,先选定基本线宽 b,再选用表 2.6 中相应的线宽组。

表 2.6   线 宽 组   mm

线宽比	线宽组					
b	2.0	1.4	1.0	0.7	0.5	0.35
$0.5b$	1.0	0.7	0.5	0.35	0.25	0.18
$0.25b$	0.5	0.35	0.25	0.18	—	—

注 1. 需要微缩的图纸,不宜采用 0.18mm 及更细的线宽。
    2. 同一张图纸内,各不同线宽中的细线,可统一采用较细的线宽组的细线。

2. 线型

建筑施工图中的图线线型应按表 2.7 选用。

表 2.7　　　　　　　　　　　　　　　建筑施工图的图线

名　称		线　型	线　宽	一般用途
实线	粗	——————	b	平、剖面图中被剖切的主要构造（包括构配件）的轮廓线；建筑立面图的外轮廓线、建筑构造详图（被剖切的主要部分）的轮廓线；建筑构配件详图中的外轮廓线；平、立、剖面图的剖切符号
	中	——————	$0.5b$	平、剖面图中被剖切的次要建筑构造（包括构配件）的轮廓线；建筑平、立、剖面图中建筑构配件的轮廓线；建筑构造、建筑构配件详图中的一般轮廓线
	细	——————	$0.25b$	<$0.5b$ 的图形线、尺寸线、尺寸界线、图例线、索引线符号、标高符号、详图材料做法引出线等
虚线	中	- - - - - - -	$0.5b$	建筑构造详图及建筑构配件不可见的轮廓线；机械轮廓线；拟扩建的轮廓线
	细	- - - - - - -	$0.25b$	<$0.5b$ 的不可见轮廓线、图例线
单点长画线	粗	—·—·—·—	b	起重机轮廓线
	细	—·—·—·—	$0.25b$	中心线、对称线、定位轴线
折断线		—— /\/ ——	$0.25b$	不需画全的断开界限
波浪线		∿∿∿	$0.25b$	不需画全的断开界限；构造层次的断开界限

3. 几点说明

（1）在同一张图纸内，相同比例的各图样，应选用相同的线宽组。

（2）图纸的图框和标题栏线，采用表 2.8 的线宽。

（3）相互平行的图线，其间隙不宜小于其中粗线的宽度，且不宜小于 0.7mm。

（4）虚线、单点长画线或双点长画线的长度和间隔，宜各自相等。

（5）若图形较小，画单点长画线、双点长画线有困难时，可用实线代替。

（6）单点长画线的两端部应是线段，当与其他图线交接时也应是线段交接。

（7）虚线与虚线交接或虚线与其他线交接时，应是线段交接。虚线为实线的延长线时，不得与实线连接。

（8）图线不得与文字、数字或符号重叠或混淆，不可避免时，应首先保证文字等的清晰。

表 2.8　　　　　　　　　　　　　　　图框线、标题栏线的宽度

幅面代号	图框线	标题栏外框线	标题栏分格线、会签栏线
A_0、A_1	1.4	0.7	0.35
A_2、A_3、A_4	1.0	0.7	0.35

二、符号

1. 剖切符号

剖视的剖切符号应由剖切位置线及投射方向线组成，均为粗实线绘制，投射方向线垂直于剖切位置线，投射方向线（长度为 4～6mm）应短于剖切位置线（长度应为 6～8mm），如图 2.8 所示。绘制时，剖视的剖切符号不应与其他图线相接触。剖视剖切符号的编号宜采用阿拉伯数字，按顺序由左至右、由上而下连续编排，并注写在投射方向线的端部。如图 2.7 中 1—1 剖面为向左剖视，3—3 剖面为向后剖视。需要转折的剖切位置线，在转角的外侧加注与该符号相同的编号。

断面的剖切符号只用剖切位置线表示，并以粗实线绘制。断面剖切符号的编号宜采用阿拉伯数字，按顺序连续编排，并注写在剖切位置线的一侧；编号所在的一侧为该断面的剖视方向，如图 2.9 中 1—1 断面为向左剖视，而 2—2 断面为向前剖视。

剖面图或断面图，如与被剖切图样不在同一张图内，可在剖切位置线的另一侧注明其所在图纸的编号，也可在图上集中说明。

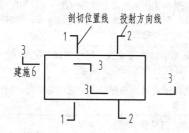

图 2.8　剖视的剖切符号

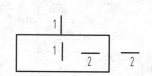

图 2.9　断面剖切符号

2. 索引符号与详图符号

图样中的某一局部或构件如需要详图，应以索引符号索引，如图 2.10 所示。索引符号是由直径为 10mm 的圆和水平直径组成，均以细实线绘制。索引出的详图，如与被索引的图样在同一张图纸内，在索引符号的上半圆中用阿拉伯数字注明该详图的编号，并在下半圆中间画一段水平细实线；索引出的详图，如与被索引的图样不在同一张图纸内，则在索引符号的下半圆中用阿拉伯数字注明该详图所在图纸的编号；索引出的详图，如采用标准图，在索引符号水平直径的延长线上加注该标准图册的编号。索引符号如用于索引剖视详图，在被剖切的部位绘制剖切位置线，并以引出线引出索引符号，引出线所在一侧应为剖视方向。

详图的位置和编号，用详图符号表示。详图符号的圆以直径为 14mm 粗实线绘制，如图 2.11 所示。当详图与被索引的图样同在一张图纸内时，在详图符号内用阿拉伯数字注明详图的编号；详图与被索引的图样不在同一张图纸内，用细实线在详图符号内画一水平直径，在上半圆中注明详图编号，在下半圆中注明被索引的图纸的编号。

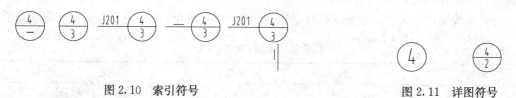

图 2.10　索引符号

图 2.11　详图符号

3. 引出线

引出线以细实线绘制，宜采用水平方向的直线，且水平方向成 30°、45°、60°、90°，或经上述角度再折为水平线。文字说明宜注写在水平线的上方，也可注写在水平线的端部，如图 2.12 所示。

同时引出几个相同的引出线，宜互相平行；也可画成集中于一点的放射线，如图 2.13 所示。

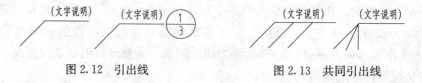

图 2.12　引出线

图 2.13　共同引出线

多层构造或多层管道共用引出线，通过被引出的各层。文字说明注写在水平线的上方，或注写在水平线的端部，说明的顺序应由上至下，并应与被说明的层次相互一致；如层次为横向排序，则由上至下的说明顺序应与左至右的层次相互一致。多层构造引出线如图 2.14 所示。

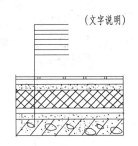

图 2.14　多层构造引出线

4. 其他符号

（1）对称符号。对称符号由对称线和两端的两对平行线组成。对称线用细单点长画线绘制；平行线用细实线绘制；对称线垂直平分于两对平行线。两端略超出平行线，如图 2.15 所示。

（2）连接符号。连接符号以折断线表示需要连接的部位。两部位相距过远时，折断线两端靠图样一侧标注大写拉丁字母表示连接编号。两个连接图样必须用相同的字母编号，如图 2.16 所示。

（3）指北针。指北针的形状宜如图 2.17 所示，其圆的直径宜为 24mm，用细实线绘制；指针尾部的宽度为 3mm，指针头部应注"北"或"N"字。需用较大直径绘制指北针时，指针尾部宽度为直径的 1/8。

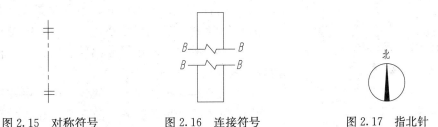

图 2.15　对称符号　　　　图 2.16　连接符号　　　　图 2.17　指北针

三、尺寸标注

1. 尺寸界线、尺寸线及尺寸起止符号

图样上的尺寸，包括尺寸界线、尺寸线、尺寸起止符号和尺寸数字，如图 2.18 所示。

（1）尺寸界线用细实线绘制，与被注长度垂直，其一端离开图样轮廓线不小于 2mm，另一端超出尺寸线 2～3mm。图样轮廓线可用作尺寸界线。

（2）尺寸线用细实线绘制，与被注长度平行。图样本身的任何图线均不得用作尺寸线。

（3）尺寸起止符号用中粗斜短线绘制，其倾斜方向与尺寸界线成顺时针 45°角，长度为 2～3mm。半径、直径、角度与弧长的尺寸起止符号，用箭头表示，如图 2.19 所示。

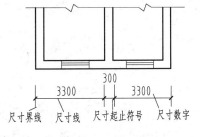

图 2.18　尺寸的组成

图 2.19　箭头尺寸起止符号

2. 尺寸数字

图样上的尺寸，以尺寸数字为准，不得从图上直接量取。图样上的尺寸单位，除标高及总平面以米为单位外，其他必须以毫米为单位。尺寸数字的方向，按图2.20（a）的规定注写。若尺寸数字在30°斜线区内，按图2.20（b）的形式注写。

尺寸数字依据其方向注写在靠近尺寸线的上方中部。如没有足够的注写位置，最外边的尺寸数字注写在尺寸界线的外侧，中间相邻的尺寸数字错开注写，如图2.21所示。

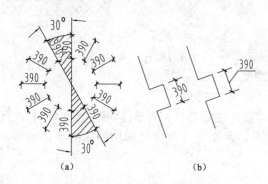

图2.20　尺寸数字的注写方向

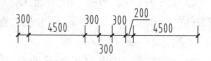

图2.21　尺寸数字的注写位置

3. 尺寸的排列与布置

尺寸标注在图样轮廓以外，不宜与图线、文字及符号等相交。互相平行的尺寸线，从被注写的图样轮廓线由近向远整齐排列，较小尺寸离轮廓线较近，较大尺寸离轮廓线较远，如图2.22所示。

图样轮廓线以外的尺寸界线，距图样最外轮廓之间的距离，不小于10mm。平行排列的尺寸线的间距，为7～10mm，并保持一致。总尺寸的尺寸界线靠近所指部位，中间分尺寸的尺寸界线可稍短，但其长度相等，如图2.22所示。

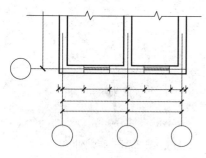

图2.22　尺寸的排列

4. 半径、直径的尺寸标注

（1）半径。半径的尺寸线一端从圆心开始，另一端画箭头指向圆弧。半径数字前加注半径符号"R"，如图2.23所示。

（2）直径。标注圆的直径尺寸时，直径数字前加直径符号"ϕ"。在圆内标注的尺寸线通过圆心，两端画箭头指至圆弧，如图2.24所示。较小圆的直径尺寸，标注在圆外，如图2.25所示。

图2.23　半径标注方法

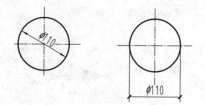

图2.24　大圆直径的标注方法

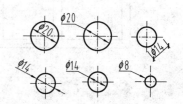

图2.25　小圆直径的标注方法

5. 角度、弧度、弧长的标注

角度的尺寸线以圆弧表示。该圆弧的圆心是该角的顶点，角的两条边为尺寸界线。起止符号以箭头表示，如没有足够位置画箭头，用圆点代替，角度数字按水平方向注写，如图 2.26 所示。

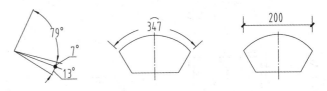

图 2.26　角度、弧长、弦长的标注方法

标注圆弧的弧长时，尺寸线以与该圆弧同心的圆弧线表示，尺寸界线垂直于该圆弧的弦，起止符号用箭头表示，弧长数字上方加注圆弧符号"⌒"，如图 2.26 所示。标注圆弧的弦长时，尺寸线以平行于该弦的直线表示，尺寸界线垂直于该弦，起止符号用中粗斜短线表示，如图 2.26 所示。

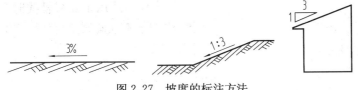

图 2.27　坡度的标注方法

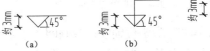

6. 坡度的标注

坡度标注时，注写坡度符号"←"，箭头指向下坡方向；坡度也可用直角三角形形式标注，如图 2.27 所示。

7. 标高

标高符号以直角等腰三角形表示，按图 2.28（a）所示形式用细实线绘制，如标注位置不够，按图 2.28（b）所示形式绘制。总平面图室外地坪标高符号，用涂黑的三角形表示，如图 1.28（c）所示。

标高符号尖端指至被注高度的位置。尖端一般向下，也可向上。标高数字注写在标高符号的左侧或右侧，如图 2.29（a）所示。

图 2.28　标高符号

标高数字以米为单位，注写到小数点以后第三位。在总平面图中，注写到小数点以后第二位。零点标高注写成 ±0.000，正数标高不注"＋"，负数标高应注"－"，例如 3.300、－0.480。

在图样的同一位置需表示几个不同标高时，标高数字按图 2.29（b）的形式注写。

四、定位轴线

定位轴线用细点画线绘制。定位轴线一般应编号，编号注写在轴线端部的圆内。圆用细实线绘制，直径为 8～10mm。定位轴线圆的圆心，在定位轴线的延长线上或延长线的折线上。平面图上定位轴线的编号，标注在图样的下方与左侧。横向编号用阿拉伯数字，从左至右顺序编写，竖向编号用大写拉丁字母，从下至上顺序编写，如图 2.30 所示。

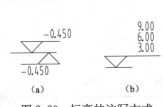

图 2.29　标高的注写方式

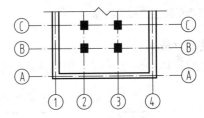

图 2.30　定位轴线的编号顺序

拉丁字母中的 I、O、Z 不得用做轴线编号。如字母数量不够使用，增用双字母或单字母加数字注脚，如 AA，BA，…，YA 或 A1，B1，…，Y1。组合较复杂的平面图中定位轴线采用分区编号，如图 2.31 所示，编号的注写形式为"分区号—该分区编号"。分区号采用

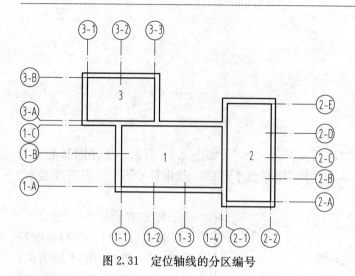

图 2.31   定位轴线的分区编号

阿拉伯数字或大写拉丁字母表示。

　　附加定位轴线的编号，以分数形式表示，并按下列规定编写：两根轴线间的附加轴线，以分母表示前一轴线的编号，分子表示附加轴线的编号，编号用阿拉伯数字顺序编写，如 1 号轴线或 A 号轴线之前的附加轴线的分母以 01 或 0A 表示，如图 2.32 所示。

　　一个详图适用于几根轴线时，同时注明各有关轴线的编号，如图 2.33 所示。

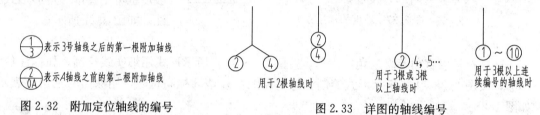

图 2.32   附加定位轴线的编号   图 2.33   详图的轴线编号

　　通用详图中的定位轴线，只画圆，不注写轴线编号。圆形平面图中定位轴线的编号，其径向轴线用阿拉伯数字表示，从左下角开始，按逆时针顺序编写；其圆周轴线用大写拉丁字母表示，从外向内顺序编写，如图 2.34 所示。折线平面图中定位轴线的编号按图 2.35 形式编写。

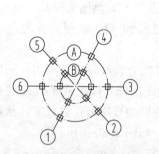

图 2.34   圆形平面定位轴线的编号

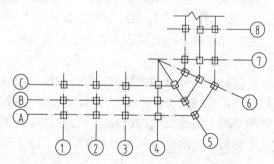

图 2.35   折线平面定位轴线的编号

五、建筑材料图例

常用建筑材料按表 2.9 所示图例画法绘制。

表 2.9   常 用 建 筑 材 料 图 例

序　号	名　称	图　例	备　注
1	自然土壤		包括各种自然土壤
2	夯实土壤		

续表

序　号	名　称	图　例	备　注
3	砂、灰土		靠近轮廓线点较密的点
4	砂砾石、碎砖三合土	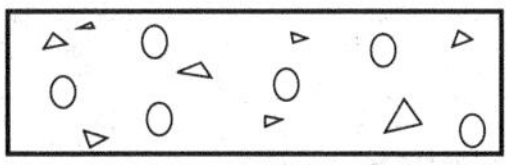	
5	天然石材	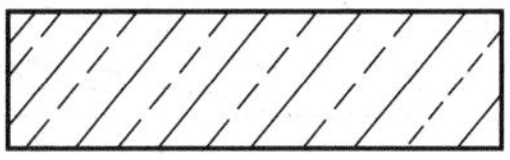	包括岩层、砌体、铺地、贴面等材料
6	毛石	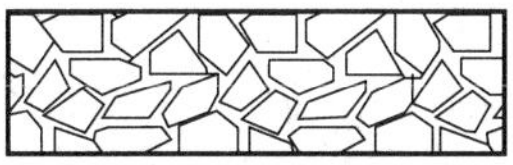	
7	普通砖	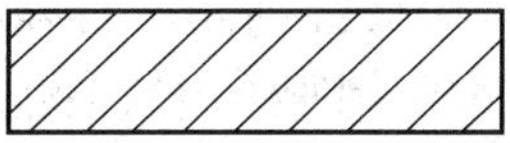	包括砌体、砌块，断面较窄，不易画出图例线时可涂红
8	空心砖	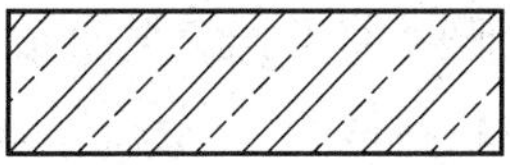	包括耐酸砖等砌体
9	耐火砖	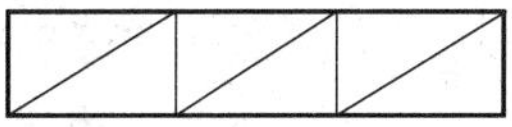	指非承重砖等砌体
10	混凝土	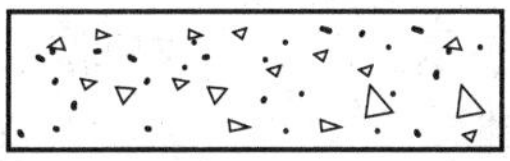	（1）本图例仅适用于能承重的混凝土、钢筋混凝土，以及各种强度等级、骨料、添加剂的混凝土。
11	钢筋混凝土	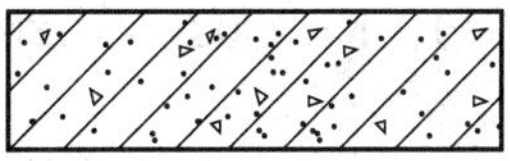	（2）在剖面图上画出钢筋时，不画图例线。断面较窄不易画出图例线时涂黑
12	多孔材料	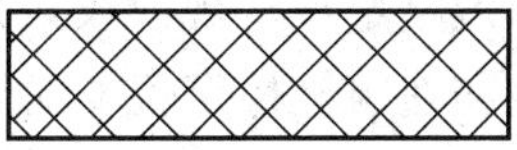	包括水泥珍珠岩、沥青珍珠岩、泡沫混凝土、非承重加气混凝土、泡沫塑料、软木等
13	木材	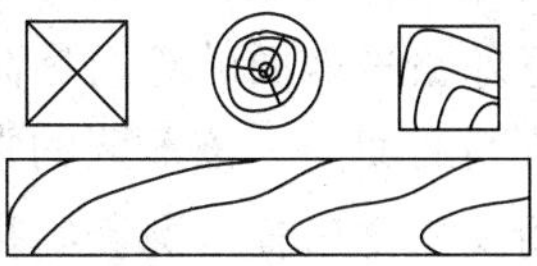	上图为横断面，左上图为垫木、木砖、木龙骨，下图为纵断面

续表

序 号	名 称	图 例	备 注
14	金属	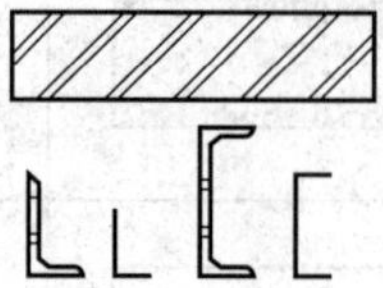	包括各种金属。图形小时可涂黑
15	防水材料		构造层次多或比例大时采用上面图例

序号1、2、5、7、8、9、11、12、13、14 图例中的斜线、短斜线、交叉线等一律为 45°

2.3 建 筑 总 平 面 图

2.3.1 总平面图的形成与作用

1. 总平面图的形成

将新建工程四周一定范围内的新建、拟建、原有和拆除的建筑物、构筑物连同其周围的地形、地物状况用水平投影方法和相应的图例所绘制的工程图样，即为总平面图。

总平面图是建设工程及其邻近建筑物、构筑物、周边环境等的水平正投影，是表明基地所在范围内总体布置的图样。它主要反映当前工程的平面轮廓形状和层数、与原有建筑物的相对位置、周围环境、地形地貌、道路和绿化的布置等情况。

2. 总平面图的作用及特点

（1）作用。建筑总平面图用来表明新建房屋在基地范围内的总体布局，其作用主要用来做房屋及其他设施施工定位、土方施工，以及绘制水、暖、电等管线总平面图和施工总平面布置的依据。

（2）特点。绘图比例较小、用图例表示、图中尺寸单位为米，一般注写到小数点后两位。

2.3.2 总平面图的图示内容与识读

1. 总平面图的图示内容

（1）比例。总平面图一般采用 1∶500、1∶1000、1∶2000、1∶5000 等。

（2）表明新建区的总体布局。

（3）确定新建建筑物的平面位置。

主要有两种方法：根据原有房屋和道路定位；规模较大住宅和公共建筑、工厂或地形较复杂时用坐标定位，包括测量坐标定位和建筑坐标定位，对于地形起伏较大的地区，需画出等高线。

（4）新建建筑物的名称编号、平面形状、层数。

（5）新建建筑物首层室内地面、室外整平地面的绝对标高。

（6）指北针和风玫瑰图。表示建筑物的朝向、该地区的常年风向频率。

（7）水、暖、电等管线、补充图例及绿化布置情况。给排水管、供电线路、采暖管道等管线在建筑基地的平面布置。

2. 总平面图的识读

（1）总平面图图例。总平面图是用正投影的原理绘制的，图形主要是以图例的形式表示。常用建筑总平面图图例见表 2.10。

表 2.10 建 筑 总 平 面 图 图 例

名　　称	图　　例	说　　明
新建的建筑物	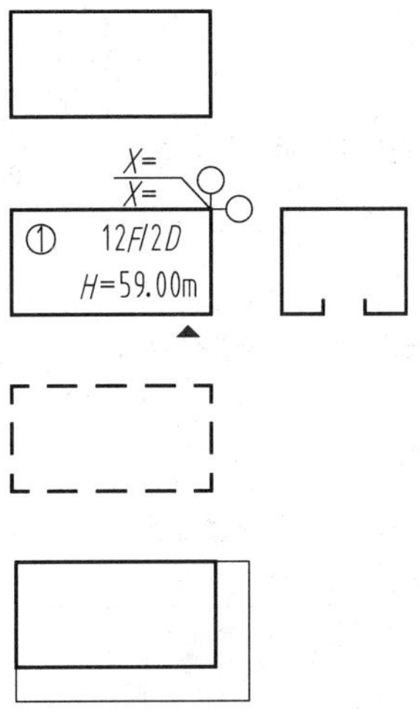 ① 12F/2D H=59.00m	新建建筑物以粗实线表示与室外地坪相接处±0.00 外墙定位轮廓线； 建筑物一般以±0.00 高度处的外墙定位轴线交叉点坐标定位。轴线用细实线表示，并标明轴线号； 根据不同设计阶段标注建筑编号，地上、地下层数，建筑高度，建筑出入口位置（两种表示方法均可，但同一图纸采用一种表示方法）； 地下建筑物以粗虚线表示其轮廓； 建筑上部（±0.00 以上）外挑建筑用细实线表示； 建筑物上部连廊用细虚线表示并标注位置
原有的建筑物	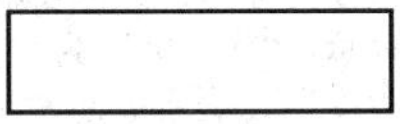	用细实线表示
计划扩建的预留地或建筑物		用中粗虚线表示
拆除的建筑物	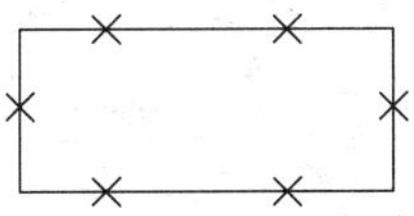	用细实线表示
新建的地下建筑物或构筑物	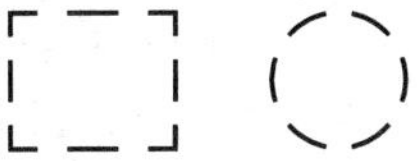	用粗虚线表示
敞棚或敞廊	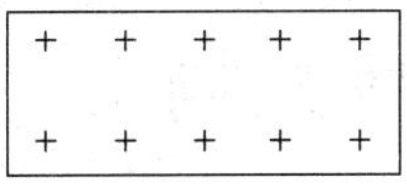	
围墙及大门	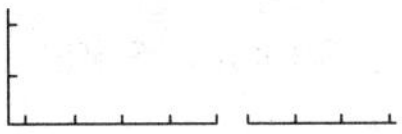	

续表

名　称	图　例	说　明
坐标	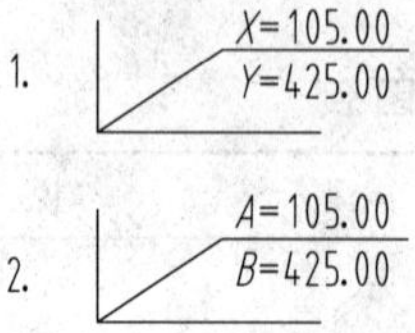 1. $X=105.00$ $Y=425.00$ 2. $A=105.00$ $B=425.00$	1. 表示地形测量坐标系； 2. 表示自设坐标系； 坐标数字平行于建筑标注
填挖边坡	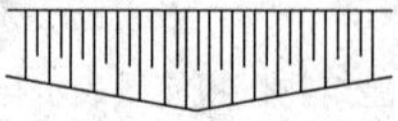	边坡较长时可在两端或一端局部表示
室内地坪标高	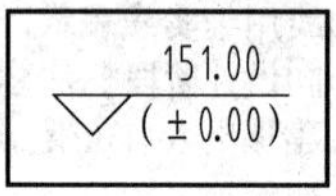 $\dfrac{151.00}{(\pm 0.00)}$	数字平行于建筑物书写
室外地坪标高	 ▼ 105.00	室外标高也可采用等高线
新建的道路	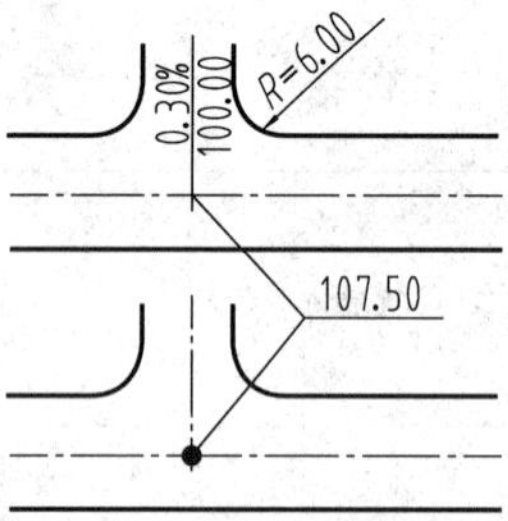 0.30% 100.00 $R=6.00$ 107.50	"$R=6.00$"表示道路转弯半径；"107.50"为道路中心线交叉点设计标高，两种表示方式均可，同一图纸采用一种方式表示，"100.00"为变坡点之间距离，"0.30%"表示道路坡度，—表示坡向
原有的道路		
计划扩建的道路		
人行道	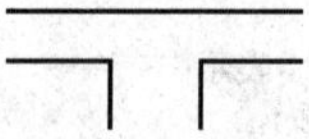	
桥梁（公路桥）	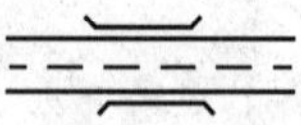	用于旱桥时应注明
雨水井与消火栓井		上图表示雨水井，下图表示消火栓井

名　称	图　例	说　明
常绿针叶乔木	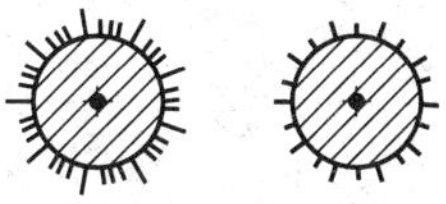	
常绿阔叶乔木	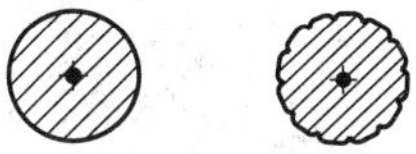	
常绿阔叶灌木		
整形绿篱		
草坪	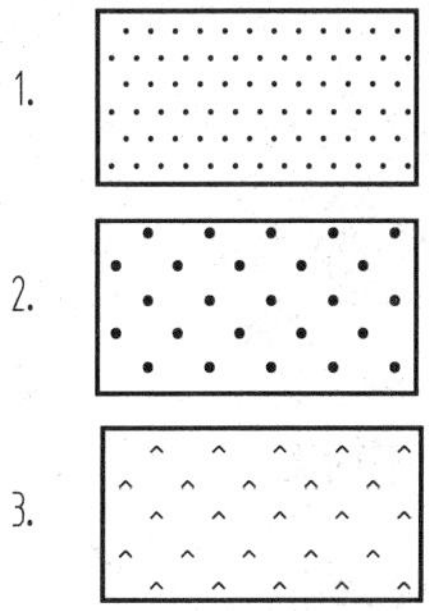 1. 2. 3.	1. 草坪； 2. 表示自然草坪； 3. 表示人工草坪
花卉		

（2）识图方法。

1）了解图纸的比例、名称。阅读有关文字说明，熟悉图例。

2）了解室内外地面标高。

3）弄清拟建房屋的位置、朝向和标高。

4）了解建筑物周围的道路和绿化规划。

5）了解房屋与管线走向的关系，管线引入建筑物的具体位置，并注意它们对施工的影响。

（3）总平面图示，某办公楼总平面图如图 2.36 所示。

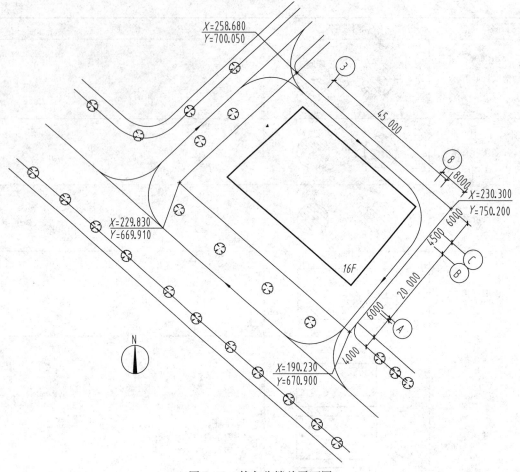

图 2.36　某办公楼总平面图

2.4　建　筑　平　面　图

1. 建筑平面图的形成及作用

(1) 形成。建筑平面图是用一个假想的水平面,从窗洞口的位置剖切整个房屋,移去剖切面以上部分,做出剖切面以下部分水平投影所得到的房屋水平剖面图。

多层房屋建筑平面图包括底层平面图、标准层平面图、顶层平面图、屋顶平面图。

(2) 作用。建筑平面图是作为施工放线、砌筑墙体、安装门窗、室内装修及编制施工图预算的重要依据。

2. 建筑平面图的命名与组成

建筑平面图通常以层次来命名,如底层平面图、二层平面图、三层平面图等。一般情况下,房屋有几层,就应画出几个平面图,并在图形的下方注出相应的图名、比例等。

沿房屋底层窗洞口剖切所得到的平面图称为底层平面图,最上面一层的平面图称为顶层平面图,中间各层称为中间层平面图(依次为二层平面图、三层平面图、四层平面图等)。如果中间各层平面布置相同,可只画一个平面图表示,称为标准层平面图。如果建筑物设有地下室,还要画出地下室平面图。

因此，多层建筑的平面图一般由地下室平面图、底层平面图、中间层平面图或标准层平面图、顶层平面图等楼层平面图组成，此外还包括屋顶平面图。楼层平面图实质上是房屋各层的水平剖面图，而屋顶平面图是指从房屋屋顶上方向下所做的水平正投影图。它主要表明建筑物屋面的布置情况与排水方式。

（1）底层（一层）平面图。表示房屋建筑底层的布置情况。在底层平面图上还需反映室外可见的台阶、散水、花台、花池等。此外，还应标注剖切符号及指北针。如图 2.37 所示为某住宅底层平面图。

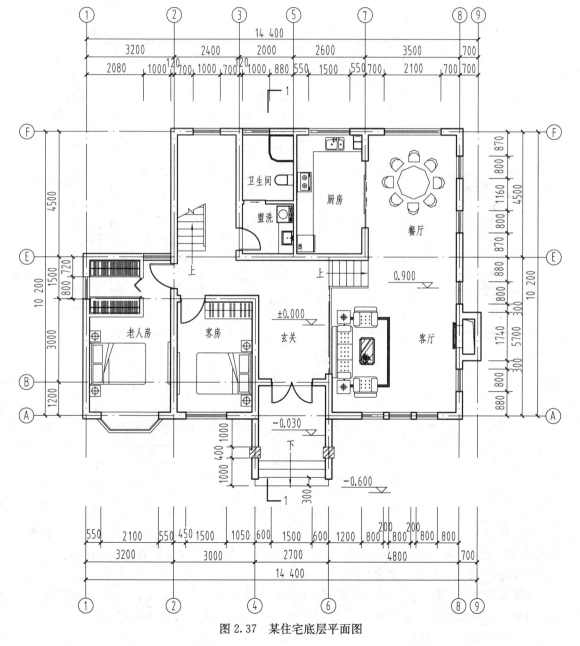

图 2.37　某住宅底层平面图

（2）中间层平面图。表示房屋建筑中间各层的布置情况，还需画出本层的室外阳台和下一层的雨篷、遮阳板等。如图 2.38 为某住宅中间层平面图。

（3）顶层平面图。表示房屋建筑最上面一层的平面图的布置情况。图 2.39 所示为某住宅顶层（阁楼层）平面图。

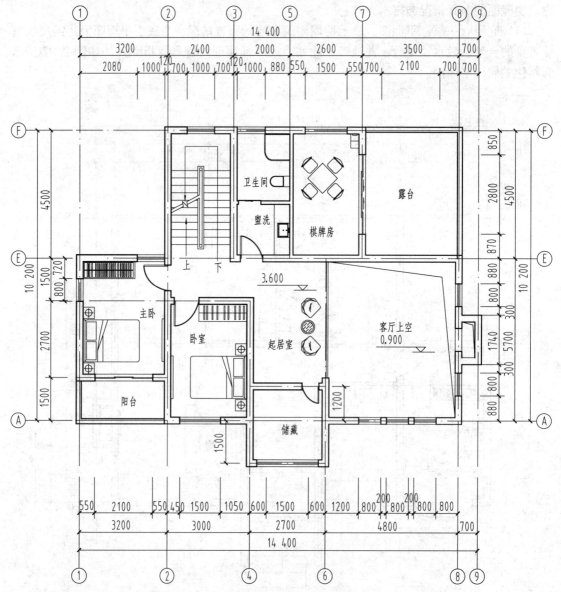

图 2.38　某住宅中间层平面图

（4）屋顶平面图。表示建筑物屋面的布置情况与排水方式。如屋面排水的方向、坡度、雨水管的位置、上人孔及其他建筑配件的位置等。图 2.40 所示为某住宅屋顶平面图。

3. 建筑平面图的内容及要求

建筑平面图反映新建建筑的平面形状、房间的位置、大小、相互关系、墙体的位置、厚度、材料、柱的截面形状与尺寸大小，门窗的位置及类型。其主要图示内容和要求如下：

（1）图名、比例、朝向。

1）图名：标注于图下方，表示该层平面的名称。

2) 比例：常用的比例是 1：50、1：100 或 1：200，通常采用 1：100。具体见表 2.3。

3) 朝向：一般在底层平面图左下方或右下方画出指北针。

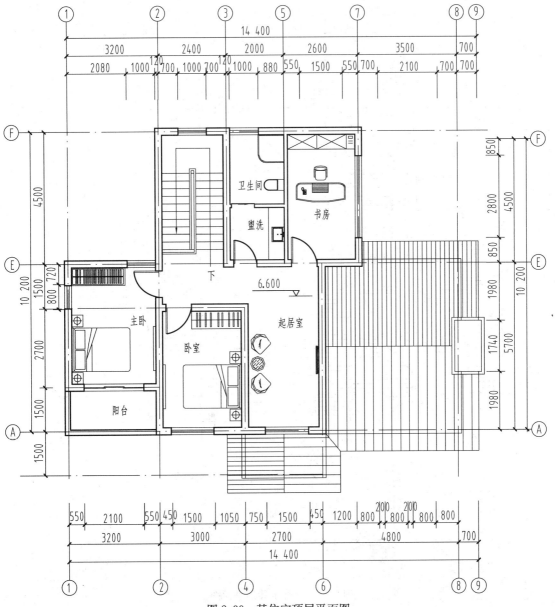

图 2.39　某住宅顶层平面图

（2）图例。建筑物中常用构造及配件图例，见表 2.11。

（3）定位轴线及编号。定位轴线是建筑物中承重构件的定位线，是确定房屋结构、构件位置和尺寸的基准线，也是施工中定位和放线的重要依据。

在施工图中，凡承重的构件，如基础、墙、柱、梁、屋架都要确定轴线，并按"国标"规定绘制并编号。定位轴线采用细点画线表示。一般应编号，轴线编号的圆圈用细实线，直径为 8mm，在圆圈内写上编号，水平方向的编号用阿拉伯数字，从左至右顺序编写。垂直方向的编号，用大写拉丁字母，从下至上顺序编写。这里应注意的是，拉丁字母中的 I、O、

Z 不得用为轴线编号，以免与数字 1、0、2 混淆。参见本章第 2.2 节相关内容。

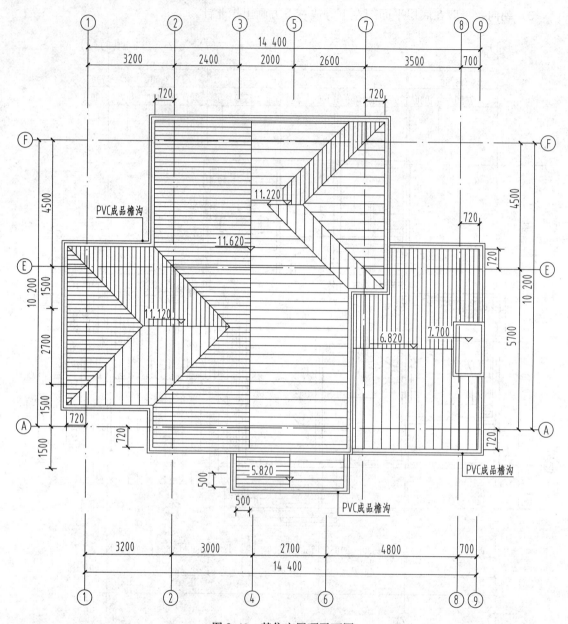

图 2.40 某住宅屋顶平面图

表 2.11   **建筑物中常用构造及配件图例**

序号	名 称	图 例	说 明
1	墙体		应加注文字或填充图例表示墙体材料
2	隔断		包括板条抹灰、木制、石膏板、金属材料等隔断。适用于到顶与不到顶隔断
3	栏杆		

续表

序号	名　称		图　例	说　明
4	楼梯	底层	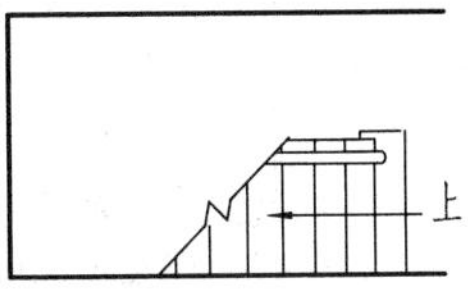	楼梯及栏杆扶手的形式和梯段踏步数按实际情况绘制
		标准层	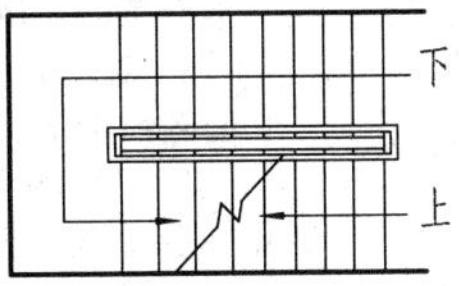	
		顶层	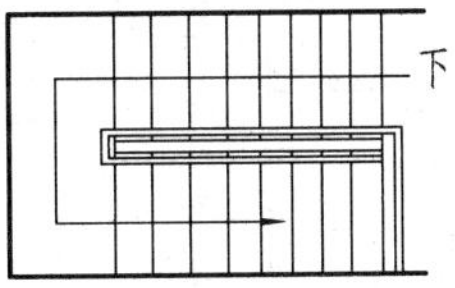	
5	门口坡道		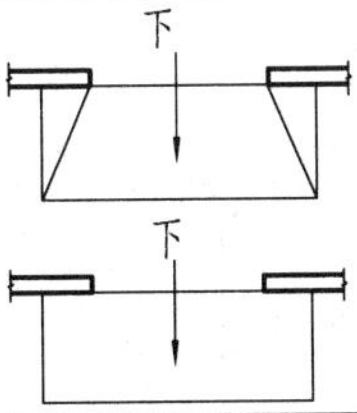	
6	长坡道		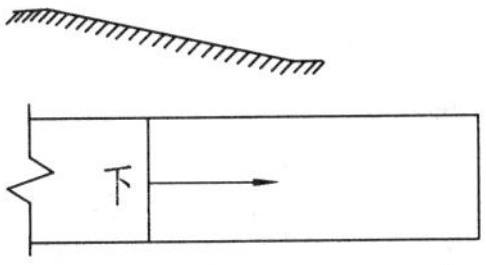	
7	检查孔			前者为可见检查孔，后者为不可见检查孔
8	孔洞			阴影部分可以涂色代替
9	坑槽			
10	烟道		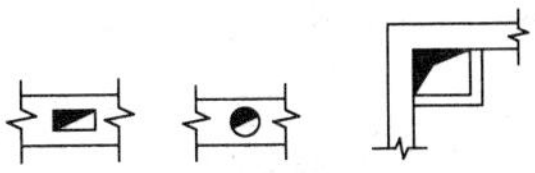	阴影部分可以涂色代替。烟道与墙体为同一材料，其相接处墙身线应断开
11	通风道		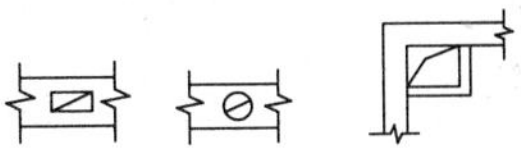	

续表

序号	名 称	图 例	说 明
12	单扇门（包括平开或单面弹簧门）	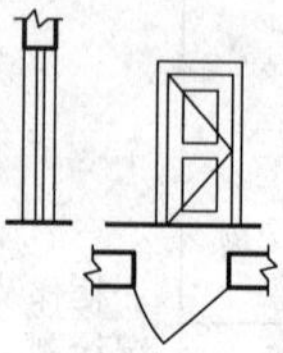	1. 门的代号用 M 表示，窗的代号用 C 表示。 2. 立面图中的斜线表示窗的开启方向，实线为外开，虚线为内开；开启方向线交角的一侧为安装页的一侧，一般设计图中可不表示。 3. 图例中，剖面图所示左为外，右为内开，平面图所示下为外，下为内。 4. 平面图和剖面图上的虚线仅说明开关方式，在设计图中不需表示。立面图上的开启线在一般设计图中可不表示，在详图及室内设计图上应表示。 5. 门、窗的立面形式应按实际绘制。 6. 平面图上门线应以 90°或 45°开启，开启弧线宜绘出。 7. 小比例绘图时平、剖面的窗线可用单粗实线表示
13	双扇门（包括平开或单面弹簧门）	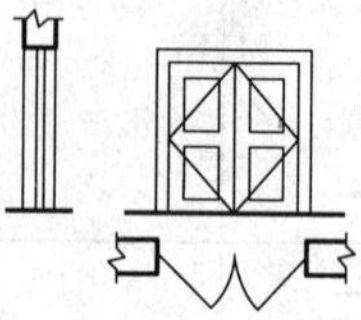	
14	转门	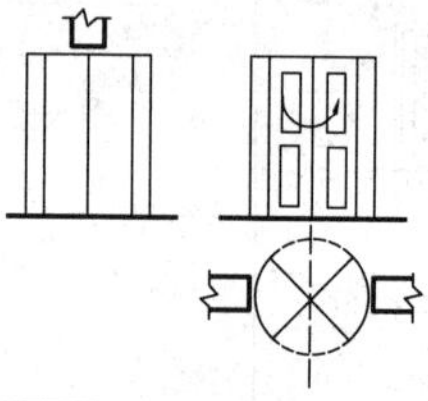	
15	对开折叠门	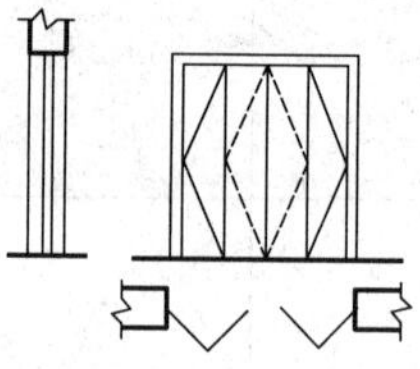	
16	推拉门	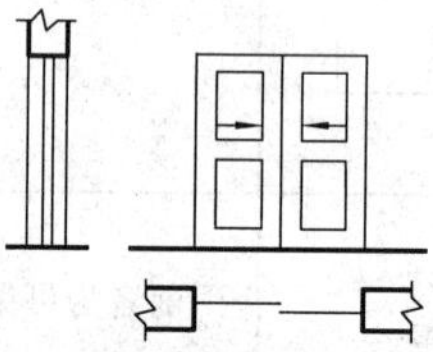	1. 门的代号用 M 表示，窗的代号用 C 表示。 2. 立面图中的斜线表示窗的开启方向，实线为外开，虚线为内开；开启方向线交角的一侧为安装合页的一侧，一般设计图中可不表示。 3. 图例中，剖面图所示左为外，右为内开，平面图所示下为外，下为内。 4. 平面图和剖面图上的虚线仅说明开关方式，在设计图中不需表示。立面图上的开启线在一般设计图中可不表示，在详图及室内设计图上应表示。 5. 门、窗的立面形式应按实计绘制。 6. 平面图上门线应以 90°或 45°开启，开启弧线宜绘出。 7. 小比例绘图时平、剖面的窗线可用单粗实线表示
17	单扇双面弹簧门	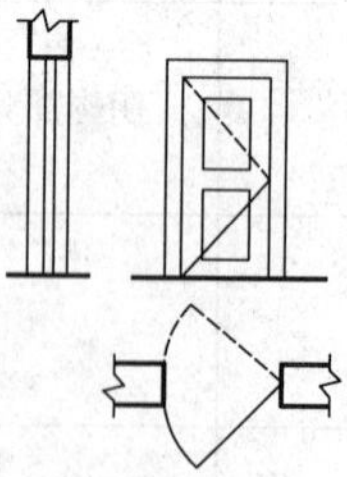	
18	双扇双面弹簧门	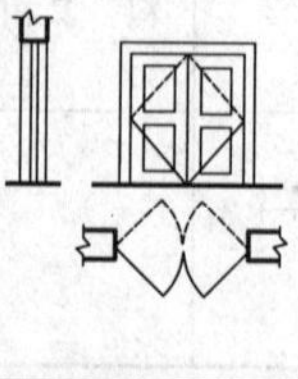	

序号	名　称	图　例	说　明
19	卷帘门	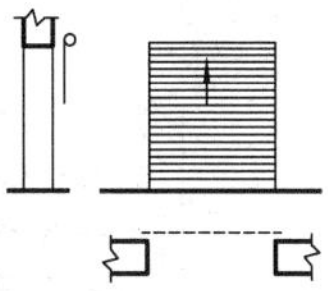	1. 门的代号用 M 表示，窗的代号用 C 表示。 2. 立面图中的斜线表示窗的开启方向，实线为外开，虚线为内开；开启方向线交角的一侧为安装合页的一侧，一般设计图中可不表示。 3. 图例中，剖面图所示左为外，右为内开，平面图所示下为外，下为内。 4. 平面图和剖面图上的虚线仅说明开关方式，在设计图中不需表示。立面图上的开启线在一般设计图中可不表示，在详图及室内设计图上应表示。 5. 门、窗的立面形式应按实计绘制。 6. 平面图上门线应以 90°或 45°开启，开启弧线宜绘出。 7. 小比例绘图时平、剖面的窗线可用单粗实线表示
20	提升门	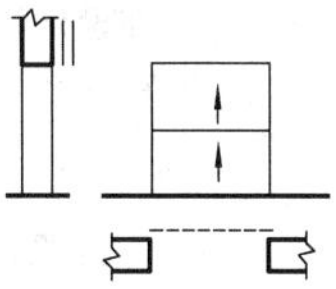	
21	单层固定窗	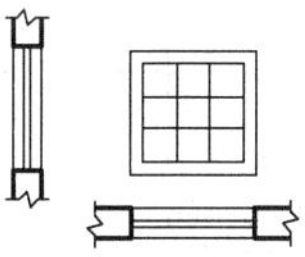	
22	单层外开上悬窗	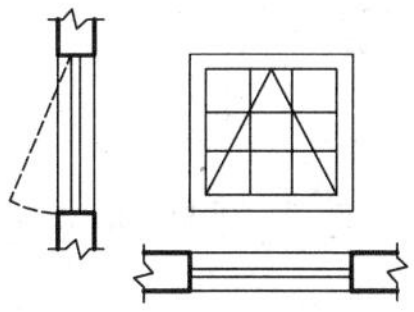	
23	单层中悬窗	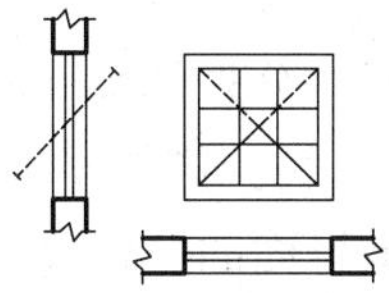	1. 门的代号用 M 表示，窗的代号用 C 表示。 2. 立面图中的斜线表示窗的开启方向，实线为外开，虚线为内开；开启方向线交角的一侧为安装合页的一侧，一般设计图中可不表示。 3. 图例中，剖面图所示左为外，右为内开，平面图所示下为外，下为内。 4. 平面图和剖面图上的虚线仅说明开关方式，在设计图中不需表示。立面图上的开启线在一般设计图中可不表示，在详图及室内设计图上应表示。 5. 门、窗的立面形式应按实计绘制。 6. 平面图上门线应以 90°或 45°开启，开启弧线宜绘出。 7. 小比例绘图时平、剖面的窗线可用单粗实线表示
24	单层内开下悬窗	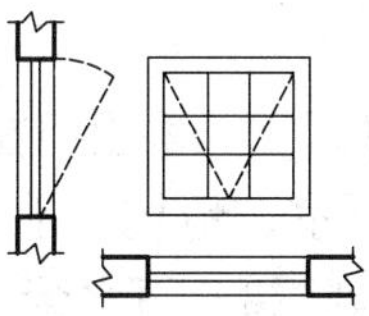	
25	立转窗	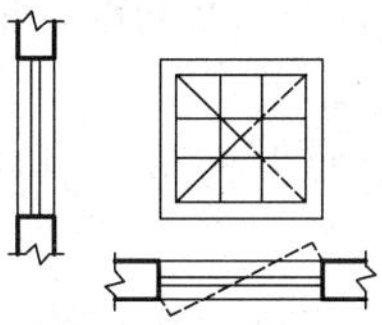	
26	单层外开平开窗	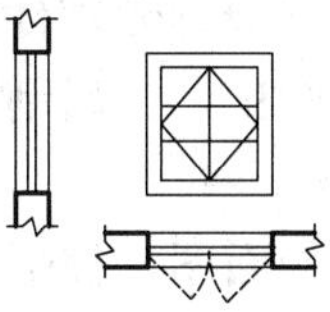	

序号	名　称	图　例	说　明
27	推拉窗		1. 门的代号用 M 表示，窗的代号用 C 表示。 2. 立面图中的斜线表示窗的开启方向，实线为外开，虚线为内开；开启方向线交角的一侧为安装合页的一侧，一般设计图中可不表示。 3. 图例中，剖面图所示左为外，右为内开，平面图所示下为外，下为内。 4. 平面图和剖面图上的虚线仅说明开关方式，在设计图中不需表示。立面图上的开启线在一般设计图中可不表示，在详图及室内设计图上应表示。 5. 门、窗的立面形式应按实计绘制。 6. 平面图上门线应以 90°或 45°开启，开启弧线宜绘出。 7. 小比例绘图时平、剖面的窗线可用单粗实线表示
28	百叶窗		
29	高窗		h 为窗底距本层楼地面的高度

在墙、柱中的位置与墙的厚度有关，也与其上部搁置的梁、板支承深度有关。以砖墙承重的民用建筑，楼板在墙上搭接深度一般为 120mm 以上，所以外墙的定位轴线按距其内墙面定位。对于内墙及其他承重构件，定位轴线一般在中心对称处。

（4）平面图尺寸标注。平面图中的尺寸标注分外部尺寸和内部尺寸。

1）外部尺寸：一般注写在图形的下方及左侧。如果平面图前后或左右不对称，则应四周标注尺寸。外部尺寸一般可分三道标注，最里面的一道尺寸，即细部尺寸，表示建筑物构配件的详细尺寸及位置，中间一道为定位轴线间尺寸，最外面一道为总尺寸，表示建筑物外轮廓尺寸。

2）内部尺寸：内部尺寸包括室内房间的净尺寸、墙上门窗洞、墙厚、砖垛、厕所等大小。

除此之外，在建筑平面图上还应标注地下室、地坑、地沟、墙上预留洞、高窗、阳台、雨篷、台阶、斜坡、烟道、通风道、管井、消防梯、雨水管、散水、排水沟、花池等位置尺寸；标注有关部位的详图索引符号；画出室内设备的位置、形状，并标注其尺寸；表示出电梯、楼梯的位置及楼梯上下行方向及主要尺寸。

（5）门窗的编号。平面图中标有门窗的位置、数量、开启方式及相应的代号等。一般门以 M1、M2 等表示，窗以 C1、C2 等表示。

（6）建筑物中各部位的标高。在平面图中，对于建筑物各组成部分，如地面、楼面、楼梯平台面、室外台阶顶面、外廊和阳台面处，一般都分别标注标高。

（7）建筑剖面图的剖切位置。在底层平面图中，画出剖面图的剖切位置，以便和剖面图对照阅读。

（8）建筑平面图的图线。平面图实质上是剖面图，被剖切平面剖切到的墙、柱等轮廓线用粗实线表示。未被剖切到的部分，如室外台阶、散水、楼梯，以及尺寸线等用细实线表示。门的开启线用细实线表示。

（9）在屋顶平面图上应表示出女儿墙、檐沟、屋面坡度、分水线与雨水口、变形缝、楼梯间、水箱间、天窗、上人孔、消防梯及其他构筑物、索引符号等。

（10）为简化作图，已在底层平面图上表示过的内容，在标准层平面图和顶层平面图上不再表示。顶层平面图上不再画二层平面图上表示过的雨篷等。

4. 建筑平面图的识读方法

（1）了解平面图的图名、比例。

（2）了解建筑的朝向。

（3）了解建筑的平面布置。

（4）了解建筑平面图上的尺寸及建筑面积。

（5）了解建筑中各组成部分的标高情况。

（6）了解门窗的位置及编号。

（7）了解建筑剖面图的剖切位置、索引标志。

（8）了解各专业设备的布置情况。

2.5　建 筑 立 面 图

1. 建筑立面图的形成及作用

建筑立面图是在与房屋立面平行的投影面上所作的房屋的正投影图。通常用以表示建筑物外形与局部构件在高度方向的相互位置关系，如门、窗、檐口、阳台、雨篷、台阶、室外装修方法等。

2. 建筑立面图的命名

建筑立面图的数量视房屋各立面的复杂程度而定，一般为四个立面图。立面图的图名，常用以下三种方式命名。

（1）按立面图中首尾两端轴线编号来命名，如①～④立面图、Ⓐ～Ⓔ立面图等。

（2）按房屋的朝向来命名，如南立面图、北立面图、东立面图、西立面图。

（3）按房屋立面的主次（房屋主出入口所在的墙面为正面）来命名，如正立面图、背立面图、左侧立面图、右侧立面图。

三种命名方式各有特点，《制图统一标准》规定：有定位轴线的建筑物，宜根据两端轴线号编注立面图的名称，便于阅读图样时与平面图对照了解。

3. 建筑立面图的内容及要求

（1）内容。

1）建筑立面图主要表明建筑物外立面的形状。

2）门窗在外立面上的分布、外形、开启方向。

3）屋顶、阳台、台阶、雨篷、窗台、勒脚、雨水管的外形和位置。

4）外墙面装修做法。

5）室内外地坪、窗台窗顶、阳台面、雨篷底、檐口等各部位的相对标高及详图索引符号等。

如图 2.41～图 2.44 所示分别为某住宅的①～⑨立面图、⑨～①立面图、Ⓐ～Ⓕ立面

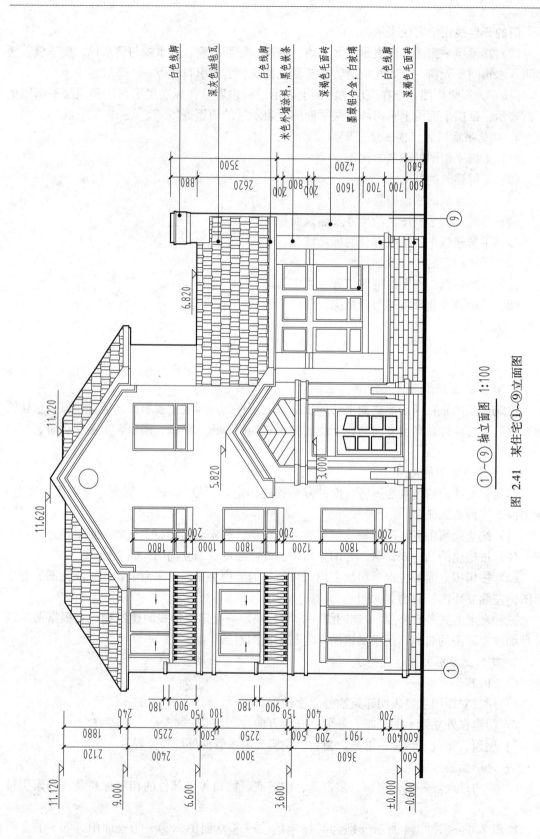

白色线脚

深灰色油毡瓦

白色线脚

米色外墙涂料，黑色嵌条

深褐色毛面砖

墨绿铝合金，白玻璃

白色线脚

深褐色毛面砖

图 2.41　某住宅①~⑨立面图

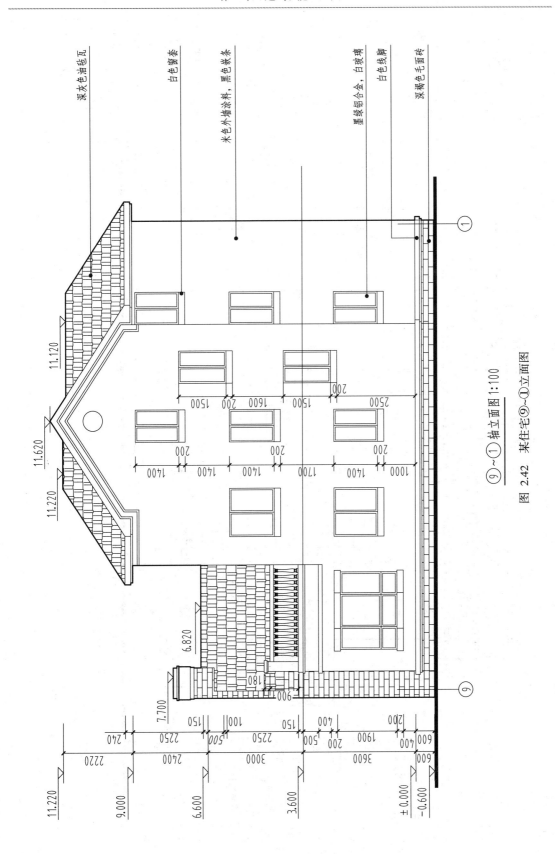

图 2.42 某住宅⑨~①立面图

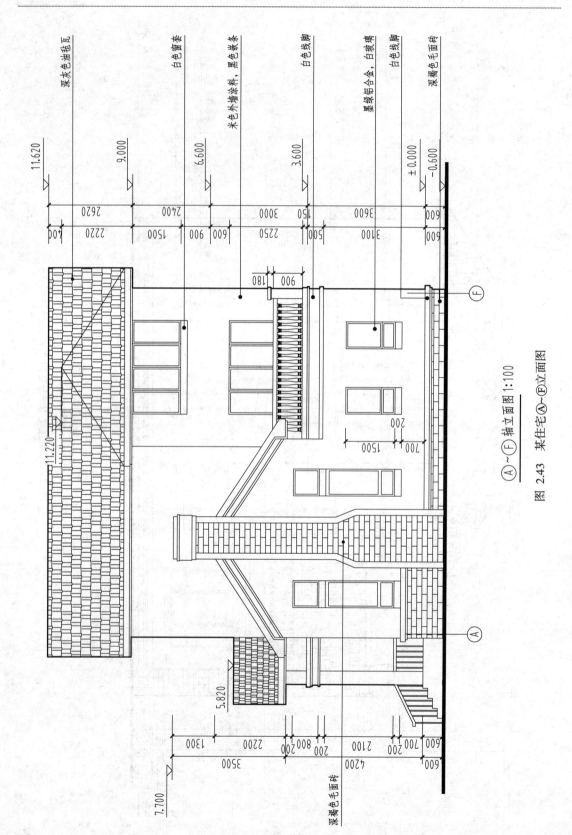

深灰色油毡瓦

白色窗套

米色外墙涂料，黑色嵌条

白色线脚

墨绿色铝合金，白色玻璃

白色线脚

深褐色毛面砖

11.620

9.000

6.600

3.600

±0.000

−0.600

400　2220

2620

2400

1500　900　600

3000

150

2250　500

3600

3100

600

600

180

900

11.220

200

1500　700

5.820

7.700

1300

3500

2200　200　800　200

4200

200　2100

2100　700　700

600

600

深褐色毛面砖

Ⓐ～Ⓕ轴立面图 1:100

图 2.43　某住宅Ⓐ～Ⓕ立面图

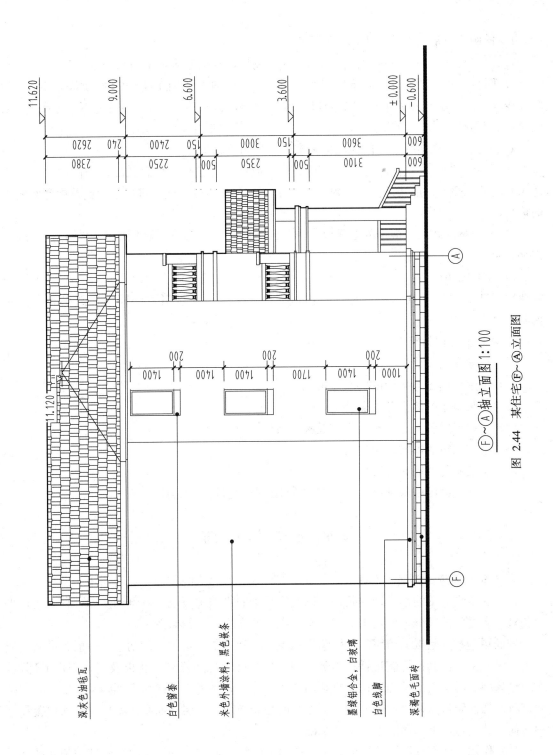

图 2.44　某住宅 ⓕ~ⓐ 立面图

图、Ⓕ～Ⓐ立面图。

（2）要求。

1）比例。通常与平面图采用相同比例。

2）定位轴线。一般只标出图两端的轴线及编号，其编号应与平面图一致。

3）图线。立面图的外形轮廓用粗实线表示；室外地坪线用1.4倍的加粗实线（线宽为粗实线的1.4倍左右）表示；门窗洞口、檐口、阳台、雨篷、台阶等用中实线表示；其余的，如墙面分隔线、门窗格子、雨水管以及引出线等均用细实线表示。

4）图例。在立面图上，门窗应按标准规定的图例画出。

5）尺寸注法。在立面图上，用标高及竖向尺寸表示建筑物总高及部位的高度。一般要注出室内外地坪、一层楼地面、窗洞口的上下口、女儿墙压顶面、进口平台面及雨篷底面等的标高。

6）外墙装修做法。根据外墙面设计选用的不同材料及做法，在图面上用带有指引线作文字说明。

7）立面图还反映室外台阶、花坛、勒脚、窗台、雨篷、阳台、屋顶、雨水管等的位置。对较为复杂的立面又表示不详尽部位，则标注详图索引（索引方法同前）或必要的文字说明。

4. 建筑立面图的识图方法

（1）了解图名及比例。

（2）了解立面图与平面图的对应关系。

（3）了解房屋的体形和外貌特征。

（4）了解房屋各部分的高度尺寸及标高数值。

（5）了解门窗的形式、位置及数量。

（6）了解房屋外墙面的装修做法。

（7）了解立面图中的细部构造与有关部位详图索引符号的标注。

2.6　建 筑 剖 面 图

1. 建筑剖面图的形成及作用

（1）建筑剖面图的形成。建筑剖面图是用一个假想的垂直剖切面剖切房屋，移去剖切平面与观察者之间的部分，将留下的部分按剖视方向做出的正投影图。

剖面图的数量是根据房屋的具体情况和施工实际需要而定的。剖切方向一般为横向，但也可以纵向剖切。其位置应选择在内部结构和构造比较复杂或有变化以及有代表性的部位，常取楼梯间、门窗洞口及构造比较复杂的典型部位。如果用一个剖切面不能满足要求时，则允许将剖切面转折后来绘制剖面图。剖面图的图名必须与底层平面图上所标注剖切位置和剖视方向一致。习惯上剖面图中不出现基础。

（2）作用。建筑剖面图简要的表示房屋内部的结构形式、分层情况、各部位的联系、材料及其高度等。在施工中，剖面图是进行分层、砌筑内墙、铺设楼板、屋面板和楼梯、内装修等工作的依据。它是与平、立面图相互配合的不可缺少的重要图样之一。

2. 建筑剖面图的内容与要求

（1）内容。

1）定位轴线。标注出被剖切到的各承重构件的定位轴线及与平面图一致的轴线编号和尺寸。

2）图线。室内外地坪线用加粗实线表示。地面以下部分，从基础墙处断开，另由结构施工图表示。剖面图的比例应与平面图、立面图的比例一致。

3）尺寸注法。在剖面图中，应注出垂直方向上的分段尺寸和标高。

垂直分段尺寸一般分三道，应标注被剖切到的外墙门窗口、室外地面、檐口、女儿墙顶，以及各层楼地面的标高。

（2）要求。

1）图名及表达方法。建筑剖面图所表达的内容与投影方向要与对应平面图（常见于底层平面图）中标注的剖切符号的位置与方向一致。剖切平面剖切到的部分及投影方向可见的部分都应表示清楚。图 2.45 所示为某住宅 1—1 剖面图（剖切位置见图 2.37 底层平面图）。

2）图线和比例。剖面图上使用的图线与平面图相同，剖面图的线型按《制图统一标准》规定，凡是被剖切到的墙身、屋面板、楼板、楼梯、楼梯间的休息平台、阳台、雨篷及门、窗过梁等用两条粗实线表示，其中钢筋混凝土构件较窄的断面可涂黑表示。其他没被剖切到的可见轮廓线，如门窗洞口、楼梯、女儿墙、内外墙的表面均用中实线表示。图中的分隔线、引出线、尺寸界线、尺寸线等用细实线表示。室内外地面线用加粗实线表示。

比例也应尽量与平面图一致。有时为了更清晰地表达图示内容或当房屋的内部结构较为复杂时，剖面图的比例可相应地放大，如图 2.45 所示。

3）定位轴线在剖面图中，被剖切到的承重墙、柱均应绘制与平面图相同的定位轴线，并标注轴线编号和轴线间尺寸。

4）图例剖面图中的门、窗图例按表 2.11 中的规定绘制。其断面材料图例、粉刷层、楼板及地面面层线的表示原则和方法，与平面图的规定相同。

5）标注尺寸和标高。在建筑剖面图中应标注相应的尺寸与标高。

① 竖直方向上，在图形外部标注三道尺寸：最外一道为总高尺寸，从室外地平面起标到檐口或女儿墙顶止，标注建筑物的总高度；中间一道尺寸为层高尺寸，标注各层层高（两层之间楼地面的垂直距离称为层高）；最里边一道尺寸称为细部尺寸，标注墙段及洞口高度尺寸。

② 水平方向：常标注剖到的墙、柱及剖面图两端的轴线编号及轴线间距。

③ 建筑物的室内外地坪、各层楼面、门窗的上下口及檐口、女儿墙顶的标高。图形内部的梁等构件的下口标高也应标注，楼地面的标高应尽量标注在图形内。

6）其他标注。

① 由于剖面图比例较小，某些部位如墙脚、窗台、过梁、墙顶等节点，不能详细表达，可在剖面图上的该部位处，画上详图索引标志，另用详图来表示其细部构造尺寸。此外，楼地面及墙体的内外装修，可用文字分层标注。

② 剖面图中的室内外地面用一单线表示，地面以下部分一般不需要画出。一般在结构施工图中的基础图中表示，所以把室内外地面以下的基础墙画上折断线。

③ 在图的下方注写图名和比例。

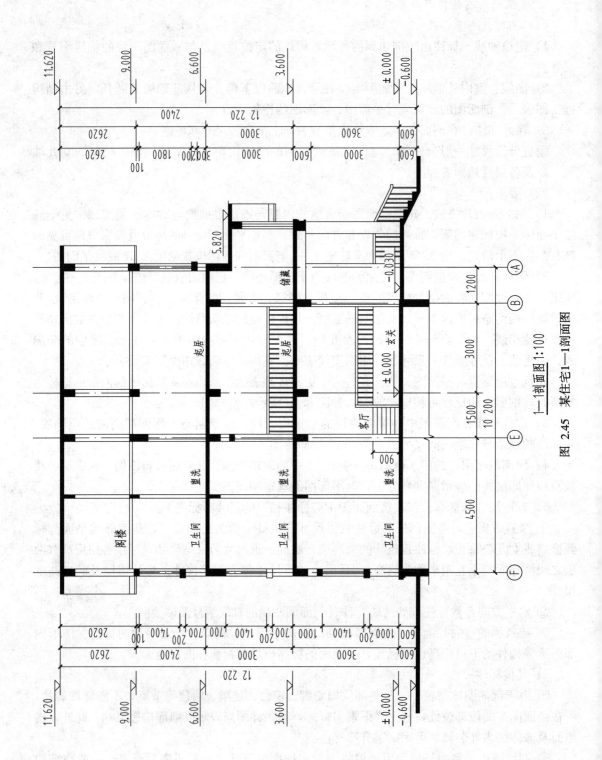

1—1剖面图 1:100

图 2.45 某住宅1—1剖面图

3. 建筑剖面图的识图方法

（1）了解图名、剖切位置及比例。

（2）了解房屋的内部构造和结构形式。

（3）了解房屋各部位的高度和尺寸。

（4）剖面图中不详的地方，可利用详图索引符号另画详图表示。

2.7 建 筑 详 图

1. 建筑详图的形成及作用

建筑详图是对平面图、立面图、剖面图的补充，由于受图幅和比例较小的限制，建筑物的某些细部、构配件的详细构造、尺寸等在平面图、立面图、剖面图无法表达清楚，需另外绘制大比例，如常用的比例有 1∶50、1∶20、1∶10、1∶5、1∶2、1∶1 等的施工图称为建筑详图，简称详图，有时也称为大样图。

2. 内容

建筑详图一般表达构配件的详细构造。建筑详图有局部构造详图、构件详图和装饰构造详图。详图符号必须与被索引图样上的索引符号一致，并注明比例。

3. 楼梯详图

楼梯详图包括楼梯平面图、楼梯剖面图和楼梯踏步、栏杆及节点详图等，并尽可能画在同一张图纸内。平、剖面图的比例最好要一致，以便对照阅读。踏步、栏板详图可放大绘制，清楚表达该部分的构造。楼梯详图线型选用与平面、剖面图一致。

（1）楼梯平面图。

1）内容。楼梯平面图就是将建筑平面图中的楼梯间比例放大后画出的图样，比例通常为 1∶50。楼梯平面图包括楼梯底层、楼梯标准层和楼梯顶层平面图。在楼梯平面图标注出楼梯间墙身轴线、楼梯间的长宽尺寸，楼梯跑数，每跑的宽度及踏步数踏步的宽度，平台及栏杆的位置和标高等。

2）楼梯平面图的形成。用一个假想的水平面在该层往上走的第一个梯段中部剖切，向下投影而形成的投影图，如图 2.46 所示。各层被剖到的梯段，在平面图中均以一根 45°的折断线表示，并在各层每一梯段处画一长箭头，表示上行或下行的方向，并注写上或下的字。

对于多层房屋，若中间各层的构造都相同时，可只画出底层、一个中间层（标准层）和顶层的平面图。中间各层的平台面和楼面的标高数字要书写在标准层相应的标高数字上，并加上括号。在底层平面图中，还应注出楼梯剖面图的剖切符号。

3）楼梯平面图的识图方法。

① 根据轴线编号了解楼梯间在房屋中的平面位置。

② 了解楼梯间、梯段、梯井、平台的平面形式、尺寸，楼梯踏步的宽度和步级数。

在平面图中每一梯段画出的踏面数，比步级数少一个。楼梯梯段的长度尺寸，用踏面数与踏面宽度的乘积来表示。

③ 了解楼梯间的墙、柱、门窗平面位置及尺寸。

④ 了解楼梯的走向，栏杆设置及楼梯上下起步的位置。

⑤ 了解楼层标高和休息平台的标高。

⑥ 了解楼梯间内有无夹层，梯下小间及与设备专业有关内容的平面布置。

⑦ 在底层平面图中，了解楼梯剖面图的剖切位置及剖视方向。

（2）楼梯剖面图。

1）楼梯剖面图的形成。楼梯剖面图是假想用一铅垂面，通过各层的一个梯段和门窗洞将楼梯垂直剖开，向另一未剖到的梯段方向投影，所作的剖面图，如图 2.47 所示。

2）内容。楼梯剖面图可清晰地表示出各梯段的步级数、踏步的高步和宽度、楼梯的构造、各层平台面及楼面的高度以及它们之间的相互关系。在多层房屋中，若中间各层的楼梯构造相同时，则剖面图可只画出底层，中间层和顶层剖面图，中间用折断线分开，将各中间层的楼面、平台面的标高数字在所画的中间层相应地标注，并加括号。

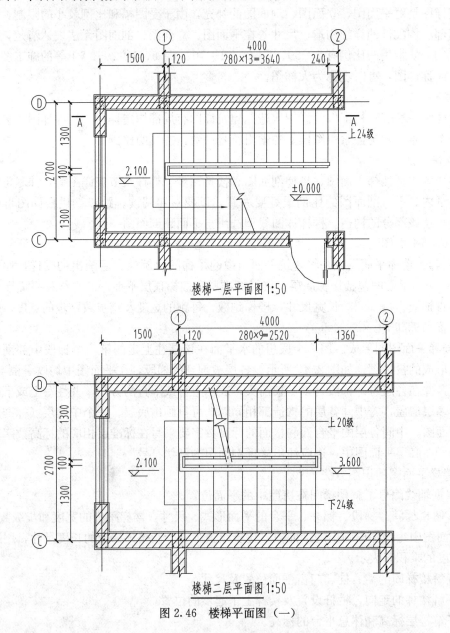

图 2.46 楼梯平面图（一）

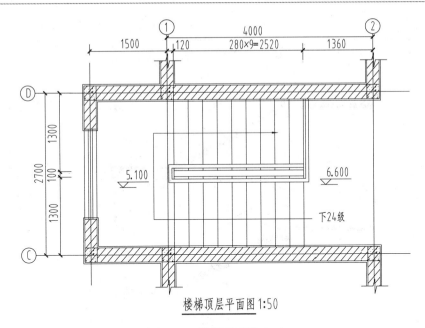

楼梯顶层平面图 1:50

图2.46 楼梯平面图（二）

3）楼梯剖面图的识读方法。

① 了解楼梯梯段数、步级数以及楼梯的类型及其结构形式。

② 了解楼梯在竖向和进深方向的有关尺寸及楼梯间内的门窗洞口尺寸、消防箱、电表箱及垃圾井等情况。

③ 了解楼梯段、平台、栏杆、扶手等的构造和用料说明。

④ 了解图中的索引符号，从而知道楼梯细部做法。

（3）楼梯节点详图。楼梯节点详图主要表达楼梯栏杆、踏步、扶手的做法，包括栏杆（板）、扶手和踏步等的详图。比例可采用1:20～1:10，视需要而定。它表明栏杆的高度、尺寸、材料及其与踏步和墙面的搭接方法、踏步及休息板的材料、做法及详细尺寸等，如图2.48所示。

4. 外墙身详图

外墙身详图也称外墙大样图，是建筑剖面图的局部放大图样，表达外墙与地面、楼面、屋面的构造连接情况以及檐口、门窗顶、窗台、勒脚、防潮层、散水、明沟的尺寸、材料、做法等构造情况，是砌墙、室内外装修、门窗安装、编制施工预算以及材料估算等的重要依据。在多层房屋中，各层构造情况基本相同，外墙身详图只画墙脚、檐口和中间部分三个节点。为了简化作图，通常采用省略方法画，即在门窗洞口处断开，如图2.49所示。

（1）内容。

墙脚：外墙墙脚主要是指一层窗台及以下部分，包括散水（或明沟）、防潮层、勒脚、一层地面、踢脚等部分的形状、大小材料及其构造情况。

中间部分：主要包括楼板层、门窗过梁、圈梁的形状、大小材料及其构造情况。还应表示出楼板与外墙的关系。

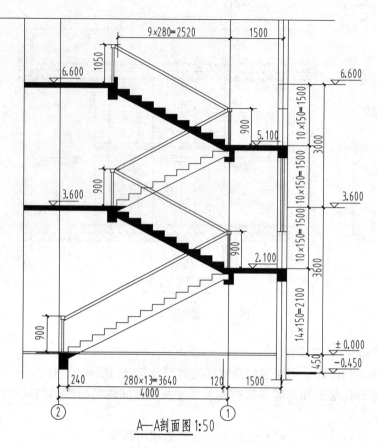

A—A剖面图 1:50

图 2.47　楼梯剖面图

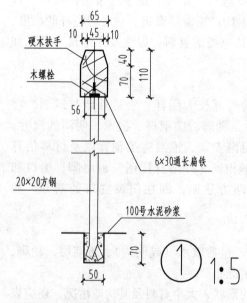

图 2.48　楼梯节点详图

檐口：应表示出屋顶、檐口、女儿墙、屋顶圈梁的形状、大小、材料及其构造情况墙身大样图一般用 1：20 的比例绘制，由于比例较大，各部分的构造如结构层、面层的构造均应详细表达出来，并画出相应的图例符号。

（2）外墙身详图的识读方法。

1）了解图名、比例。

2）了解墙体的厚度及所属定位轴线。

3）了解屋面、楼面、地面的构造层次和做法。

4）了解各部位的标高、高度方向的尺寸和墙身细部尺寸。

5）了解各层梁（过梁或因梁）、板、窗台的位置及其与墙身的关系。

6）了解檐口的构造做法。

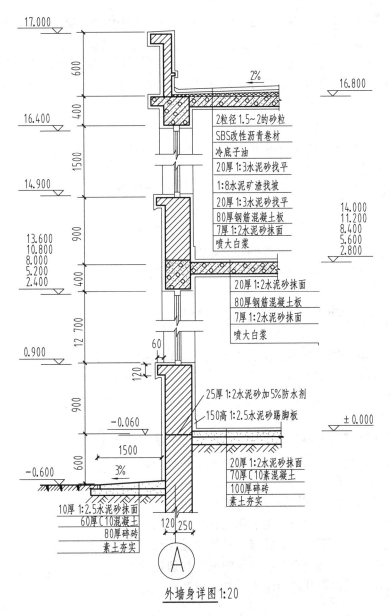

图 2.49 外墙身详图

复习思考题

一、填空题

1. 点画线与点画线或点画线与其他图线交接时，应是＿＿＿＿＿＿交接；虚线与虚线交接或虚线与其他图线交接时，应是＿＿＿＿＿＿交接。

2. 水平方向的尺寸，尺寸数字要从左到右写在尺寸线的上面，字头＿＿＿＿＿＿；竖直方向的尺寸，尺寸数字要从下到上写在尺寸线的左侧，字头＿＿＿＿＿＿。

3. 通常书写汉字时，字高应不小于 3.5mm，长方形字体的字宽约为字高的_____。

4. 建筑施工图的基本图样是_____、_____、_____。

5. 平面图实质上是_____，被剖切平面剖切到的墙、柱等轮廓线用_____表示。未被剖切到的部分如室外台阶、散水、楼梯以及尺寸线等用_____表示。门的开启线用_____表示。

二、选择题

1. 图纸本身的大小规格称为图纸幅面，A1 的图幅为（　　　）。

   A. 841×1189　　　B. 594×841　　　　　C. 420×594

2. 在下例绘图比例中，比例放大的是（　　　）；比例缩小的是（　　　）；比例为原图样大小的是（　　　）。

   A. 1∶2　　　　　　B. 3∶1　　　　　　　C. 1∶1

3. 标题栏的边框用（　　　）绘制，分格线用（　　　）绘制。

   A. 粗实线　　　　　B. 中实线　　　　　　C. 细实线

   D. 单点长画线　　　E. 双点长画线

4. 拉丁字母及数字的一般字体笔画宽度为字高的（　　　）。

   A. 6/10　　　　　　B. 3/10　　　　　　　C. 1/10

5. 平面图、剖面图、立面图在建筑工程图比例选用中常用（　　　）。

   A. 1∶500　1∶200　1∶100　　　　　B. 1∶1000　1∶200　1∶50

   C. 1∶50　1∶100　1∶200　　　　　D. 1∶50　1∶25　1∶10

三、简答题

1. 建筑总平面图的主要作用是什么？用什么方法对建筑定位？

2. 何谓建筑平面图？其用途、识读方法各是什么？

3. 何谓建筑立面图？其命名方式、识读方法各是什么？

4. 何谓建筑剖面图？其用途、识读方法各是什么？

5. 建筑剖面图的剖切位置、类型各是如何选定的？

6. 何谓建筑详图？其用途、特点与类型各是什么？

7. 墙身详图一般由哪几个节点详图组成？如何识读？

8. 楼梯详图一般由哪几部分组成？如何识读？

第3章　基础与地下室构造

　　基础是建筑物埋在地面以下的承重构件，基础的作用是承受上部建筑物传递下来的全部荷载，并将这些荷载连同自重传给下面的地基。本章主要介绍基础与地基的关系，基础的分类，基础的构造，并对地下室的构造及防潮处理也做了适当阐述。

3.1　基础与地基的关系

3.1.1　基础、地基的概念

1. 地基含义

地基是指建筑物基础底面以下，受到荷载作用影响范围内的土体或岩体。它承受着基础传来的建筑物的全部荷载。

2. 基础含义

在建筑工程中，建筑物与土层直接接触的部分称为基础（图3.1）。基础是建筑物的一个组成部分，它承担着建筑物上部的全部荷载，并把这些荷载传给地基。

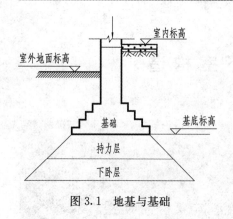

图 3.1　地基与基础

3.1.2　地基的分类及对地基的要求

1. 地基分类

地基可分为天然地基和人工地基两大类。

天然地基是指天然土层具有足够的承载力，不需经人工改善或加固，可直接承受建筑物荷载的地基。岩石、碎石、砂石、黏性土等，一般可作天然地基。

人工地基是指天然土层承载力较低或虽然土层较好，但因上部荷载较大，土层不能满足承受建筑物荷载的要求，必须对其进行人工加固才能在上面建造房屋的地基。人工地基造价高、施工复杂，一般只在建筑物荷载大或天然土层承载力差的情况下采用。

2. 对地基的要求

（1）地基应有足够的承载力，并优先考虑选择天然地基。

（2）地基的承载力要力求均匀，即要求地基有均匀的压缩量，以保证建筑物的基础在荷载作用下沉降均匀，不致失稳。若地基下沉不均匀，建筑物上部极易出现墙身开裂、变形甚至破坏。

（3）地基应有足够的稳定性，有防止产生滑坡、倾斜方面的能力。必要时（特别是有较大高差时）可加设挡土墙以防止滑坡变形的出现。

3.1.3　基础的分类

关于基础类型的划分详见 3.3 节。

3.1.4　对基础的要求

1. 具有足够的强度、刚度和稳定性

基础是建筑物的重要承重构件，对建筑物的安全起着决定性作用，因此基础必须具有足够的强度，保证将建筑物的荷载可靠地传给地基。

2. 应有良好的耐久性能

基础是建筑物的重要承重构件，又是埋于地下的隐蔽工程，很难加固和检修。应按照所建建筑物的耐久年限选择基础的材料和构造措施，防止基础的提前破坏，影响整个建筑物的安全。

3. 采用经济合理的方案

基础工程占建筑工程总造价的 10%～40%，要使工程总投资降低，首先要降低基础工程的投资。一般采取选择土质好的地基场地、合理的构造方案、优质价廉的建筑材料等措施，减少基础工程的投资，达到降低工程总造价的目的。

3.1.5　基础与地基的关系

基础是建筑物的组成部分，是建筑物的主要承重构件，它承受着建筑物上部结构传来的全部荷载，并将其传给地基。而地基不属于建筑物的组成部分，它只是承受建筑物荷载的土壤层，但对保证建筑物的坚固耐久非常重要。基础传给地基的荷载如果超过地基的承载能力，地基将会出现较大的沉降变形和失稳，直接影响建筑物的安全和正常使用。

3.2　基础的埋置深度

3.2.1　基础的埋置深度

室外设计地面到基础底面的垂直距离称为基础的埋置深度（图 3.2）。建筑物室外地面有自然地面和室外设计地面之分，自然地面是施工地段的现有地面；室外设计地面是指按工程要求竣工后，室外场地经开挖或起垫后的地面。

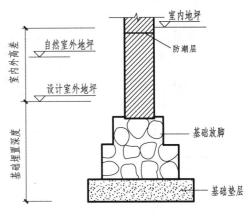

图 3.2　基础埋置深度

3.2.2　基础的埋置深度的类型

根据基础埋置深度的不同，基础可分为浅基础和深基础两类。一般情况下，埋深不大于5m 的称浅基础；埋深大于 5m 的称深基础。从施工和造价方面考虑，一般民用建筑基础应优先选用浅基础。但基础的埋深不宜小于 0.5m，否则，地基受到压力后可能将四周的土挤走，使基础失稳，或受各种侵蚀、雨水冲刷等而导致基础暴露，影响建筑物安全。

3.2.3　影响基础埋置深度的因素

影响基础埋置深度的因素有很多，在设计时，需从实际出发，抓住主要影响因素进行考虑。影响基础埋置深度的因素很多，主要有以下几方面：

（1）建筑物使用要求、荷载大小及基础形式：当建筑物设置有地下室设施时，基础埋深应满足其使用要求；多层建筑一般根据地下水位及冻土深度确定埋深尺寸；高层建筑的基础埋置深度为地面以上总高度的 1/10。

（2）水文地质条件：确定地下水的常年水位和最高水位，以便选择基础的埋深。一般宜将基础埋置在地下常年水位和最高水位之上，这样可不需进行特殊防水处理，节省造价，尤其在寒冷地区还可防止或减轻地基土层的冻胀。

（3）工程地质条件：基础底面应尽量选在常年未经扰动而且坚实平坦的土层或岩石上。避免由于地表面的土层含有大量植物根茎类腐殖或垃圾，如做基础将有不安全的隐患。

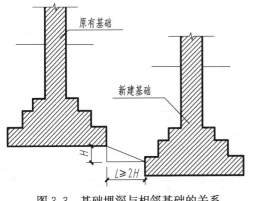

图 3.3　基础埋深与相邻基础的关系

（4）土壤冻结深度：应根据当地的气候条件了解土层的冻结深度，一般将基础的垫层部分做在土层冻结深度以下。否则，冬天土层的冻胀力会将房屋拱起，产生变形，天气转暖，冻土解冻时又会产生塌陷。

（5）相邻建筑物基础的影响：新建建筑物的基础埋深不宜深于相邻的原有建筑物的基础；当新建基础需深于原有基础时，需要采取一定的措施加以处理，以保证原有建筑物的安全和正常使用，如图 3.3 所示。

3.3　基础的类型

由于建筑物的结构类型、荷载大小、水文地质及建筑材料等原因，建筑物的基础形式较多。不同类型的基础，其构造措施与构造方法也各不相同。

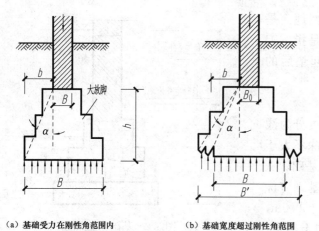

（a）基础受力在刚性角范围内　　（b）基础宽度超过刚性角范围

图 3.4　刚性基础受力和传力特点

3.3.1　按材料及受力特点分类

1. 刚性基础

刚性基础是指由砖石、毛石、素混凝土、灰土等刚性材料制作的基础，其抗压强度较高、而抗拉、抗剪强度较低。为满足地基允许承载力的要求，需要加大基础底面积，但基础底面尺寸放大到一定范围，基础因受弯或剪切会发生折裂破坏，如图 3.4 所示。破坏的方向与垂直面的夹角 α 称为刚性角。刚性基础放大角度不应超过刚性角。为设计施工方便将刚性角换算成 α 的正切值 b/h，即宽高比。表 3.1 为各种材料基础的宽高比 b/h 的允许值。

表 3.1　　　　　　　　　　刚性基础台阶宽高比的允许值

基础材料	质量要求	台阶宽高比的允许值		
		$P\leqslant100\text{kN}$	$100\text{kN}<P\leqslant200\text{kN}$	$200\text{kN}<P\leqslant300\text{kN}$
混凝土基础	C10 混凝土	1:1.00	1:1.00	1:1.00
	C7.5 混凝土	1:1.00	1:1.25	1:1.50
毛石混凝土基础	C7.5~C10 混凝土	1:1.00	1:1.25	1:1.50
砖基础	砖不低于 MU7.5　M5 砂浆	1:1.50	1:1.50	1:1.50
	M2.5 砂浆	1:1.50	1:1.50	—
毛石基础	M2.5~M5 砂浆	1:1.25	1:1.50	—
	M1 砂浆	1:1.50		
灰土基础	体积比为 3:7 或 2:8 的灰土，其最小干密度：粉土：5kN/m³；粉质黏土：15.0kN/m³；黏土：14.5kN/m³	1:1.25	1:1.50	—
三合土基础	体积比 1:2:4~1:3:6（石灰:砂:骨料），每层约虚铺200mm，夯至150mm	1:1.50	1:2.00	

注　1. P 为荷载效应标准组合时基础底面处的平均压力值（kPa）。

　　2. 阶梯形毛石基础的每阶伸出宽度，不宜大于 200mm。

　　3. 当基础由不同材料叠合组成时，应对接触部分作抗压验算。

2. 柔性基础

当建筑物的荷载较大而地基承载力较小时，基础底面必须加宽。对刚性基础，其基础底面宽度受刚性角限制，如增大底面宽度，势必要增加基础的高度，这样就会增加土方工程量和基础材料用量，对工期和造价都是不利的。如果在混凝土基础的底部配以钢筋，利用钢筋来抵抗拉应力，可使基础底部承受较大的弯矩。这种基础的宽度不受刚性角的限制，称之为柔性基础（图 3.5）。

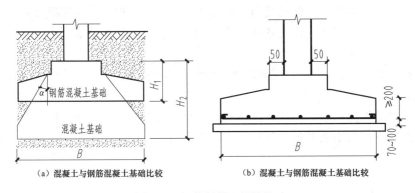

（a）混凝土与钢筋混凝土基础比较　　　　　（b）混凝土与钢筋混凝土基础比较

图 3.5　钢筋混凝土柔性基础

3.3.2　按构造形式分类

1. 条形基础

当建筑物上部结构采用墙承重时，基础沿墙身设置，做成与墙形式相同的长条形，形成纵横向连续交叉的条形基础（图 3.6）。这种基础有较好的整体性，可减缓局部不均匀沉降。中小型砖混结构常采用此种形式，选用材料可以是砖、石、混凝土、灰土、三合土（图 3.7）等刚性材料。

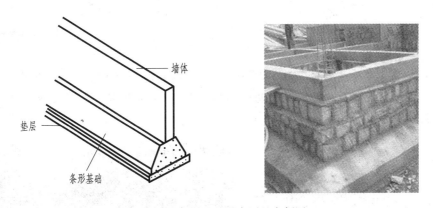

图 3.6　条形基础示意图及实例图

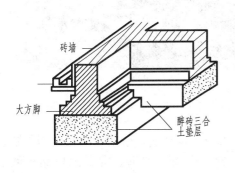

图 3.7　三合土条形基础实例示意图

2. 独立基础

当建筑物的承重体系采用框架结构或单层排架及刚架结构时，其基础常采用方形或矩形的独立式基础，称单独基础或柱式基础。其断面形式有阶梯形［图3.8（a）］、锥形［图3.8（b）］、杯口形等，如图3.8所示。

当柱子采用预制构件时，则基础做成杯口形，然后将柱子插入，并嵌固在杯口内，又称杯形基础，如图3.8（c）所示。

当建筑是以墙作为承重结构，而地基上层为软土时，如采用条形基础则基础要求埋深较大，这种情况下也可采用墙下独立基础，其构造是墙下设基础梁，以承托墙身，基础梁支承在独立基础上（图3.9）。

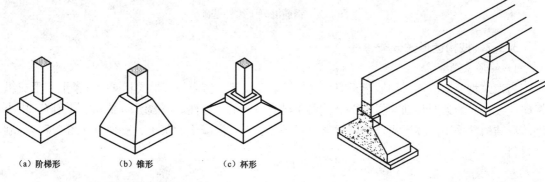

| (a) 阶梯形 | (b) 锥形 | (c) 杯形 |

图3.8　独立基础及实例　　　　　　　　图3.9　墙下独立基础

3. 井格基础

当地基条件较差，或上部荷载不均匀时，为了提高建筑物的整体性，防止柱子之间产生不均匀沉降，常将柱下基础沿纵横两个方向扩展并连接起来，做成十字交叉的井格基础（图3.10）。

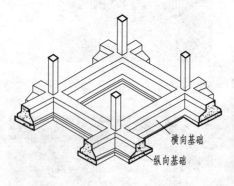

横向基础

纵向基础

图3.10　井格基础及实例

4. 筏板基础

当建筑物荷载较大，而地基承载力又较小，采用条形基础或井格基础的底面积占建筑物平面面积较大时；或将基础做成一个钢筋混凝土板，由成片的钢筋混凝土板支承着整个建筑，这种基础称筏板基础。筏板基础有梁板式和平板式两种。图3.11为梁板式筏板基础。

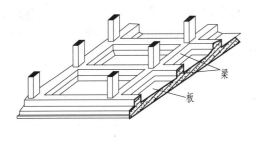

图 3.11 梁板式筏板基础及示例图

5. 箱形基础

当筏板基础埋深较大时，为了增加建筑物的整体刚度，有效抵抗地基的不均匀沉降，常采用由钢筋混凝土底板、顶板和若干纵横墙组成的空心箱体结构，即箱形基础（图 3.12）。箱形基础具有刚度大、整体性好，内部空间可用作地下室的特点。

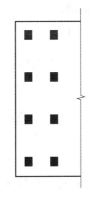
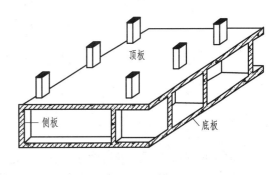

图 3.12 箱形基础

6. 桩基础

桩基础是常用的一种基础形式，是深基础的一种。当天然地基承载力低、沉降量大，不能满足建筑物的要求时，可选择桩基础。

（1）桩基础的类型。按桩的形状和竖向受力情况可分为摩擦桩和端承桩，如图 3.13 所示。摩擦桩的桩顶竖向荷载主要由桩侧壁摩擦阻力承受。端承桩的桩顶竖向荷载主要由桩端阻力承受。按桩的材料分为混凝土桩、钢筋混凝土桩、钢桩等。按桩的制作方法分为预制桩和灌注桩。

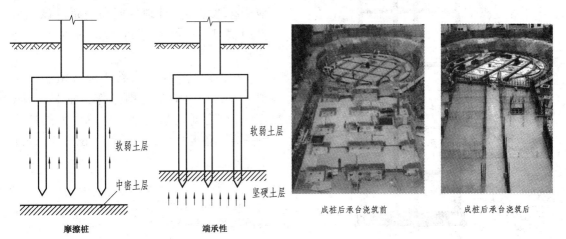

图 3.13 桩基础示意图

（2）桩基础的组成。桩基础是由桩身和承台梁（或板）组成的（图 3.14）。桩身尺寸是按设计确定的，并根据设计布置的点位将桩置入土中。在桩的顶部设置钢筋混凝土承台，以支承上部结构，使建筑物荷载均匀地传递给桩基。

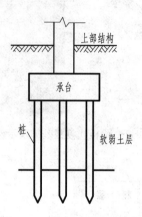

图 3.14　桩基础组成示意图

3.4　地下室构造

建筑物底层以下的房间为称地下室。地下室可以专门设置，也可以利用高层建筑物深埋的基础部分或箱形基础的内部空间构成。地下室可用作停车场、仓库、商场、餐厅等，还可兼有战备防空的用途。地下室可以提高建设用地的利用率且造价提高不多。

3.4.1　地下室的类型与组成

1. 地下室的类型

按承重结构材料分：有砖混结构地下室和钢筋混凝土结构地下室。

按埋入深度可分：有全地下室和半地下室。当地下室地坪与室外地坪面的高差超过该地下室净高一半时称为全地下室；地下室地坪与室外地坪面高差超过该地下室净高 1/3，但不超过 1/2 的称为半地下室。

按使用功能分：有普通地下室和人防地下室。普通地下室即用作普通的库房、商场、餐厅等功能的地下空间；人防地下室是有战备要求的地下空间。图 3.15 为地下室示意图。

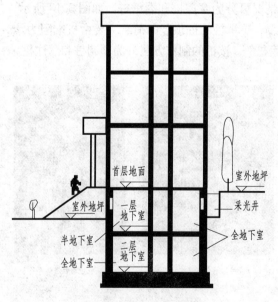

图 3.15　地下室示意图

2. 地下室的组成

地下室由墙体、顶板、底板、门窗、楼电梯等五部分组成。

（1）墙体。地下室的外墙应按挡土墙

设计，如用钢筋混凝土或素混凝土墙，应按计算确定，其最小厚度除应满足结构要求外，还应满足抗渗厚度的要求，其最小厚度不低于 300mm。外墙应作防潮或防水处理。

（2）顶板。可用预制板、现浇板或者预制板上作现浇层（装配整体式楼板）。

（3）底板。地下室底板应具有良好的整体性和较好的刚度，同时视地下水位情况作防潮或防水处理。

（4）门窗。普通地下室的门窗与地上房间门窗相同，地下室外窗如在室外地坪以下时，应设置采光井和防护算，以利室内采光、通风和室外行走安全。

（5）楼梯。可与地面上房间结合设置，层高小或用作辅助房间的地下室，可设置单跑楼梯。

3.4.2 地下室防水与防潮

地下室处于地表以下的位置，会受到地潮或地下水的作用。地潮指地层中的毛细管水和地面水下渗造成的无压力水。地下水是地下水位以下的水，它具有一定的压力。因而防水和防潮是地下室构造处理的重要问题。

1. 地下室的防水

当设计最高地下水位高于地下室底板标高，或有上层滞水存在时，应对地下室进行防水构造处理。地下室防水遵循以防为主，以排为辅的原则。

地下室的防水措施分有结构自防水和材料防水两大类。自防水是用防水混凝土作外墙和底板，使承重、围护、防水三种功能合而为一，这种防水措施施工较为简便，如图 3.16 所示。

材料防水是在外墙和底板表面敷设防水材料，如卷材、涂料、防水砂浆等，阻止地下水渗入。卷

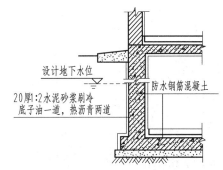

图 3.16 地下室自防水构造

材防水是用沥青系防水卷材或其他卷材（如 SBS 卷材、三元乙丙橡胶防水卷材等）做防水材料，它又分为外防水和内防水，如图 3.17 和图 3.18 所示。

防水卷材粘贴在墙体外侧称外防水，这种方法防水效果好，但维修困难。外防水的具体做法是：先在混凝土垫层上将卷材满铺整个地下室，在其上浇筑细石混凝土保护层。底层防水卷材留出足够的长度与墙面垂直防水卷材搭接。墙体部分做法是先在外墙外侧抹 20mm 厚 1∶2.5 水泥砂浆找平层，涂刷冷底子油一道，然后进行卷材粘贴。卷材从底板下包上来，沿墙身由下而上连续密封粘贴，在设计水位以上 500～1000mm 处收头。最后在防水层外侧砌厚为 120mm 的保护墙，在保护墙与防水层之间缝隙中灌以水泥砂浆。

卷材粘贴于结构内表面时称内防水，这种方法防水较差，但施工简单，一般在补救或修缮工程中应用。

2. 地下室的防潮

当地下水的常年水位和最高水位均在地下室地坪标高之下，而且地下室周围土层透水性好、无形成上层滞水的可能时，地下水不能直接侵入地下室，地下室外墙和地坪仅受地层中的潮气影响，此时，地下室只需做防潮处理。

地下室的防潮处理构造做法是首先在地下室墙体外表面抹 20mm 厚 1∶2 防水砂浆找平层，并涂刷冷底子油一道和热沥青两道，形成外侧防潮层，防潮层需刷至室外散水坡处。防

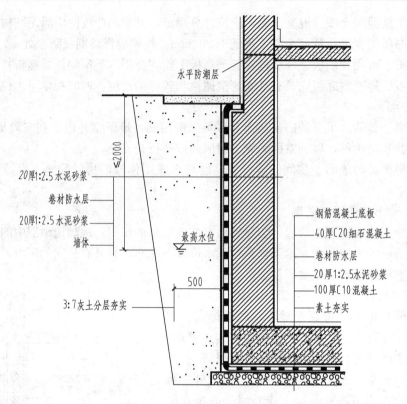

图 3.17 地下室卷材外防水构造

潮层外侧用黏土、灰土等低渗透性土回填，土层宽约 500mm 左右。地下室外所有的墙都必须设上、下两道水平防潮层，一道设在室外地面散水坡以上 150~200mm 的位置；一道设在地下室地坪的结构层之间。地下室防潮构造如图 3.19 所示。

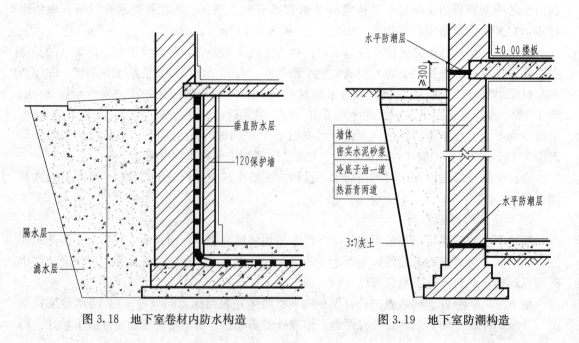

图 3.18 地下室卷材内防水构造   图 3.19 地下室防潮构造

复习思考题

一、填空题

1. 地下室由_____、_____、_____、_____、_____五部成。

2. 基础埋置深度是指_____到基础底面的距离。

3. 地基分为_____和_____两大类。

二、选择题

1. 下列基础属于柔性基础的是（　　）。

  A. 混凝土基础 B. 砖基础   C. 钢筋混凝土基础

2. 基础的埋置深度一般不小于（　　）。

  A. 300mm   B. 400mm   C. 500mm

3. 当基础需埋在地下水位以下时，基础地面应埋置在最低地下水位以下至少（　　）的深度。

  A. 200mm   B. 300mm   C. 400mm

三、简答题

1. 什么是地基？它分为几类？

2. 什么是基础？它分为几类？

3. 什么是天然地基？什么是人工地基？

4. 地基与基础的设计要求是什么？

5. 什么是基础埋深？影响基础埋深的因素有哪些？

6. 常见的基础类型有哪些？

7. 什么是刚性角？它是如何影响刚性基础的？

8. 什么是端承桩？什么是摩擦桩？

9. 简述地下室的分类和组成。

10. 地下室何时应做防潮处理？其基本构造做法如何？

11. 地下室何时应做防水处理？其基本构造做法如何？

第4章 墙 体

　　墙体是房屋重要的组成部分，在建筑物中起到外围户内分隔的作用，在有的墙承重结构中，还承担梁板及上部墙体传递的重量。其造价、工程量和自重往往是建筑物所有构件中所占份额最大的，因此在建筑设计中，合理地选择墙体材料、结构方案以及构造做法十分重要。

4.1　墙体的类型与设计要求

4.1.1　墙体的概念及作用

　　墙体是建筑物的重要组成部分，它的作用有以下三方面。

1. 承重作用

墙体承受屋顶、楼板传给它的荷载，以及自重、风荷载、地震作用等。

2. 围护作用

墙体抵御自然界的风、雨、雪的侵袭，防止太阳的辐射、噪声的干扰以及室内热量的散失等，起保温、隔热、隔声、防水等作用。

3. 分隔作用

墙体把建筑物划分成不同的空间。

以上关于墙体的三个作用，并不是指一面墙体必须同时具有这三个作用，而是根据需要具备相应功能，墙体如图 4.1 所示。

4.1.2 墙体的类型

根据墙体在建筑物中的位置、受力情况、所用材料、构造方式及施工方法的不同，可将其分为不同的类型。

1. 按墙体在平面上所处位置及布置方向分类

墙体按在平面上所处位置的不同，可分为外墙和内墙，如图 4.2 所示。外墙位于房屋的四周，它起着挡风、阻雨、保温、隔热等围护作用，又称外围护墙。内墙位于房屋的内部，主要起分隔内部空间的作用，同时起一定的隔声、防火等作用。

图 4.1　墙体

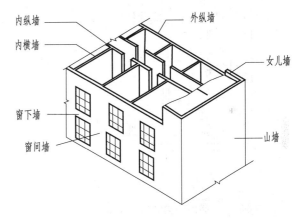

图 4.2　墙体按在平面上所处位置及布置方向分类

墙体按在平面上布置方向的不同，可分为纵墙和横墙。沿建筑物长轴方向布置的墙体称为纵墙，房屋有外纵墙和内纵墙，外纵墙又称檐墙。沿建筑物短轴方向布置的墙体称为横墙，房屋有内横墙和外横墙，外横墙又称山墙。

此外，根据墙体与门窗的位置关系，平面上窗与窗、门与窗之间的墙体称为窗间墙，立面上窗洞下部的墙体称为窗下墙。屋顶上部的墙体称为女儿墙。

2. 按墙体受力情况分类

墙体按受力情况的不同，可分为承重墙和非承重墙，如图 4.3～图 4.6 所示。

承重墙直接承受屋顶和楼盖传来的荷载。

非承重墙不承受外来荷载，它可以分为自承重墙、隔墙、填充墙及幕墙。自承重墙不承受外来荷载，仅承受自重，并将其传至基础。隔墙仅起分隔空间的作用，其自重由楼盖承担。在框架结构中，填充在柱子之间的墙称为填充墙，不承受外来荷载及自重，仅起分隔空间的作用。悬挂在建筑物外部的轻质墙称为幕墙，起围护作用，幕墙有金属和玻璃幕墙等。

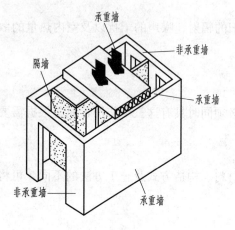

图 4.3 承重墙及非承重墙

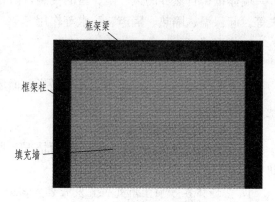

图 4.4 框架结构的填充墙

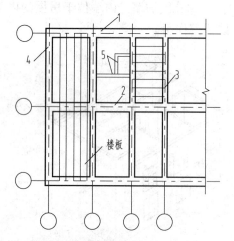

图 4.5 砖混结构的墙体类型

1—纵向承重外墙；2—纵向承重内墙；3—横向承重内墙；
4—横向自承重外墙（山墙）；5—隔墙

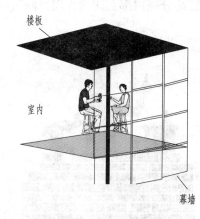

图 4.6 幕墙效果图

3. 按墙体材料分类

墙体按使用材料的不同，可分为砖墙、砌块墙、混凝土墙及石墙等。

（1）砖墙。用来砌筑墙体的砖有普通黏土砖、多孔砖等。普通黏土砖是我国传统的墙体材料，近年来受到资源的限制，已经在越来越多的建筑中被限制使用。

（2）砌块墙。砌块墙是砖墙的良好替代品，由多种轻质材料和水泥制成，有加气混凝土砌块墙、混凝土小型空心砌块墙等。

（3）混凝土墙。混凝土墙可以现浇或预制，在多层及高层建筑中应用较多。

（4）石墙。石材是一种天然材料，包括各种毛石和料石墙等。

4. 按墙体构造方式分类

墙体按构造方式的不同，可分为实体墙、空体墙和复合墙三种，如图 4.7 所示。

（1）实体墙。实体墙是由单一材料（普通黏土砖、实心砌块等）砌筑的不留空腔的墙体。

（2）空体墙。空体墙也是由单一材料组成，如图 4.8 所示。空体墙内部的空腔可以由实体材料砌筑而成，如普通黏土砖砌筑的空斗墙；也可由本身具有孔洞的材料砌筑，如空心砌块墙等。

（3）复合墙。复合墙由两种以上材料组合而成，如加气混凝土复合板材墙，其中混凝土起承重作用，加气混凝土起保温隔热作用。

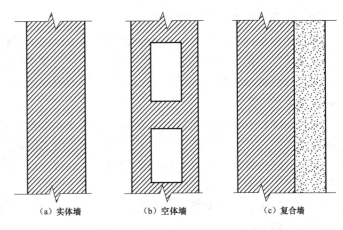

（a）实体墙　　（b）空体墙　　（c）复合墙

图 4.7　墙体按构造方式分类

5. 按墙体施工方法分类

按施工方法的不同，墙体可分为块材墙、板筑墙及板材墙三种，如图 4.9 所示。

（1）块材墙（叠砌式）。块材墙是用砂浆等胶结材料将块材（砖、石及砌块等）组砌而成，如实砌砖墙、石墙及砌块墙等。

（2）板筑墙（现浇整体式）。板筑墙是在现场立模板，现场浇筑而成的墙体，例如现浇混凝土墙等。

（3）板材墙（预制装配式）。板材墙是在工厂预先制作成墙体，在现场通过机械吊装拼合而成的墙体，如预制混凝土大板墙等。

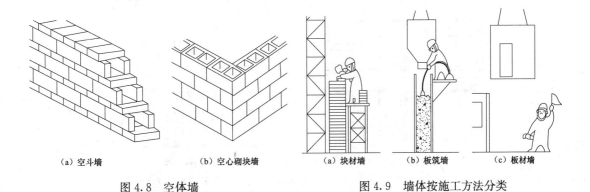

（a）空斗墙　　　　　　（b）空心砌块墙　　　　　（a）块材墙　　（b）板筑墙　　（c）板材墙

图 4.8　空体墙　　　　　　　　　　图 4.9　墙体按施工方法分类

4.1.3　墙体的设计及使用要求

1. 结构设计要求

作为承重墙的墙体，必须具有足够的强度，以确保结构的安全，墙体的强度是指其承受荷载的能力，墙体的强度与所采用的材料的强度及施工技术有关。

高而薄的墙体稳定性差，矮而厚的墙体稳定性好，长而薄的墙稳定性差，短而厚的墙稳定性好，墙体的稳定性与墙的外形尺寸（长度、高度、厚度）有关。

2. 使用功能方面的要求

（1）热工要求。墙体的热工性能是指墙体在保温、隔热等方面的性能。作为围护结构的外墙，对热工性能的要求尤为重要。

在寒冷地区，要求外墙具有良好的保温能力，以减少采暖期室内热量的损失，降低能耗，保证室内温度不致过低，同时不出现墙体内表面产生冷凝水的现象。

在炎热地区，要求建筑物外墙具有良好的隔热能力，以隔阻太阳的辐射热传入室内，防止室内温度过高。

（2）隔声要求。为了使人们获得安静的工作和生活环境，提高私密性，避免相互干扰，墙体必须要有足够的隔声能力，并应符合国家有关隔声标准的要求。

（3）防火要求。作为建筑墙体的材料及厚度，应满足防火规范中对燃烧性能和耐火极限的规定，必要时还应设置防火墙、防火门等。

（4）防水、防潮要求。在厨房、卫生间、实验室等用水房间的墙体及地下室的墙体应满足防水、防潮的要求。

3. 其他要求

在大量建筑物中，墙体工程量占相当的比重，因此，建筑工业化的关键在墙体改革，可以通过提高机械化程度来提高工效，并采用轻质高强的墙体材料以减轻自重，并降低成本。

4.1.4 墙体的承重方案

墙体承重方案有四种，即横墙承重、纵墙承重、纵横墙承重、墙与柱混合承重（内框架承重）。

1. 横墙承重

横墙承重是将建筑物的水平承重构件（楼板、屋面板等）搁置在横墙上，即由横墙承担楼面及屋面荷载，纵墙仅起自承重和纵向稳定及拉结作用，如图 4.10（a）所示。

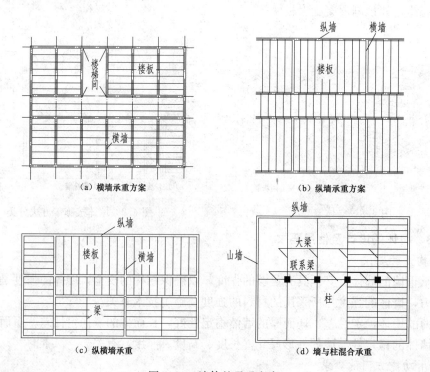

（a）横墙承重方案 （b）纵墙承重方案

（c）纵横墙承重 （d）墙与柱混合承重

图 4.10　墙体的承重方案

横墙承重的优点有：由于横墙间距小于纵墙间距，此时搁置在横墙上的水平承重构件的跨度小、截面高度也小，可以节省混凝土和钢材，增加室内的净空高度；由于横墙间距不大且有纵墙拉结，房屋的整体性好，横向刚度大，有利于抵抗水平荷载（风荷载、地震作用等）；当横墙承重而纵墙为非承重墙时，在檐墙可以获得较大的开窗面积，容易得到较好的采光条件；内纵墙与上部水平承重构件之间没有传力的关系，可以自由布置。

横墙承重的缺点有：由于横墙间距受到水平承重构件跨度和规格的限制，建筑开间尺寸变化不灵活，不易形成较大的室内空间；墙体所占面积较大，房屋的使用面积相对较小；墙体材料耗费较多。

横墙承重方案适用于房间开间不大，开间尺寸变化不多的建筑，如宿舍、住宅、旅馆等。

2. 纵墙承重

纵墙承重方案是将建筑物的水平承重构件（楼板、屋面板等）搁置在纵墙上，即由纵墙承担楼面及屋面荷载，横墙只起分隔空间和连接纵墙的作用，如图 4.10（b）所示。

纵墙承重的优点有：横墙与上部水平承重构件之间没有传力关系，可以灵活布置，易于分隔出较大的房间；北方地区檐墙因保温需要，其厚度往往取决于承重所需的厚度，纵墙承重可以使檐墙充分发挥作用。

纵墙承重的缺点有：水平承重构件的跨度比横墙承重方案大，其自重和截面高度也较大；由于横墙间距较大，因此房屋的整性差，横向刚度小，不利于抵抗水平荷载；为了保证纵墙的强度，在纵墙中开设门窗洞口就受到了一定的限制，室内采光条件较差，通风不易组织。

纵墙承重方案适用于进深变化较少，内部开间较大的建筑物，如办公楼、餐厅、商店等。

3. 纵横墙承重

纵横墙承重简称混合承重，即由纵墙和横墙共同承受楼板和屋面等荷载，如图 4.10（c）所示。混合承重综合了横墙承重和纵墙承重的优点，建筑平面布置灵活，房屋空间刚度较好。缺点是水平承重构件类型多，施工复杂。纵横墙混合承重方案适用于开间和进深变化较多，平面复杂的建筑，如教学楼、医院等建筑。

4. 墙与柱混合承重（内框架承重）

内框架承重即房屋内部采用柱、梁组成的内框架承重体系，四周采用墙体承重，由墙和柱共同承受水平构件传来的荷载，如图 4.10（d）所示。这种方案适用于内柱不影响使用的大空间建筑，如大型商场、展厅、餐厅等。

4.2 砖墙及砌块墙构造

4.2.1 墙体材料

砖墙及砌块墙是用胶结材料将块材（砖及砌块）按一定技术要求组砌而成的砌体，所用材料主要分为块材（砖及砌块）和胶结材料两部分。

1. 块材（砖及砌块）

（1）砖。砖按材料不同，有黏土砖、粉煤灰砖、灰砂砖、炉渣砖等。砖按外观形状不同，可分为实心砖、多孔砖和空心砖。砖按制造工艺不同，可分为烧结砖（普通黏土砖、烧结多孔砖、烧结空心砖等）和非烧结砖（粉煤灰砖、灰砂砖、炉渣砖等）。

普通黏土砖是我国传统的墙体砌筑材料，主要以黏土为原材料，经配料、调制成型、干燥、高温焙烧制成，也称烧结普通砖（标准砖），是指没有孔洞或孔洞率小于 25% 的砖。其规格是 240mm（长）×115mm（宽）×53mm（高），如图 4.11（a）所示。

烧结多孔砖和烧结空心砖都是以黏土、页岩或煤矸石等为原材料，经焙烧而成。前者孔洞率等于或大于 25%，孔的直径小、数量多，且为竖向孔，主要用于承重部位，其规格分为 240mm（长）×115mm（宽）×90mm（高）和 190mm（长）×190mm（宽）×90（高），如图 4.11（b）所示；后者孔洞率等于或大于 40%，孔的尺寸大、数量少，且为水平孔，主要用于非承重部位，其长度、宽度、高度尺寸应符合下列要求：390mm，290mm，190mm，180（175）mm，140mm，115mm，90mm，如规格尺寸 290mm（长）×190mm（宽）×90mm（高），其他规格尺寸由供需双方协商确定，如图 4.11（c）所示。

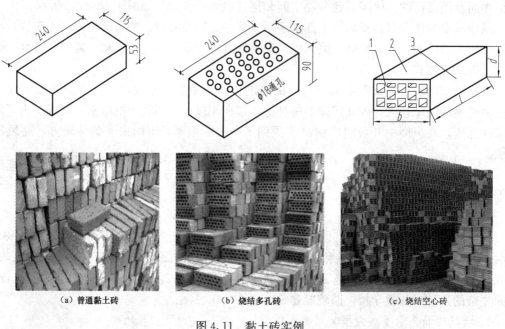

（a）普通黏土砖　　　　　（b）烧结多孔砖　　　　　（c）烧结空心砖

图 4.11　黏土砖实例

砖以抗压强度大小为标准划分强度等级，烧结普通砖及烧结多孔砖分为 MU30、MU25、MU20、MU15、MU10、MU7.5 六个级别（MU7.5 即抗压强度平均值不小于 30N/mm²）。

（2）砌块。砌块是利用混凝土、工业废料（煤渣、矿渣等）或地方材料制成的人造块材，其外形尺寸比砖大，具有设备简单，砌筑速度快的优点，符合建筑工业化发展中墙体改革的要求。

砌块按不同尺寸和质量的大小分为小型砌块、中型砌块和大型砌块，砌块系列中主规格的高度大于 115mm 而小于 380mm 的称为小型砌块、高度为 380～980mm 称为中型砌块、高度大于 980mm 的称为大型砌块，使用中以中小型砌块居多。砌按外形不同可分为实心砌块和空心砌块。砌块按材料不同，常用的有普通混凝土小型空心砌块（图 4.12）、工业废料混凝土（如粉煤灰）小型空心砌块、天然轻骨料混凝土小型空心砌块、人造轻骨料混凝土（如加气混凝土）砌块等。

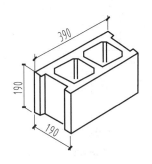

图 4.12　普通混凝土小型空心砌块

2. 胶结材料

块材需经胶结材料的黏结砌筑成墙体，同时砌体的缝隙被填满之后，密实性增加，保温、隔热、隔声等功能得到提高。

砂浆是砌块的胶结材料，如图 4.13 所示。砂浆要求有一定的强度以传递荷载，还要求有适当的和易性和保水性，方便施工。

图 4.13　砌筑砂浆

常用的砌筑砂浆有水泥砂浆、石灰砂浆和混合砂浆三种。水泥砂浆由水泥、砂和水按一定的比例拌和而成，属水硬性材料，强度高，防潮性能好，较适合用于砌筑潮湿环境下的、受力要求高（如基础）的墙体等。石灰砂浆由石灰膏、砂加水拌和而成，属气硬性材料，强度不高，防水性能差，但和易性好，多用于砌筑次要的、临时的、简易的建筑中地面以上的砌体。混合砂浆由水泥、石灰膏、砂加水拌和而成，强度较高，和易性和保水性较好，广泛用于砌筑地面以上的砌体。

砂浆的强度等级有：M15、M10、M7.5、M5、M2.5、M1、M0.4 七个级别。

4.2.2　块材组砌方式

组砌是指块材在砌体中的排列方式。组砌的关键是错缝搭接，使上、下层块材的垂直缝交错，如果墙体表面或内部的垂直缝处于一条直线上，即形成通缝（图 4.14），在荷载作用下，通缝会使墙体的强度和稳定性显著降低。

1. 砖墙的组砌

在普通黏土实心砖墙的组砌中（以下简称砖墙），长边方向垂直于墙面砌筑的砖称为丁砖，长边方向平行于墙面砌筑的砖称为顺砖，上下两皮（层）砖之间的水平缝称为横缝，左右两块砖之间的缝称为竖缝，砖缝（即灰缝）的尺寸为 10mm±2mm，通常按 10mm 计，如图 4.15 所示。

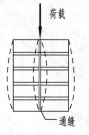

图 4.14 通缝示意图

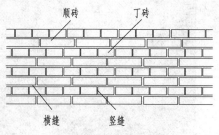

图 4.15 砖墙组砌名称

组砌要求：灰缝砂浆饱满、厚薄均匀，灰缝横平竖直、上下错缝、内外搭接，避免形成竖向通缝。

砖墙的组砌方式很多，常见的有全顺式、上下皮一顺一丁式、每皮丁顺相间式（又称十字式或称梅花丁）、多顺一丁式、两侧一平式等，如图 4.16 所示。

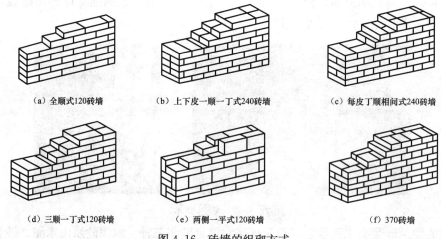

（a）全顺式120砖墙　（b）上下皮一顺一丁式240砖墙　（c）每皮丁顺相间式240砖墙

（d）三顺一丁式120砖墙　（e）两侧一平式120砖墙　（f）370砖墙

图 4.16 砖墙的组砌方式

普通黏土砖的规格是 240mm×115mm×53mm，灰缝 10mm，墙厚与砖规格的关系如图 4.17 所示，砖墙的厚度尺寸见表 4.1。

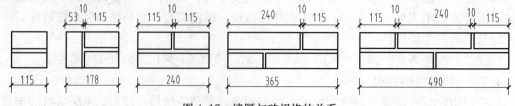

图 4.17 墙厚与砖规格的关系

表 4.1　　砖墙的厚度尺寸　　　　　　mm

墙厚名称	半砖墙	3/4 砖墙	一砖墙	一砖半墙	两砖墙
构造尺寸	115	178	240	365	490
标志尺寸	120	180	240	370	490
习惯称呼	120 墙	180 墙	240 墙	370 墙	490 墙

2. 砌块的组砌

砌块在组砌中与砖墙不同的是，由于砌块规格较多、尺寸较大，为了使砌块墙合理组合并搭接牢固，需要在建筑立面上进行砌块的排列设计，并画出专门的砌块排列图，注明每一砌块的型号同时标出楼板、圈梁、过梁等构件的位置，如图 4.18 所示。

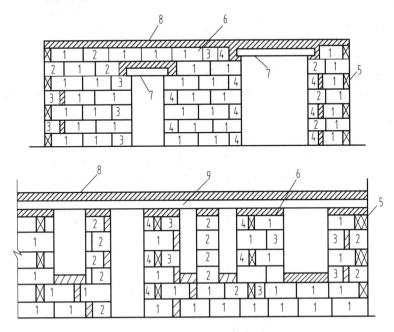

图 4.18　砌块排列示意图

1—主规格砌块；2，3，4—副规格砌块；5—丁砌砌块；6—顺砌砌块；7—过梁；8—镶砖；9—圈梁

砌块墙排列设计的原则一般为：

(1) 正确选择砌块的规格尺寸，减少砌块的规格类型，优选大尺寸的砌块做主规格砌块（占总数 70％以上），以加快施工速度。

(2) 上下皮砌块应错缝搭接，搭接长度为砌块长度的 1/4，高度的 1/3～1/2，且不应小于 150mm。

(3) 尽量不镶砖或少镶砖，必须镶砖时，应用整砖平砌，且尽量分散，镶砌砖的强度不应小于砌块强度等级。

(4) 纵横墙相交处，应交错搭砌，如图 4.19 所示，纵横墙若不能交错搭砌，需采取其他构造措施。

(5) 当结构构件的布置与砌块发生矛盾时，应先满足构件的布置。

当砌体墙作为填充墙时，为了保证填充墙上部结构的荷载不直接传到该墙体上，即保证其不承重，当墙体砌筑到顶端时，应将顶层的一皮砖斜砌，如图 4.20 所示。

4.2.3　墙体细部构造

为保证墙体的耐久性和墙体与其他构件的连接，应在相应的位置进行细部构造处理。墙体的细部构造包括勒脚、散水和明沟、墙身防潮层、门窗洞口、墙身加固措施等。

1. 勒脚

勒脚是外墙的墙角，是外墙接近室外地面的部分，勒脚的作用是防止外界碰撞和地表水

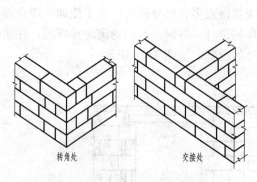

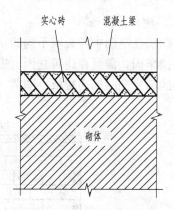

图 4.19　纵横墙相交处交错搭砌　　　　图 4.20　砌体填充墙顶砖斜砌

对墙脚的侵蚀、同时可增强建筑物的立面美观，因此要求勒脚防水、坚固、耐久和美观。

勒脚的高度一般为室内地坪与室外地面的高差部分，有时为了建筑立面形象的要求，可以把勒脚顶部提高至首层窗台处。勒脚的构造做法有以下几种，如图 4.21 所示。

（1）对一般建筑，可采用水泥砂浆抹面、水刷石或斩假石抹面，这种做法简单经济，应用广泛。

（2）标准较高的建筑，可用天然石材或人工石材贴面，如花岗石、水磨石等。

（3）整个墙脚采用强度高、耐久性和防水性好的材料砌筑，如条石、混凝土等。

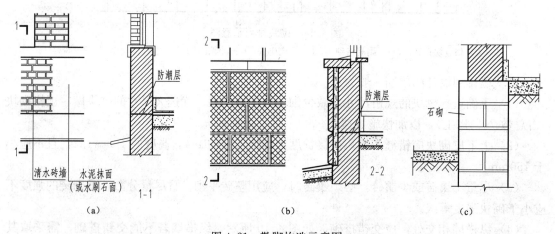

图 4.21　勒脚构造示意图

2. 散水和明沟

为了将建筑物四周外墙脚下的地表积水（地表雨水及屋面雨水管排下的屋顶雨水）及时排走，以保护外墙基础和地下室的结构免受水的不利影响，须在外墙角处靠近勒脚部位设置排水用的散水或明沟。

（1）散水。建筑物外墙四周地面做成向外的倾斜坡面即为散水，又称排水坡或护坡，如图 4.22 所示。散水坡度一般为 3%～5%，既利排水又方便行走，散水的宽度一般为 600～1000mm，当屋面为自由落水时，其宽度应比屋檐挑出宽度大 200～300mm，散水外缘高出室外地坪 30～50mm。

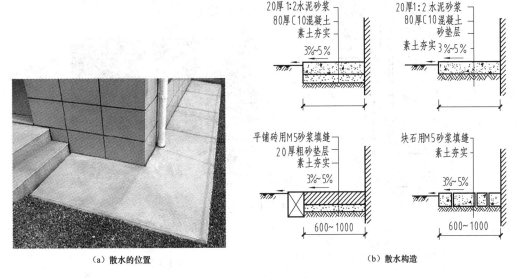

（a）散水的位置　　　　　　　　　（b）散水构造

图 4.22　散水

　　散水一般采用素混凝土浇筑，水泥砂浆做面层，或用砖石材料铺砌，再做水泥砂浆抹面，季节性冰冻地区为了减少土的冻胀引起散水的开裂而导致防水失效，需加设防冻胀层，其做法为选用砂石、灰土等非冻胀材料。

　　由于建筑物的沉降和勒脚与散水施工时间的差异，在勒脚与散水交接处应留有缝隙，缝内填粗砂或碎石子，上嵌沥青胶等弹性防水材料盖缝，以防渗水，如图 4.23 所示。散水整体面层纵向距离每隔 6～12m 做一道伸缩缝，以适应材料的收缩、温度变化和土层不均匀变形的影响，缝内处理与勒脚与散水交接处的构造做法相同，如图 4.24 所示。

图 4.23　勒脚和散水交接处缝隙的处理　　　　　图 4.24　散水伸缩缝构造

　　（2）明沟。散水适用于降雨量较小的北方地区，对降雨量较大的南方地区则采用明沟。明沟是设置在外墙四周的排水沟，其作用将水有组织地导向集水井，并排入排水系统，如图 4.25 所示。明沟一般采用素混凝土现浇，或用砖、石铺砌沟槽，再用水泥砂浆抹面，明沟的沟底应有不小于 1% 的坡度，以保证排水通畅如图 4.26 所示。

　　3．墙身防潮层

　　建筑位于地下部分的墙体和基础会受到土壤中潮气的影响，土壤中的潮气进入地下部分的墙体和基础材料的孔隙内形成毛细水，毛细水沿墙体上升，逐渐使地上部分墙体潮湿，导致墙体结构和装修受到破坏，室内环境变得潮湿，严重的会影响人们的健康。因此，为了隔阻毛细水的上升，应当在墙体中设置防潮层，防潮层分为水平防潮层和垂直防潮层两种，水

图 4.25　明沟的位置

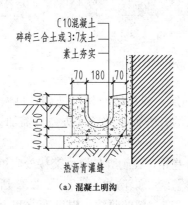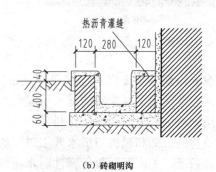

（a）混凝土明沟　　　　　　　　　　　（b）砖砌明沟

图 4.26　明沟构造

平防潮层，阻止水分上升；垂直防潮层，阻止水分通过侧墙侵害墙体。

（1）水平防潮层。

1）防潮层的位置。建筑物所有内、外墙体在墙身一定高度的位置均应设水平防潮层。墙身水平防潮层的位置要考虑室内地坪材料性质确定。

当室内地坪垫层为混凝土等不透水性材料时，防潮层应设置在垫层厚度范围之内的墙体中，与垫层形成一个封闭的隔潮层，一般低于室内地坪 60mm，同时还应至少高于室外地坪 150mm，防止地面水溅渗墙面，如图 4.27（a）所示。

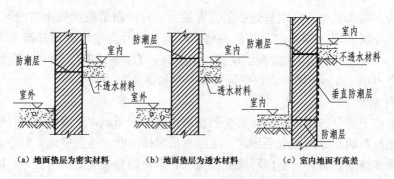

（a）地面垫层为密实材料　　　　（b）地面垫层为透水材料　　　　（c）室内地面有高差

图 4.27　墙身防潮层的位置

当室内地坪垫层采用砖、碎石等透水性材料，墙身防潮层的位置应与室内地坪齐平或高于室内地坪 60mm，如图 4.27（b）所示。

当两相邻房间之间室内地面有高差时，应在墙身内设置高低两道水平防潮层，并在靠土壤一侧设垂直防潮层，以避免回填土中的潮气侵入墙身，如图 4.27（c）所示。

2）防潮层构造做法。建筑防潮材料大致上有柔性材料和刚性材料两大类：柔性材料主要有防水卷材（如油毡卷材）等；刚性材料主要有防水砂浆、配筋细石混凝土等。

① 卷材防潮层。卷材防潮层具有一定的韧性和良好的防潮性能。但卷材防潮层使墙体上下隔离，从而破坏了墙体的整体性，对抗震不利，同时，卷材的使用寿命往往低于建筑的耐久年限，失效后将无法起到防潮的作用。因此，卷材防潮层在墙体中已很少使用。

油毡防潮层，分为干铺和粘贴两种做法。干铺法是在防潮层部位的墙体上抹 20mm 厚水泥砂浆找平，然后干铺一层油毡；粘贴法是在找平层上做一毡二油防潮层。油毡的宽度应比墙宽 20mm，沿长度铺设，搭接长度≥100mm，如图 4.28 所示。

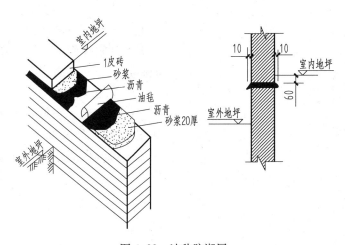

图 4.28　油毡防潮层

② 防水砂浆防潮层。防水砂浆防潮层克服了卷材防潮层的缺点，但由于砂浆属于刚性材料，易产生裂缝，砂浆开裂或不饱满时将影响防潮效果。

防水砂浆防潮层的做法：在防潮层部位抹 20～30mm 厚 1：2 水泥砂浆掺 5％防水剂配制而成的水泥砂浆；也可以在防潮层部位用防水砂浆砌 3～5 皮砖，如图 4.29 所示。

③ 细石混凝土防潮层。细石混凝土防潮层的优点较多，它与砖砌体紧密结合，抗裂性能好，防潮效果也好，但施工略显复杂。

细石混凝土防潮层做法：在防潮层部位铺设 60mm 厚 C20 细石混凝土，内配 $3\phi4$ 或 $\phi6$ 纵向钢筋及横向分布钢筋用以提高防潮层的抗裂性能，如图 4.30 所示。

（2）垂直防潮层。当室内地面出现高差或室内地面低于室外地面时，由于地面较低的一侧房间下部一定范围内的墙体外邻土壤，为了保证这部分墙体的干燥，除了应分别按高差不同在墙内设置两道水平防潮层之外，还要对两道水平防潮层之间靠土一侧的垂直墙面做防潮处理，即垂直防潮层，如图 4.27（c）所示。

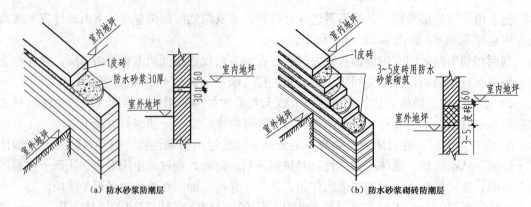

图 4.29　防水砂浆防潮层

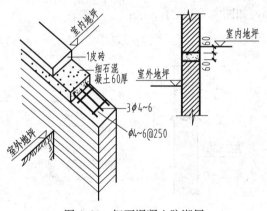

图 4.30　细石混凝土防潮层

垂直防潮层做法：在墙体靠土一侧先用 20mm 厚 1∶2 水泥砂浆抹面，刷冷底子油一道，再刷两遍热沥青；也可以采用掺有防水剂的砂浆抹面。在另一侧墙面，须采用水泥砂浆抹灰的墙面装修方法。

4. 门窗洞口构造

（1）窗台。窗洞口的下部应设置窗台，如图 4.31～图 4.33 所示，窗台分为外窗台和内窗台两个部分，窗台构造有悬挑和不悬挑两种。

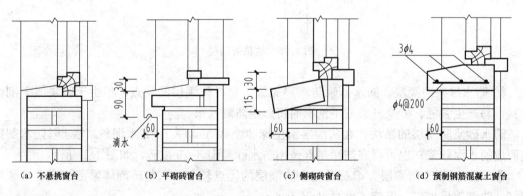

图 4.31　窗台构造

当室外雨水沿窗下淌时，为避免雨水聚积窗下并侵入墙体且沿窗下槛向室内渗透，需在窗洞下部靠室外一侧设置泄水构件即外窗台。外窗台一般应凸出墙面 60mm 左右，上表面做成向外倾斜一定坡度的不透水层，以利排水，下表面设滴水槽，以引导上部雨水沿着所设置的槽口聚集而下落，防止雨水影响窗下墙体。

悬挑窗台常采用顶砌一皮砖出挑 60mm 或将一砖侧砌并出挑 60mm，砌好后用水泥砂浆勾缝的窗台称清水窗台，用水泥砂抹面的窗台称混水窗台。悬挑窗台底部边缘处抹灰时应做

图 4.32　侧砌砖窗台实例

图 4.33　内窗台实例

宽度和深度均不小于 10mm 的滴水槽。对于洞口较宽的窗台，可采用预制钢筋混凝土窗台梁，以减少或避免窗台的开裂。处于阳台等处的窗不受雨水冲刷，可不必设挑窗台，外墙面材料为贴面砖时，也可不设挑窗台。

当窗框安装在墙中部时，窗洞下靠室内一侧要求做内窗台，以方便清扫并防止墙身被破坏，内窗台一般为水平放置，通常结合室内装修做成水泥砂浆抹灰、木板或贴面砖等多种饰面形式。

（2）门窗过梁。过梁位于门窗洞口的上方，其作用是支撑洞口上部砌体所传来的各种荷载，并将这些荷载传递给洞口两侧的窗间墙。常见的过梁形式有砖拱过梁、钢筋砖过梁和钢筋混凝土过梁等。

1）砖拱过梁。砖拱（平拱、弧拱和半圆拱）过梁是传统式做法，砖拱过梁是将砖竖砌形成拱券，灰缝上宽下窄，使砖向两边倾斜，相互挤压形成拱来承担上部荷载，如图 4.34 所示。砖砌平拱过梁的跨度不应大于 1.2m，两端下部伸入墙内 20～30mm，用竖砖砌筑部分的高度不应小于 240mm，不宜用于有较大振动荷载、集中荷载或可能产生不均匀沉降的房屋，如图 4.35 所示。

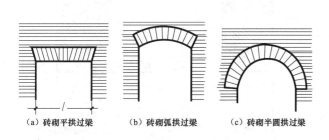

（a）砖砌平拱过梁　　　（b）砖砌弧拱过梁　　　（c）砖砌半圆拱过梁

图 4.34　砖拱过梁示意图

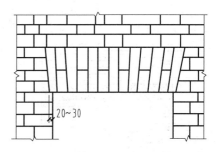

图 4.35　砖砌平拱过梁

2）钢筋砖过梁。钢筋砖过梁是在砖缝中配置适量的钢筋，形成可以承受荷载的配筋砖砌体。通常将 Φ6 钢筋埋在过梁底部厚度为 30mm 的砂浆层内，其数量不少于 2 根，间距不大于 120mm，钢筋伸入洞口两侧墙内的长度不应小于 240mm，并设 90°直弯钩，埋在墙体的竖缝内，以利锚固，在洞口上部不小于 1/4 洞口跨度的高度范围内（且不应小于 5 皮砖），用不低于 M5 的砂浆砌筑，钢筋砖过梁跨度不应大于 1.5m，如图 4.36 所示。

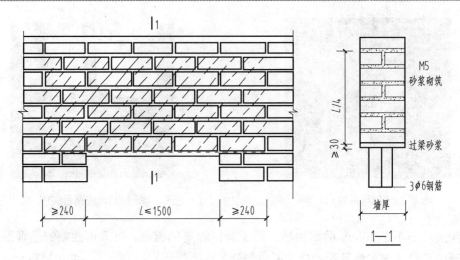

图 4.36　钢筋砖过梁

3）钢筋混凝土过梁。钢筋混凝土过梁可用于较宽的门窗洞口，承载能力强，对建筑物不均匀沉降和较大振动荷载有一定的适应性，可预制也可现浇，采用预制装配式可大大减少现场作业工作量，加快施工进度，是目前广泛采用的门窗洞口过梁形式。

钢筋混凝土过梁宽度一般同墙厚，以利于承托其上部的荷载。梁高及钢筋配置由结构计算确定，梁高应与砖的皮数相适应，以方便墙体连续砌筑，如 60mm、120mm、180mm、240mm。

过梁的断面形式有矩形和 L 形，矩形多用于内墙和混水墙，L 形多用于外墙和清水墙，如图 4.37 所示。由于钢筋混凝土比砖砌体的导热系数大，热工性能差，故钢筋混凝土构件比相同面积砖砌体的热损失多，表面温度也就相对低一些，易使过梁内壁产生冷凝水甚至结霜问题，因此在寒冷地区为了减少热损失，外墙上过梁断面做成 L 形，如图 4.38 所示。过梁在洞口两侧伸入墙内的长度，应不小于 240mm。为了防止雨水沿门窗过梁向外墙内侧流淌，过梁底部的外侧抹灰时要做滴水。

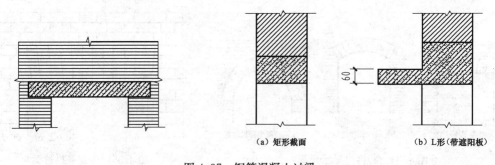

（a）矩形截面　　　　　　　（b）L 形（带遮阳板）

图 4.37　钢筋混凝土过梁

5. 墙身加固措施

当墙身受到集中荷载、开洞以及在振动或地震荷载作用下，由于墙身过高、过长，造成墙体稳定性不足时，要考虑对其采取加固措施。

（1）增加门垛和壁柱。在门靠墙转角处或丁字墙交接处开设门洞时，为了便于门框的安置和保证墙体的稳定性，须在门靠墙转角处或丁字墙交接处的一边设置门垛，门垛宽度同墙

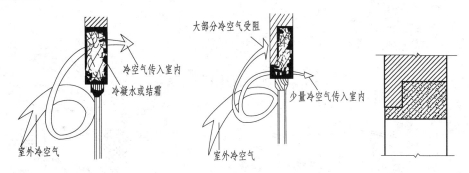

图 4.38　寒冷地区的 L 形过梁

厚，长度与块材尺寸规格相对应，如砖墙的门垛长度一般为 120mm 或 240mm，门垛不宜过长，以免影响室内使用，如图 4.39（a）和（b）所示。

当墙体受到集中荷载或墙段过长时，应在墙体受集中荷载的位置或过长墙段中适当的位置增设凸出墙面的壁柱并一直到顶，用以提高墙体的强度和稳定性，壁柱凸出墙面的尺寸一般为 120mm×370mm、240mm×370mm、240mm×490mm 等，如图 4.39（c）所示。

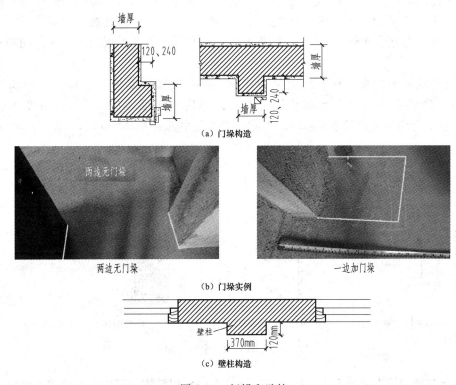

图 4.39　门垛和壁柱

（2）设置圈梁。圈梁是沿外墙四周及部分内墙在水平方向设置的连续闭合的梁，其在建筑物中所处位置如图 4.40 所示。圈梁对建筑物起到腰箍的作用，可以增强建筑物的空间刚度和整体性，圈梁还可以提高墙体的稳定性，减少由于地基不均匀沉降引起的墙体开裂，并防止较大振动荷载对建筑物产生的不良影响，在抗震设防地区，设置圈梁是减轻震害的重要构造措施。

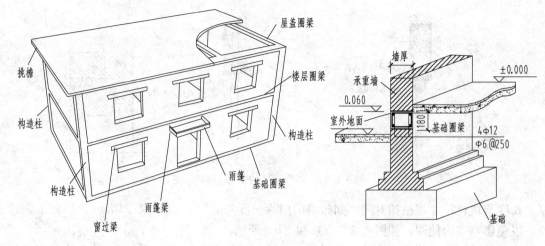

图 4.40　圈梁所处位置

圈梁有钢筋砖圈梁和钢筋混凝土圈梁两种，如图 4.41 所示。

1）钢筋砖圈梁。它多用于非抗震区，一般结合钢筋砖过梁沿外墙和部分内墙一周连通砌筑而成。钢筋砖圈梁在楼层标高的墙身上，其高度为 4～6 皮砖，宽度与墙同厚，砌筑砂浆不低于 M5，钢筋数量至少 3Φ6 分别布置在底皮和顶皮的水平灰缝内，水平间距不大于120mm。

2）钢筋混凝土圈梁。它的应用更为广泛，其宽度宜与墙体厚度相同，当墙厚大于240mm 时，圈梁的宽度可以比墙体厚度小，但不应小于墙厚的 2/3；其高度不应小于120mm，且应与砖的皮数尺寸相适应；基础圈梁的最小高度为 180mm。

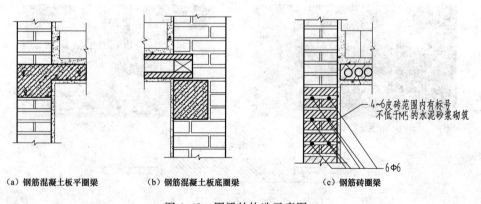

（a）钢筋混凝土板平圈梁　　　（b）钢筋混凝土板底圈梁　　　（c）钢筋砖圈梁

图 4.41　圈梁的构造示意图

钢筋混凝土圈梁在墙身上的竖向位置，在多层的砖混结构房屋中，基础顶面和屋顶檐口部位必须设置一道，中间层楼板处可根据实际情况每层设或隔层设一道。钢筋混凝土圈梁在墙身上的水平位置，外圈梁必须连续封闭设置，在贯通的内墙、楼梯间及疏散口等处也须设置，对于不贯通的内横墙可考虑每隔 8～16m 设置一道。

圈梁最好与门窗过梁合一，当圈梁被门窗洞口截断时，应在洞口上方或下方增设附加圈梁。附加圈梁与圈梁的搭接长度不应小于二者中到中垂直距离的两倍，且不应小于 1m，如图 4.42 所示。抗震设防地区，圈梁应当完全封闭，不宜被洞口截断。

　　圈梁一般均按构造要求配置钢筋，一般纵向钢筋不应小于 4Φ10，箍筋间距不应大于 300mm，圈梁兼作过梁时，过梁部分的钢筋应按计算用量另行增配，混凝土强度等级不应低于 C20。

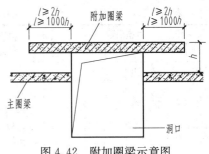

图 4.42　附加圈梁示意图

　　（3）设置构造柱。构造柱是设在墙体内的钢筋混凝土现浇柱，主要作用是与圈梁紧密连接共同形成建筑物的空间骨架，对墙体起约束作用，提高墙体抗弯、抗剪能力及延性，在地震中做到裂而不倒，并增加房屋的整体刚度和稳定性，提高建筑物的抗震能力，如图 4.43 所示。

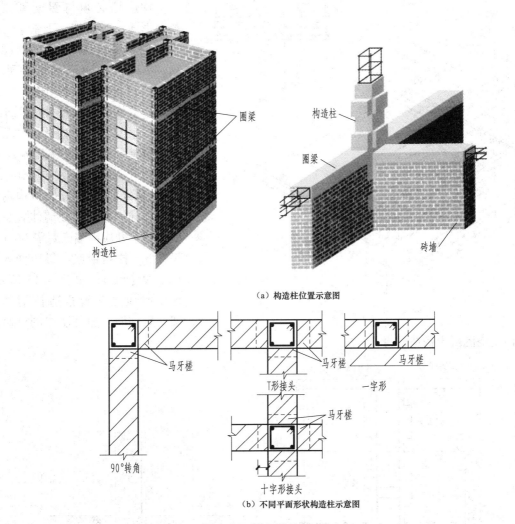

（a）构造柱位置示意图

（b）不同平面形状构造柱示意图

图 4.43　设置构造柱

　　钢筋混凝土构造柱是从抗震构造角度考虑而设置的，多层砖混结构的建筑物其构造柱一般设置在建筑物的外墙四角，内外墙交接处，楼梯间、电梯间四角，部分较长墙体的中部及较大洞口两侧等，表 4.2 是构造柱的设置要求。

表 4.2				砖砌体建筑物构造柱设置要求	
房屋层数				各种层数和烈度均设置的部位	随层数或烈度变化而增设的部位
6度	7度	8度	9度		
四、五	三、四	二、三		外墙四周，错层部位横墙与外纵墙交接处，较大洞口两侧，大房间内外墙交接处	7~9度时，楼、电梯间的横墙与外墙交接处
六~八	五、六	四	二		隔开间横墙（轴线）与外墙交接处，山墙与内纵横交接处；7~9度时，楼、电梯间横墙与外墙交接处
	七	五、六	三、四		内墙（轴线）与外墙交接处，内墙局部较小墙垛处；7~9度时，楼、电梯间横墙与外墙交接处；9度时内纵墙与横墙（轴线）交接处

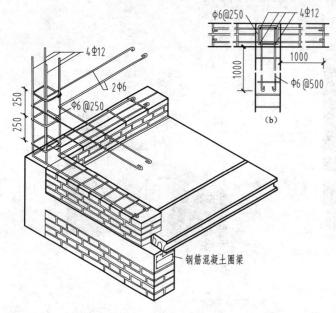

图 4.44　构造柱配筋

构造柱必须与圈梁紧密连接，形成空间骨架，下端应锚固在钢筋混凝土基础或基础圈梁内，上端应当通至女儿墙顶部，并与钢筋混凝土压顶相连。

构造柱的截面尺寸应不小于 180mm×240mm，构造柱的最小配筋量是：纵向钢筋采用 4Φ12，箍筋Φ6，间距不大于 250mm，如图 4.44 所示。为加强构造柱与墙体的连接，该处墙体宜砌成马牙槎，并应沿墙高每隔 500mm 设 2Φ6 拉结钢筋，每边伸入墙内不少于 1m，如图 4.45 所示。施工时应先放置构造柱钢筋骨架，后砌墙，随着墙体的升高而逐段现浇混凝土构造柱身。

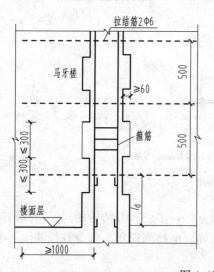

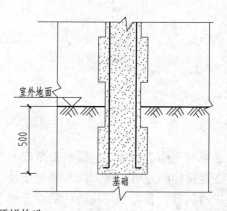

图 4.45　马牙槎构造

（4）空心砌块墙墙芯柱。当采用混凝土空心砌块时，应在房屋四大角、外墙转角、楼梯间四角设芯柱。芯柱用细石混凝土填入砌块孔中，并在孔中插入通长钢筋，如图 4.46 所示。

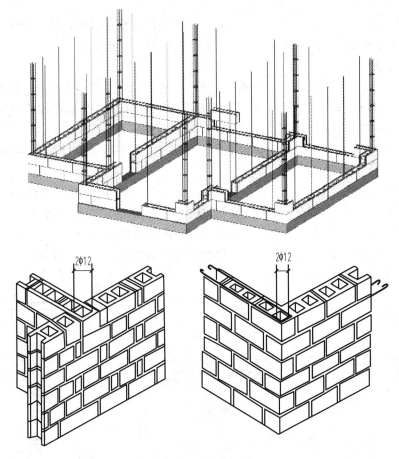

图 4.46　芯柱设置

4.3　隔　墙　与　隔　断

隔墙与隔断是分隔空间的非承重构件，隔墙与隔断的重量由楼板或梁承担，其作用在于分隔室内空间，提高建筑平面布局的灵活性和适应建筑功能变化的要求。

隔墙与隔断的不同之处在于分隔空间的程度和特点不同。隔墙通常是做到顶，将空间完全分为两个部分，相互隔开，没有联系，必要时隔墙上设有门。隔断可以到顶也可以不到顶，空间似分非分，相互可以渗透，视线可以不被遮挡，有时设门，有时设门洞，比较灵活。

4.3.1　隔墙

1. 隔墙的构造要求

（1）自重轻，有利于减轻楼板或梁的荷载。

（2）为了增加室内的有效使用面积，在满足一定的强度、刚度和稳定性的前提下，隔墙的厚度应当尽量薄一些。

（3）隔墙应具有良好的隔声能力及相当的耐火能力，对潮湿、多水的房间，隔墙应具有良好的防潮、防水性能。

（4）由于建筑在使用过程中可能会对室内空间进行调整和重新划分，隔墙应便于拆卸。常用的隔墙类型有块材式隔墙、立筋式隔墙和板材式隔墙三种。

2. 常用隔墙的构造

（1）块材式隔墙。块材隔墙是指采用普通砖、空心砖以及各种轻质砌块砌筑的隔墙。

1）普通砖隔墙。普通砖隔墙一般采用半砖隔墙（120mm）全顺式砌筑而成，砌筑砂浆一般采用 M2.5 或 M5。当采用 M2.5 砂浆砌筑时，墙的高度不宜超过 3.6m，长度不宜超过 5m，当采用 M5 砂浆砌筑时，墙的高度不宜超过 4m，长度不宜超过 6m，否则应加设构造柱和拉梁。

由于隔墙的厚度较薄，稳定性较差，构造上要求隔墙两端一般沿墙高每隔 500mm 砌入 2Φ6 钢筋与承重墙牢固拉结，且沿高度每隔 1200mm 设一道 30mm 厚水泥砂浆层（内配 2Φ6 钢筋）。为了保证隔墙不承重，在隔墙顶部与板底或梁相接处，应将砖斜砌一皮，或留有空隙并塞木楔打紧，然后用砂浆填缝。隔墙上有门窗洞口时，需预埋防腐木砖、铁件或将带有木楔的混凝土预制块砌入隔墙中，以便固定门框，如图 4.47 所示。

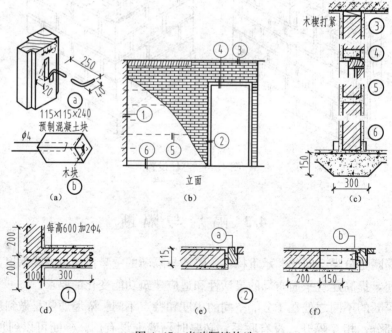

图 4.47　半砖隔墙构造

2）砌块隔墙。为了减轻隔墙的重量，可采用轻质砌块，如加气混凝土砌块、粉煤灰硅酸盐砌块及水泥炉渣空心砖等砌筑的隔墙。隔墙厚度由砌块尺寸而定，一般为 90～120mm。砌块大多具有质轻、孔隙率大、隔热性能好等优点，但它们的吸水性较强，因此，砌筑时应在墙下先砌 3～5 皮黏土砖。砌块不够整块时宜用普通黏土砖填补。砌块隔墙的其他加固构造方法同普通砖隔墙，如图 4.48 所示。

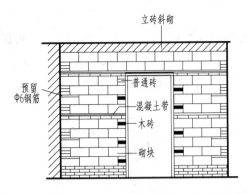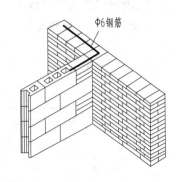

图 4.48　砌块隔墙构造

（2）立筋式隔墙。立筋隔墙是由骨架和饰面材料两部分组成的隔墙，具有自重轻、占地小、表面装饰较方便的特点，是建筑物中应用较多的一种隔墙。骨架分为木骨架和金属骨架，饰面材料又分为抹灰饰面和人造板材饰面。

1）木骨架隔墙。木骨架隔墙是由上槛、下槛、立筋、斜撑或横撑组成骨架，然后在立筋两侧铺钉饰面材料，如图 4.49 所示。这种隔墙的特点是质轻、壁薄、构造简单、施工方便，但防火、防潮、隔声性能差，并且耗用木材较多。

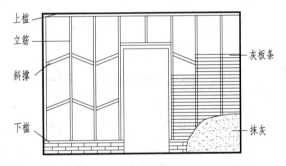

图 4.49　木骨架隔墙构造

① 骨架。由上槛、下槛、立筋、斜撑或横撑组成。上下槛与边立筋组成边框，中间每隔 400～600mm 设一立筋，沿高度方向每隔 1200mm 或 1500mm 设斜撑或横撑一道以增加骨架刚度。木骨架截面尺寸为 50mm×（70～100）mm 的方木，有门窗的隔墙，其门窗框两侧的立筋应加大断面尺寸。骨架的安装过程是先用射钉将上槛、下槛（也称导向骨架）固定在楼板上，然后安装立筋和斜撑或横撑。

② 饰面材料。饰面材料有抹灰饰面和板材饰面，其中抹灰饰面（因湿作业多、施工复杂）已很少采用。

板条抹灰饰面是先在立筋上钉板条，然后抹灰。板条尺寸一般为 6mm×30mm×1200mm，钉板条时，板条间留间隙 7～10mm，以便抹灰砂浆能挤入板隙，增强与板条的握裹力，一般每根板条跨接三个立筋间距，为避免板条在一根立筋上接缝过长而使抹灰层产生裂缝，相邻板条的接头在同一立筋上的高度不应超过 500mm，考虑到板条抹灰前后的湿胀干缩，板条接头处要留出 3～5mm 宽的缝隙，以利伸缩。板条隔墙内设门窗时，门框上须设置灰口或贴脸板，以防灰皮脱落和有利美观。板条隔墙的两端边框立筋应与承重砖墙内预埋的木砖钉牢，以保证隔墙的牢固，板条隔墙与两侧承重砖墙交接处可钉上钢丝网片再抹灰，以防交接处产生裂缝。考虑防潮防水及方便制作踢脚，在板条隔墙的下槛下边一般加砌 2～3 皮砖。

木骨架隔墙上常用胶合板、纤维板等木质板饰面。木骨架做法同板条抹灰隔墙，但立筋与斜撑或横档的间距应按面板的规格排列。在木骨架两侧镶钉板材，其间可填以岩棉等轻质材料或铺钉双层面板以提高隔声能力。

2）金属骨架隔墙。金属骨架隔墙一般采用薄壁轻型钢、铝合金或拉眼钢板做骨架，两侧铺钉饰面板，如图 4.50 所示。这种隔墙因其干作业、质轻、强度高、刚度大、整体性好、防火、易于加工和大批量生产等特点，而得到了广泛的应用，但隔声效果差。

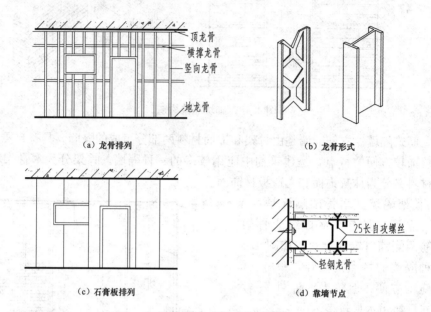

图 4.50　金属骨架隔墙

金属骨架也称轻钢龙骨，由顶龙骨、地龙骨、竖向龙骨、横撑龙骨、加强龙骨及各种配件组成。通常做法是将顶龙骨和地龙骨用射钉或膨胀螺栓固定，构成边框，中间设竖向龙骨，若需要还可以加横撑和加强龙骨，竖向龙骨间距 400～600mm。饰面板多用石膏板，采用自攻螺丝等将面板固定在龙骨上，并保证板与板的接缝在龙骨上，留出 5mm 宽的缝隙以利伸缩，用木条或铝压条盖缝，接缝处除用石膏胶泥堵塞刮平外，还需粘贴 50mm 宽玻璃纤维带或其他饰面材料，然后在面板上刮腻子再裱糊墙纸或喷涂油漆等。

3）板材式隔墙。板材隔墙是一种由条板在施工现场直接装配而成的隔墙。由工厂生产各种规格的定型条板，单板高度相当于房间的净高，面积也较大。这种隔墙装配性好、干作业、施工速度快、防火隔声性能好，但价格偏高。常见的有加气混凝土板、多孔石膏板、碳化石灰空心板等隔墙。

条板厚度大多为 60～100mm，宽度为 600～1000mm，高度略小于房间净高。安装时，条板下留 20～30mm 的缝隙，用木楔顶紧，然后用细石混凝土堵严，板缝用黏结砂浆或黏结剂进行黏结，并用胶泥刮缝，平整后再进行表面装饰。如图 4.51 所示为增强石膏空心条板隔墙构造。

4.3.2　隔断

隔断有许多种类。按材料可分为钢质隔断、玻璃隔断、铝合金隔断、木质屏风；按用途可分为办公隔断、卫生间隔断、客厅隔断、橱窗隔断；按形状可分为高隔断、中隔断；按性质可分为固定隔断、移动隔断，如图 4.52 所示。

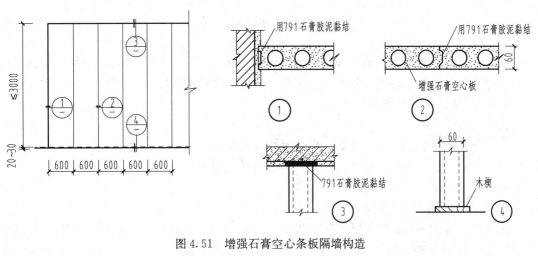

图 4.51　增强石膏空心条板隔墙构造

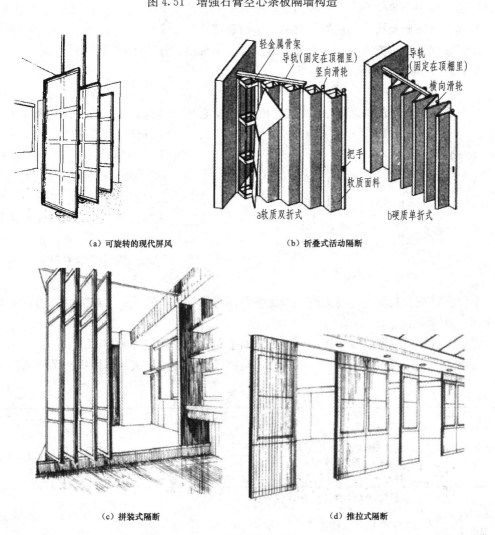

（a）可旋转的现代屏风　　　　　　（b）折叠式活动隔断

（c）拼装式隔断　　　　　　（d）推拉式隔断

图 4.52　常见隔断类型

4.4 墙 面 装 修

墙体装饰工程包括建筑物外墙饰面和内墙饰面两大部分。应根据墙面不同的使用和装饰要求选择相应的材料、构造方法和施工工艺，以达到设计的实用性、经济性和装饰性。

4.4.1 墙面装修的作用与分类

1. 墙面装修的作用

(1) 保护墙体，提高墙体的耐久性，延长其使用年限。

(2) 改善墙体的物理性能，满足房屋的使用功能要求。

(3) 美化环境，丰富建筑的艺术形象。

2. 墙体装修的分类

按装修部位的不同，墙体装修可分为室外装修和室内装修两类。室外装修用于外墙面，对建筑物起保护和美化作用，外墙面要经受风、霜、雨、雪等的侵蚀，因而要选用强度高、耐久性好、抗冻性及抗腐蚀性好的材料。室内装修应根据室内使用功能的要求综合考虑。

墙体装修按施工方式的不同可分为抹灰类、贴面类、涂料类和裱糊类等。

4.4.2 墙体装修构造

1. 抹灰类墙面装修

抹灰是一种传统的饰面做法，它是用砂浆涂抹在房屋结构表面上的一种装修方法。

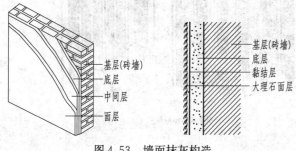

图 4.53　墙面抹灰构造

为保证抹灰层牢固、表面平整，避免龟裂、脱落，抹灰施工时应分层操作，抹灰类装修层一般应由底层、中间层、面层三部分组成，如图 4.53 所示。

底层抹灰：其作用是保证抹灰层与基层墙体黏结牢固并初步找平，厚度为 5~15mm。基层墙体的材料不同，底层处理的方法亦不相同。

中间层抹灰：其作用主要为进一步找平，还可弥补底层砂浆的干缩裂纹。用料一般与底层相同，厚度一般为 5~10mm。

面层：其作用主要起装饰作用，要求表面平整、色彩均匀、无裂纹。

根据面层所用材料的不同，抹灰装修的类型较多，常见抹灰的具体构造做法见表 4.3。

表 4.3　　　　　　　　　　　　墙 面 抹 灰 做 法 举 例

抹灰名称	做法说明	适用范围
纸筋灰（麻刀灰）墙面（一）	喷（刷）内墙涂料 2 厚纸筋灰罩面 8 厚 1：3 石灰砂浆 13 厚 1：3 石灰砂浆打底	砖基层的内墙
纸筋灰（麻刀灰）墙面（二）	喷（刷）内墙涂料 2 厚纸筋灰罩面 8 厚 1：3 石灰砂浆 6 厚 TG 砂浆打底扫毛，配比：水泥：砂：TG 胶：水＝1：6：0.2：适量 涂刷 TG 胶浆一道，配比：TG 胶：水：水泥＝1：4：1.5	加气混凝土基层的内墙

续表

抹灰名称	做法说明	适用范围
混合砂浆墙面	喷内墙涂料 5 厚 1：0.3：3 水泥石灰混合砂浆面层 15 厚 1：1：6 水泥石灰混合砂浆打底找平	内墙
水泥砂浆墙面（一）	6 厚 1：2.5 水泥砂浆罩面 9 厚 1：3 水泥砂浆刮平扫毛 10 厚 1：3 水泥砂浆打底扫毛或划出纹道	砖基层的外墙或有防水要求的内墙
水泥砂浆墙面（二）	6 厚 1：2.5 水泥砂浆罩面 6 厚 1：1：6 水泥石灰砂浆刮平扫毛 6 厚 2：1：8 水泥石灰砂浆打底扫毛 喷一道 108 胶水溶液，配比：108 胶：水＝1：4	加气混凝土基层的外墙
水刷石墙面（一）	8 厚 1：1.5 水泥石子（小八厘） 刷素水泥浆一道（内掺水重 5％建筑胶） 12 厚 1：3 水泥砂浆扫毛	砖基层外墙
水刷石墙面（二）	8 厚 1：1.5 水泥石子（小八厘） 刷素水泥浆一道（内掺水重 5％建筑胶） 6 厚 1：1：6 水泥石灰砂浆刮平扫毛 6 厚 2：1：8 水泥石灰砂浆打底扫毛	加气混凝土基层的外墙
水磨石墙面	10 厚 1：1.25 水泥石子罩面 刷素水泥浆一道（内掺水重 5％建筑胶） 12 厚 1：3 水泥砂浆打底扫毛	墙裙、踢脚等处

为防止内墙下段遭碰撞或在有防水要求的内墙下段，须做墙裙对墙身进行保护，如图 4.54 所示，常用的做法有水泥砂浆抹灰、贴瓷砖、水磨石、油漆等，墙裙高度一般为 1.5m。另外，对室内墙面、柱面和门窗洞口的阳角处，需作 2m 高 1：2 水泥砂浆护角，如图 4.55 所示。

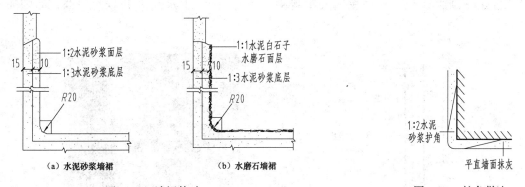

（a）水泥砂浆墙裙　　　　　　（b）水磨石墙裙

图 4.54　墙裙构造　　　　　　　　　图 4.55　护角做法

室外墙面抹灰面积较大，饰面材料容易在昼夜温差的作用下周而复始的热胀冷缩导致开裂，因此，常在抹灰面层做分格（这些分格的线称为引条线，如图 4.56 所示），这样做也有利于日后的维修工作。分格的大小应与建筑立面处理相结合，引条线设置不宜太窄或太浅，缝宽以不小于 20mm 为宜。引条线的做法是底灰上埋设梯形、三角形或半圆形的木引条，面层抹灰完成后，即可取出木引条，再用水泥砂浆勾缝，以提高其抗渗能力。

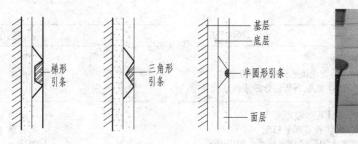

图 4.56　外墙引条线构造

2. 贴面类墙面装修

贴面类饰面是指采用各种人造石板或天然石板直接粘贴于基层墙面或通过构造连接固定于基层墙面的一种饰面装修。贴面类装修具有坚固耐用、色泽稳定、易清洗、耐腐蚀、防水、装饰效果丰富等优点，可用于室内、外墙体。常见的贴面材料有釉面内墙砖、陶瓷墙地砖、锦砖、水磨石板、水刷石板等人造板材以及大理石板、花岗岩板等天然板材。但这类饰面铺贴技术要求高，有的品种存在块材色差和尺寸误差大的缺点，质量较低的釉面砖还存在釉层易脱落等缺点。

（1）釉面内墙砖、陶瓷墙地砖、锦砖。釉面内墙砖为薄片精陶建筑材料，面上挂有一层釉，多用于建筑物厨房、卫生间等处及室内需经常擦洗的部位。陶瓷墙地砖是陶瓷外墙面砖和室内外陶瓷铺地砖的统称，是以陶土为原料经压制成型再高温焙烧而成，广泛应用于各类建筑物的外墙和地面装饰。锦砖俗称马赛克，是以优质瓷土烧制成片状小瓷砖再拼成各种图案反贴在底纸上的饰面材料，常用作地面装修，也可用于外墙装修，但由于易脱落，现已很少采用，取而代之的是玻璃锦砖。

面砖饰面的构造作法：面砖安装前，先将墙面清洗干净，然后将面砖放入水中浸泡，贴前取出晾干或擦干。面砖安装时，先抹 15 厚 1：3 水泥砂浆打底找平，然后按面砖尺寸和设计间隙在底层上弹墨线，再用 1：0.2：2.5 水泥石灰混合砂浆结合层 10mm 厚贴面砖（面砖背面随贴随刷黏结剂）用橡皮锤敲牢找平，最后用 1：1 水泥细砂砂浆勾缝，如图 4.57所示。

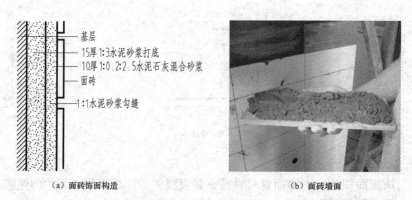

（a）面砖饰面构造　　　　　　　　　　（b）面砖墙面

图 4.57　面砖饰面构造

锦砖一般按设计图纸要求在工厂反粘在标准尺寸为 325mm×325mm 的牛皮纸上，施工时先在墙体上抹 1：3 水泥砂浆 15mm 厚打底找平扫毛，再在底层上弹墨线，最后将纸面朝外整块粘贴在 1∶1 水泥砂浆黏结层上，用木板压平，待砂浆硬结后在牛皮纸上刷水，揭掉牛皮纸，调整锦砖距离及平整度，用干水泥擦缝，如图 4.58 所示。

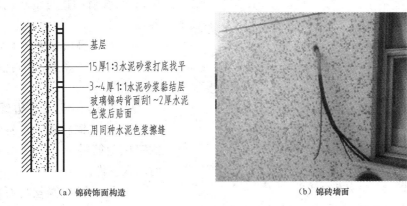

（a）锦砖饰面构造　　　　　　　　（b）锦砖墙面

图 4.58　锦砖饰面构造

　　（2）天然石材和人造石材饰面。常见的天然石材有花岗岩板、大理石板两类。它们具有强度高、结构密实、不易污染、装修效果好等优点。但由于加工复杂、价格昂贵，多用于高级墙面装修。

　　人造石材一般由白水泥、彩色石子、颜料等配制而成，具有天然石材的花纹和质感，同时有质量轻、表面光洁、色彩多样、造价较低等优点，常见的有水磨石、仿大理石板等，图 4.59 为石材饰面。

图 4.59　石材饰面

　　天然石材和人造石材的安装方法相同，有湿作业法和干挂法两种，如图 4.60 和图 4.61 所示。

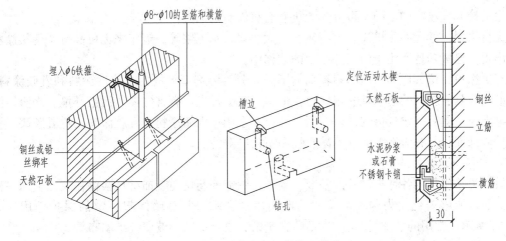

图 4.60　湿作业法石材饰面构造

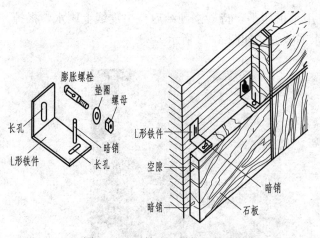

图 4.61　干挂法石材饰面构造

1）湿作业法的构造做法如下：

① 在墙体施工时预留直径为 6mm 的铁箍，其间距双向均不大于 2m。

② 在铁箍内穿 $\phi 8 \sim \phi 10$ 的竖筋，按石板高度在竖筋上绑扎横筋，形成钢筋网。

③ 天然石板上下边缘钻小孔，用双股 16♯ 铜丝或铅丝穿过并绑扎固定在钢筋网上；人造石板在预制时埋入铁件。

④ 贴板时用铜丝将石板绑扎在横筋上，上下两块石板用不锈钢卡销固定，板与墙面之间预留 20～30mm 缝隙，上部用定位活动木楔做临时固定，校正水平度及垂直度无误后，在石板与墙体之间的空隙内灌注 1：3 水泥砂浆，每次灌入高度不超过 200mm。

⑤ 砂浆初凝后，取掉临时定位活动木楔，继续安装上层石板。

此方法由于石材背面需灌注砂浆易造成基底透色，板缝砂浆污染等缺点。

2）干法安装的构造做法如下：

① 在墙体上按石板规格精确钻孔，插入膨胀螺栓及 L 形铁件，与石板上端面孔对应，插入暗销，并与上面石板下端孔对正。

② 石板的左右两侧也各有两个孔，以备暗销连接。

3. 涂料类墙面装修

涂料类墙面装修是将各种涂料敷于基层后，能很好地黏结并形成牢固的保护膜，从而起到保护和装饰墙面的作用，如图 4.62 所示。涂刷墙面可直接涂刷在基层墙面上，也可以涂刷在抹灰层上。其施工方式有刷涂（即用毛刷蘸浆）、喷涂（即用喷浆机喷射）、弹涂（即用弹浆器弹射）和滚涂（即用胶滚或毡滚滚压）等，分别获得光滑、凹凸、粗糙和纹道等不同的质感效果。

涂料按其成膜物的不同，可分为无机和有机涂料两大类。

无机涂料：常用的无机涂料有石灰浆、大白浆、水泥浆等。近年来无机高分子建筑涂料不断出现，已成功地运用于内、外墙面的装修中。

有机涂料：依其成膜物质和稀释剂的不同，分为溶剂型涂料、水溶性涂料和乳胶涂料。溶剂型涂料具有较好的耐水性和耐候性，但施工时会挥发出有害气体，污染环境。水溶性涂料无毒无味，具有一定的透气性，但耐久性差，多用作内墙涂料。乳胶涂料又称乳胶漆，多用于外墙饰面，具有无毒无味，不易燃烧和不污染等特点。

4. 裱糊类墙面装修

裱糊类装修是将各种装饰性的壁纸、墙布、织锦等卷材类装饰材料裱糊在墙面上的一种装修饰面，能够美化室内居住环境，满足使用的要求，并对墙体起一定的保护作用，如图 4.63 所示。常用的装饰材料有 PVC 塑料壁纸、复合壁纸、玻璃纤维墙布等。

在裱糊工程中，基层涂抹的腻子应坚实牢固，不会粉化、起皮和裂缝，腻子是平整墙体

图 4.62　涂料类墙面装修

图 4.63　裱糊类墙面装修

表面的一种装饰型材料，涂施于底漆上或直接涂施于墙面上，用以清除墙体表面上高低不平的缺陷。为取得基层平整效果，通常在清洁的基层上用胶皮刮板刮腻子数遍，刮腻子的遍数视基层的情况而定。抹完最后一遍腻子时应打磨，光滑后再用软布擦净。对有防潮或防水要求的墙体，应对基层做防潮处理，在基层涂刷均匀防潮底漆。

墙面应采用整幅裱糊，预排对花拼缝，不足一幅的应裱糊在较暗或不明显的部位。裱糊的顺序为先上后下、先高后低，应使饰面材料的长边对准基层上弹出的垂直准线，用刮板或胶辊赶平压实。阴阳转角处应垂直，且棱角分明无接缝。

复 习 思 考 题

一、填空题

1. 砖墙在砌筑时，需做到灰缝砂浆饱满，厚薄均匀，灰缝＿＿＿＿＿、＿＿＿＿＿、
＿＿＿＿＿，避免＿＿＿＿＿。

2. 散水宽度应大于房屋挑檐宽＿＿＿＿＿，并应大于基础底外缘宽＿＿＿＿＿，以防止屋檐水滴入土中导致雨水浸泡基础。

3. 当室内地面为不透水性地面时，把防潮层的上表面设置在室内地坪以下＿＿＿＿＿。

二、选择题

1. 纵墙承重的优点是（　　）。

　　A. 建筑整体刚度好　　　　B. 房间布局较灵活　　　C. 纵墙上开门、窗限制较少

2. 标准砖的规格为（　　）。

　　A. 240mm×115mm×53mm

　　B. 250mm×110mm×50mm

　　C. 240mm×120mm×60mm

3. 构造柱的截面尺寸宜采用（　　）。

　　A. 240mm×180mm　　　　B. 120mm×240mm　　　C. 240mm×240mm

三、简答题

1. 墙体的主要作用有哪些？墙体是如何分类的？

2. 墙体的设计应满足哪些功能要求？

3. 砖墙有哪些砌筑方式？组砌要求是什么？

4. 勒脚的作用是什么？用图示表示常见的两种勒脚构造做法。

5. 用图示表示常见的散水和明沟的构造做法。

6. 用图示表示常见防潮层的构造做法。

7. 窗台的构造设计有哪些要点？

8. 圈梁的作用是什么？其设置要求如何？

9. 构造柱的作用是什么？其设置要求如何？

10. 隔墙的设计要求有哪些？

11. 为什么要进行墙面装修？

12. 墙体抹灰各层的作用和要求是什么？

第5章 楼 地 层

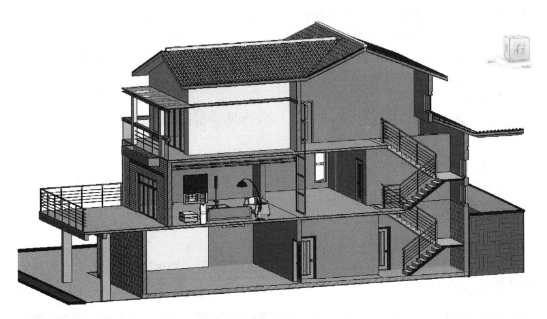

楼地层包括楼板层和地坪层，是在水平方向分隔建筑空间的承重构件。楼板层承受自重和楼面使用荷载，并将其传给墙或柱，还与墙或柱形成骨架，抵抗风力或地震力产生的水平力；地坪层在建筑物底层与土壤相接，其上重量直接传给夯实的土壤，即地基。因此，这两个构件具有相同的面层做法和不同的结构层做法，如图5-1所示。此外，楼地层还应根据具体要求具备一定的隔声、防火、防水、防潮等能力。

5.1 楼地层的组成与类型

5.1.1 楼地层的构造组成

为了满足使用要求，楼地层通常包括面层、结构层、顶棚层和附加层，如图5-1所示。

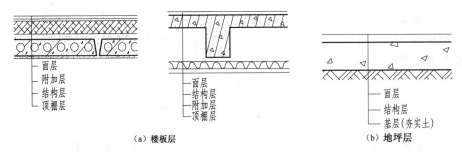

（a）楼板层   （b）地坪层

图5.1 楼地层的组成

1. 面层

面层位于楼地层的最上层，起着装饰、保护结构层、绝缘以及均匀荷载的作用。

2. 结构层

结构层即承重层，位于楼地层中部，能承担除自重以外的重量，并传递到下一个承重结构。对于楼板层，所有荷载通过墙或柱进行线或点传递，受力较为集中，结构层常采用钢筋混凝土梁板结构；对于地坪层，其荷载通过面接触传递给地基，受力较小，常采用素混凝土、烧结砖作为承重结构层。当地坪荷载较大、地基土较为软弱时，为使结构层受力均匀，不致受力集中破坏，在结构层和地基土间设置一层垫层，可采用填土分层夯实，增设 2∶8 灰土 100～150mm 厚，或碎砖、道砟三合土 100～150mm 厚等做法。

3. 顶棚层

顶棚层又称天花板，在结构层的下部，主要起到保护结构层、安装灯具、隐藏各类管线设备的作用。

4. 附加层

为了满足房间的特殊使用功能要求，比如防水（卫生间楼板层）、防潮（地下室或无地下室一楼的地坪层）、隔声（电影院楼板层）、保温隔热等，可以在结构层上下敷设不同的材料，统称为附加层。

5.1.2　楼板层类型

根据结构层使用材料不同，楼板层类型可分为钢筋混凝土楼板、压型钢板组合楼板、木楼板等多种类型（图 5.2）。

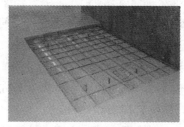

(a) 钢筋混凝土楼板　　　　　(b) 压型钢板组合楼板　　　　　(c) 木楼板

图 5.2　楼板层类型

木楼板虽然构造简单，自重轻，但耐火性、隔声性较差，木材用量大，一般仅在木材产区就地取材使用。

钢筋混凝土楼板强度高、刚度大、耐火性、耐久性能都较为优越，可浇筑成各种形状和尺寸，便于工业化生产和机械化施工，因此被广泛采用。

压型钢板组合楼板受力性能好，节约模板，施工速度快，一般配合高层钢结构建筑使用，也见于大空间、大跨度工业厂房中。

5.2　钢筋混凝土楼板构造

钢筋混凝土楼板按照施工方法不同可以分为现浇整体式、预制装配式和装配整体式三种类型（图 5.3）。

（a）现浇整体式

（b）预制装配式

（c）装配整体式

图 5.3 钢筋混凝土楼板按施工方法分类

5.2.1 现浇整体式钢筋混凝土楼板

现浇整体式钢筋混凝土楼板，顾名思义，是在施工现场通过架设模板整体浇筑而成，没有接缝的钢筋混凝土楼板。这种楼板由于整体性强，抗震性能好，能适应各种建筑平面形状的变化，但模板用量大，工期长，施工受季节影响大。

根据板承荷载向墙柱传力的方式不同，可以将现浇板分为平板式楼板、肋梁楼板、井式楼板、无梁楼板（图 5.4）。

（a）平板式楼板

（b）肋梁楼板

（c）井式楼板

（d）无梁楼板

图 5.4 现浇板类型

1. 平板式楼板

在墙体承重建筑中，当房间较小时，楼面荷载可直接通过楼板传给墙体，而不需要另设梁，这种楼板称为平板式楼板。房间较小、荷载较小时多采用板式楼板，如厨房、卫生间、走廊等。

根据板的受力状况不同，分为单向（传力）板和双向（传力）板。单向板长短边之比≥3，可认为板承荷载大部分按就近原则沿短边传递；双向板的长短边之比≤2，受力后沿两个方向传递，短边受力大，长边受力小。若介于2～3之间，则可以任意归置，工程计算中视为双向板计算更为准确。为满足施工和经济要求，对各种板式楼板的最小和最大厚度，一般规定如下：

单向板：屋面板厚60～80mm；民用建筑楼板厚70～100mm；工业建筑楼板厚80～180mm。双向板：板厚为80～160mm。

2. 肋梁楼板

房间较大、荷载较大时，如仍采用板式楼板较不经济，此时在平板下设梁以减小板跨，称为肋梁楼板。肋梁楼板包括板、次梁、主梁。按照板的分类，分为单向板肋梁楼板和双向板肋梁楼板。肋梁楼板荷载传递路线为：板→次梁→主梁→墙或柱→基础→地基。

一般情况下，单向板跨度尺寸为1.7～3.6m，不宜大于4m。双向板短边跨度宜小于4m；方形双向板宜小于5m×5m。次梁经济跨度为4～6m，主梁经济跨度为5～8m。

3. 井式楼板

当双向板肋梁楼板的板跨相同，且两个方向的梁截面也相同时，就形成了井式楼板。井式楼板是扩大了的双向板，宜用于正方形平面，长宽比不大于1.5的矩形平面也可采用。这种楼板梁板布置美观，有装饰效果，并由于两个方向的梁互相支撑，可用于较大的建筑空间，如门厅或大厅，跨度可大20～30m，梁的间距为3m左右。

4. 无梁楼板

有时为了增加净高，可将等厚的平板直接支撑在柱上，称为无梁楼板。当板承荷载较大时，可在柱顶加设柱帽。无梁楼板采用的柱网接近正方形较为经济，间距一般不超过6m。无梁楼板板底平整，有利于采光通风，美观，但楼板较厚，当楼面荷载较小时不经济，常用于商店、书库、仓库等荷载较大的建筑。

5.2.2　预制装配式钢筋混凝土楼板

把楼板分成若干构件，在工厂或预制场预先制作好，然后在施工现场进行吊装、装配，称为预制装配式钢筋混凝土楼板。这种楼板由于不必现场养护成型，可以缩短工期，便于工业化生产，缺点是整体性较差，故使用时须按有关规定，进行构造加强处理。

根据截面形式可分为实心平板、槽形板和空心板三类（图5.5）。

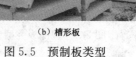

（a）实心平板　　　　　　　　（b）槽形板　　　　　　　　（c）空心板

图5.5　预制板类型

1. 实心平板

一般用于小跨度（1500mm左右），板厚一般为60mm。平板板面上下平整，制作简单，但自重较大，隔声效果差。常用作走道板、卫生间楼板、阳台板、雨篷板等处。

2. 槽形板

当板的跨度尺寸较大时，为了减轻板的自重，根据板的受力情况，可将板做成由肋和板构成的槽形板。由于肋和板共同受力，因此其经济跨度比实心平板大。一般板跨为 2.1～3.9m，大型板跨可达 6m，肋高一般为 120～240mm，板厚仅 30mm。

3. 空心板

考虑到板受力时，上下表面受力大，中间受力较小，可将中间掏去一部分，称为空心板。空心板孔洞有矩形、方形、圆形、椭圆形等多种，因圆孔易抽芯脱模，受力好，使用较广。空心板跨度为 1.8～3.9m，板厚为 90～130mm。预应力空心板能达到 6～7m。

5.2.3　装配整体式楼板

装配整体式钢筋混凝土楼板是将楼板中的部分构件在工程预制，运到现场安装后，再以整体浇筑其余部分的办法连接而成的楼板。它具有现浇与预制楼板的双重优越性（图 5.6）。

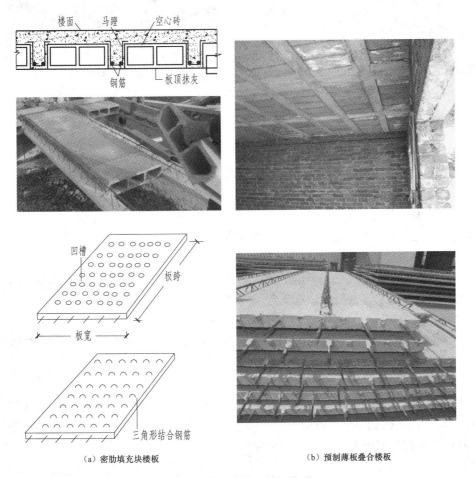

（a）密肋填充块楼板　　　　　　　　（b）预制薄板叠合楼板

图 5.6　装配整体式楼板类型

常见的装配整体式钢筋混凝土板为预制薄板叠合楼板。所谓叠合楼板就是在预制薄板安装好后，再在上面浇筑 30～50mm 厚的钢筋混凝土面层，这样，既加强了楼板层的整体刚度，又提高了楼板的强度，还能节约模板，缩短工期。

5.3 顶　　棚

顶棚又称天花板，是楼板的最下面部分。一般建筑都要求顶棚表面光洁、美观，对某些特殊要求的房间，还应具有隔声、防火、保温、隔热、管道辐射等功能。顶棚的构造形式有两种，直接式顶棚和悬吊式顶棚（图5.7）。

直接式顶棚　　　　　　　　　　　　　　　悬吊式顶棚

图 5.7　顶棚

5.3.1　直接式顶棚

直接式顶棚是直接在钢筋混凝土楼板下表面喷浆、抹灰或粘贴墙纸等装修材料的一种构造方法。

1. 直接喷刷涂料

当要求不高或板底平整时，可直接在板底喷、刷大白浆（石灰浆）或涂料两道。

2. 直接抹灰顶棚

当室内装修要求较高或板底不够平整，可采用板底抹灰，如纸筋石灰浆顶棚、水泥砂浆顶棚、混合砂浆顶棚、石膏灰浆顶棚等。

3. 直接粘贴顶棚

对某些装修标准较高或有保温吸声要求的房间，可在板底找平处理后，直接粘贴墙纸、装饰吸声板等。

5.3.2　悬吊式顶棚（吊顶）

在较大空间、装饰要求较高和敷设各类设备管线的房间中，因建筑声学（影剧院）、保温隔热、清洁卫生（厨卫）、管道敷设（商场）、室内美观等特殊要求，常用顶棚把屋架、梁板等结构构件及设备遮盖起来，形成一个完整的表面。

吊顶一般由吊筋、龙骨和面板组成。吊筋与楼板层相连，固定方法有预埋件锚固、膨胀螺栓锚固和射钉锚固等（图5.8）。龙骨分主龙骨和次龙骨，主龙骨与吊筋相连，次龙骨与主龙骨相连，面层一般做在次龙骨下面。吊筋直径一般为8～10mm，主龙骨间距通常在1m左右，次龙骨一般为300～500mm。

吊顶按照龙骨材料不同分为木骨架吊顶（图5.9）和金属骨架吊顶。

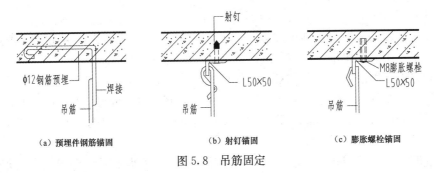

（a）预埋件钢筋锚固　　　　（b）射钉锚固　　　　（c）膨胀螺栓锚固

图 5.8　吊筋固定

吊顶面层可以采用抹灰面层，也可采用板材面层。抹灰面层是在基层板材上湿作业施工，费工费时。板材面层，既可加快施工速度，又容易保证施工质量。板材种类很多，有植物型板材（如胶合板，纤维板，木工板等，如图 5.10 所示）、矿物型板材（如石膏板、矿棉板等）、金属板材（如铝合金板材，金属微孔吸声板等）等几种。

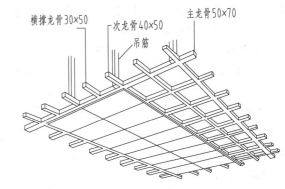

图 5.9　木骨架吊顶

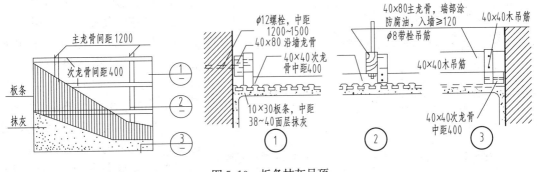

图 5.10　板条抹灰吊顶

5.4　地　面　构　造

地面是楼地层的面层，是人们日常生活、工作和生产直接接触的部分。不同功能的房间对地面有不同的要求，对于人们居住和停留最长时间的房间，如卧室、客厅、办公室，要求有较好的保温性能和较好的弹性；对有水作用的房间，如浴室、卫生间，地面要求耐潮、不透水；对有火灾隐患的房间，如厨房、锅炉房等要求地面防火耐燃；对有化学作用的房间、有药品仪器的房间，地面应耐腐蚀、无毒、易清洁等。

地面按照面层所用材料和施工方法不同，可以分为整体浇筑地面、块材地面、卷材地面和涂料地面等。

5.4.1　整体浇筑地面

整体浇筑地面有水泥砂浆地面、细石混凝土地面、水磨石地面等。

1. 水泥砂浆地面

水泥砂浆地面构造简单、施工方便、防潮防水，造价也比较低，但不耐磨、易起灰，热工性能差，多用于装修要求不高或要进行二次装饰的商品房地面。

水泥砂浆地面做法上有单层和双层之分。单层做法是：在结构层上只抹一层 20～25mm 厚 1∶2 或 1∶2.5 的水泥砂浆；双层做法是先抹一层 10～20mm 厚 1∶3 水泥砂浆作为找平层，再抹 5～10mm 厚 1∶2 水泥砂浆。双层做法虽然增加了一道工序，但是不容易开裂。

2. 细石混凝土地面

细石混凝土地面是用颗粒较小的石子，按照水泥∶砂∶小石子＝1∶2∶4 的配比拌和浇制、压实、抹平而成的一种地面，也称豆石混凝土地面或瓜米石混凝土地面。这种地面经济，不易起砂，强度高，整体性好。

构造做法是在结构层上浇 30～40mm 厚 C20 级细石混凝土，并用木板压平，待水泥浆溢到表面时，撒少量干水泥粉，最后用铁板抹光。

3. 水磨石地面

水磨石地面是用水泥与中等硬度的石屑（大理石渣、白云石渣等）拌和，并根据需要掺入适量颜料拌和，抹在结构层上，经压实、养护、磨光、打蜡而成的一种地面。这种地面坚硬、耐磨、不易起灰、光洁美观、整体性好、易清洗。多用于公共建筑的大厅、走廊、卫生间和楼梯等地面。

现浇水磨石地面的构造做法是先在结构层上用 10～20mm 厚 1∶3 水泥砂浆打底找平，然后用 10～12mm 厚 1∶1.5～1∶2.5 的水泥石渣浆（石渣的粒径约为 2～3mm）铺入设计好的图案中压实，经浇水养护后磨光、补浆、打蜡、养护。为防止面层因温度变化等引起开裂及达到增强美观的作用，可用铜条或玻璃条分成约 1m×1m 方格或做成各种图案。水磨石地面构造做法如图 5.11 所示。

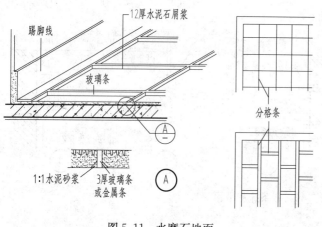

图 5.11　水磨石地面

5.4.2　块材地面

把成品块材用胶结材料粘贴在结构层上，称为块材地面。这种地面可形成美观的图案，色泽多样、易清洁，是目前最流行的地面材料。块料种类很多，有水泥砖、缸砖、陶瓷锦砖、陶瓷地砖、大理石、花岗岩、木地面等多种类型。

1. 铺砖地面

铺砖地面有黏土砖地面、水泥砖地面、预制混凝土块地面等。适用于要求不高的建筑地面、人行道地面以及庭院小道等处。铺设方式有两种：干铺和湿铺。当块料较大且厚时，在基层或结构层上铺一层 20～40mm 厚细砂或细炉渣，将块料直接干铺在上面，待矫正平整后，将块料间用砂或砂浆嵌缝。这种做法施工简单，便于维修，成本低廉，但牢固性较差，不易平整。当块料小而薄时，在基层上抹 10～20mm 厚 1∶3 水泥砂浆，再将块料湿铺，1∶1 水泥砂浆嵌缝。这种做法坚实、平整，但施工较复杂，造价略高。

2. 缸砖、陶瓷地砖及陶瓷锦砖地面

缸砖是用制造水缸的材料-陶土焙烧而成的一种无釉砖块，又称红地砖，一般是方形或多边形。颜色也有多种，但以红棕色和深米黄色为主。相对黏土砖来说更为密实耐磨，易于洗刷。常用于公共建筑物的地面。缸砖背面有凹槽，使砖块和基层黏结牢固，铺贴时一般用15～20mm 厚 1∶3 水泥砂浆做结合材料，3～4mm 厚水泥胶（108 胶）粘贴缸砖，素水泥浆擦缝，如图 5.12（a）所示。

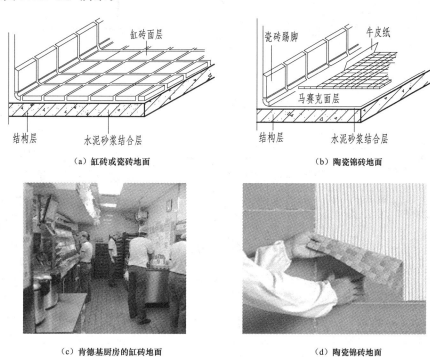

（a）缸砖或瓷砖地面　　　　　（b）陶瓷锦砖地面

（c）肯德基厨房的缸砖地面　　　　　（d）陶瓷锦砖地面

图 5.12　　陶瓷类板块地面

陶瓷地砖各项性能都优于缸砖，且色彩图案丰富，装饰效果好，造价也较高，多用于装修标准较高的建筑地面，构造做法类同缸砖。

陶瓷锦砖又称马赛克，是以优质瓷土烧制而成的小尺寸瓷砖，按一定图案反贴在牛皮纸上而成。它具有抗腐蚀、耐磨、耐火、吸水率小、抗压强度高，适用于有水有腐蚀的地面。构造做法为 15～20mm 厚 1∶3 水泥砂浆找平，3～4mm 厚水泥胶粘贴陶瓷锦砖（纸胎），用滚筒压平，使水泥胶挤入缝隙，用水洗去牛皮纸，用白水泥浆擦缝，主要用于防滑要求较高的卫生间、浴室等房间的地面，如图 5.12（b）所示。

3. 石板地面

石板地面指大理石、花岗石板，或用这些石材碎屑经加工而成的人造板材，它们质地坚硬，色泽丰富艳丽，属于高档装饰材料。一般用于公共建筑的门厅、大厅、休息厅、营业厅或要求高的卫生间等房间的楼地面。其构造做法是在基层上刷素水泥浆一道，20～30mm 厚1∶3 干硬性水泥砂浆找平，面上撒 2mm 厚素水泥（洒适量清水），再铺贴石板，板缝不大于 1mm，然后用素水泥浆擦缝，如图 5.13 所示。

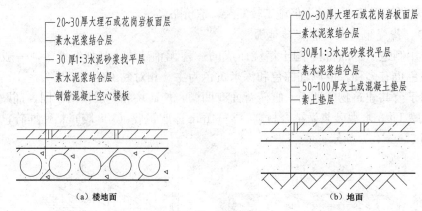

（a）楼地面　　　　　　　　　　　　　　（b）地面

图 5.13　石材地面

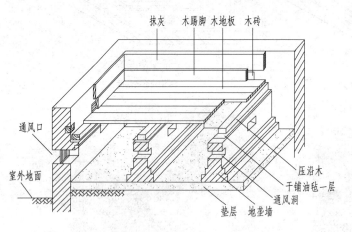

图 5.14　空铺式木地面

4. 木地面

木地面弹性好、导热系数小，为良好的暖性地面。常用于高级住宅、宾馆、体育馆、剧院舞台等建筑中。木地面按其用材规格分为普通木地面、硬木条地面和拼花木地面三种。按施工方法不同有空铺式、实铺式和粘贴式木地面三种。

空铺式木地面常用于底层地面，如图 5.14 所示。由于其占用空间多，费材料，施工繁杂，目前采用较少。

实铺式木地面是直接在实体上铺设的地面，这种地面是将木地板直接钉在钢筋混凝土基层上的木格栅上，由于木格栅直接放在结构层上，所以格栅截面小，一般为 50mm×50mm，中距一般为 400mm，如图 5.15 所示。格栅与预埋在结构层内的 U 形铁件嵌固或用镀锌铁丝

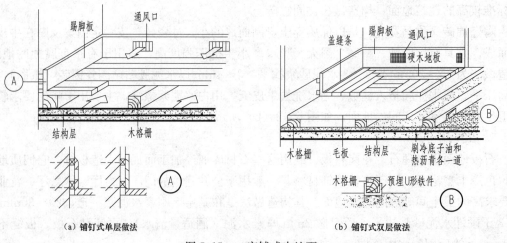

（a）铺钉式单层做法　　　　　　　　　　　　（b）铺钉式双层做法

图 5.15　　实铺式木地面

扎牢。为了防止木材变潮而产生膨胀，可在基层和木格栅底面和侧面上涂刷冷底子油和热沥青各一道（也有铺设防潮布的）。同时为方便潮气散发，通常在木地板与墙面之间留有 10～20mm 的空隙，踢脚板或木地板上，也可设通风洞。

粘贴式木地面通常做法是：先在基层上用 15～20mm 厚 1：3 水泥砂浆找平，上面刷冷底子油一道用于防潮，然后用石油沥青、环氧树脂、乳胶等胶粘材料将木地板粘贴在找平层上。常用木地板为拼花小木块板，长度不大于 450mm，构造做法如图 5.16 所示。如果是软木地面，粘贴时应采用专业胶黏剂，做法与木地板面层粘贴固定相似。高级地面可先铺钉一层夹板，再粘贴软木面层。

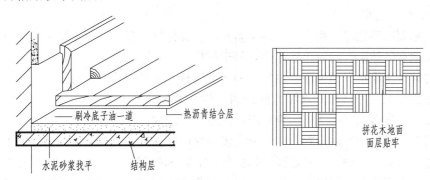

图 5.16 粘贴式木地板

5.4.3 卷材地面

卷材地面是由成卷的材料粘贴而成的地面。常见的有塑料地板、橡胶地毡及各种地毯等。

1. 塑料地面

塑料地面是指用聚氯乙烯树脂塑料地板作为饰面材料铺贴的楼地面。塑料地板色泽显眼、花纹美观、装饰效果好，且具有良好的保温、防水等性能，因而广泛使用于住宅、旅店客房及办公场所。其做法是将卷材干铺或用黏结剂粘贴到找平层上，如图 5.17 所示。

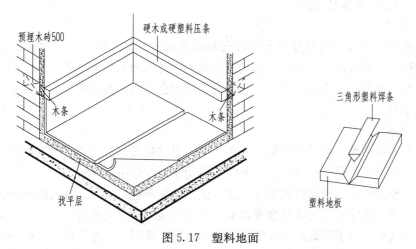

图 5.17 塑料地面

2. 橡胶地毡

橡胶地毡是以橡胶粉为基料，加入其他填充料制成的卷材。它耐磨、防滑、绝缘并富有弹性。橡胶地毡可以干铺，也可以用黏结剂粘贴在水泥砂浆找平层上。

3. 地毯地面

地毯是一种高级地面装饰材料。它分为纯毛地毯、化纤地毯、棉织地毯等。纯毛地毯柔软、温暖、舒适、豪华、富有弹性，但价格昂贵，易虫蛀霉变。化纤地毯经改性处理，可得到与纯毛相近的耐老化、防污染等特性，且价格较低，资源丰富，色彩多样，柔软质感好，因此化纤地毯已成为较普及的地面铺装材料。

地毯铺设可分为满铺与局部铺设两种。铺设方式有固定式与不固定式之分。不固定式铺设是将地毯直接敷在地面上，不需要将地毯与基层固定。而固定式铺设是将地毯用黏结剂粘贴在地面上，或将四周钉牢。

5.4.4　涂料地面

涂料类地面耐磨性好，耐腐蚀、耐水防潮，整体性好，易清洁，不起灰，弥补了水泥砂浆和混凝土地面的缺陷，同时价格低廉，易于推广。

涂料地面常用涂料有地板漆、过氯乙烯溶液涂料、苯乙烯地面涂料等。这些涂料地面施工方便、造价较低，可以提高水泥地面的耐磨性、柔韧性和不透水性。但由于是溶剂型涂料，在施工中会逸散出有害气体污染环境，同时涂层较薄，磨损较快。

环氧树脂耐磨洁净地面涂料为双组分常温固化的厚膜型涂料，通常将其中无溶剂环氧树脂涂料称为"自流平涂料"。环氧树脂自流平地面是一种无毒、无污染与基层附着力强、在常温下固化形成整体的无缝地面；具有耐磨、耐刻画、耐油、耐腐蚀、抗渗、不易滑倒且脚感舒适，便于清扫等优点，广泛用于医药、微电子、生物工程、无尘净化室等洁净度要求高的建筑工程中。

5.5　阳台与雨篷

阳台和雨篷是建筑物上常见的悬挑构件，阳台为人们提供户外活动的空间，雨篷则为人们进入建筑物提供了遮风挡雨的作用。

5.5.1　阳台的类型及结构

1. 阳台类型

阳台按照使用要求不同可分为生活阳台和服务阳台。生活阳台一般与主卧室或客厅相连，尽量朝南向，服务阳台一般与厨房相连，可以朝北等朝向较差的方向。根据阳台与建筑物外墙的关系，可分为凸阳台、凹阳台和半凸半凹阳台三类。按照施工方法不同可分为现浇阳台和预制阳台。

2. 阳台结构

按照阳台荷载传给竖向承重结构的方式不同，可以将阳台分为梁式和板式两种。

板式阳台是室内楼板的延伸，板底平整，适用于跨度较小的阳台。

梁式阳台有两种，一种是横向梁延伸来承担阳台板重量；一种是纵向梁与阳台板预制或现浇在一起，利用纵梁上部墙体压重或者本身的抗扭能力来实现阳台挑出。前一种梁能在板底看到凸出的挑梁，为了美观，通常在梁头设置边梁，使阳台底边平整，外形较为简洁。

5.5.2　阳台的细部构造

1. 阳台栏杆高度

阳台栏杆保障人们使用安全，《民用建筑设计通则》（GB 50352—2005）和《住宅设计规范》（GB 50096—2011）中规定：阳台栏板或栏杆净高，六层及六层以下不应低于1.05m；七层及七层以上不应低于1.10m。阳台栏杆设计必须采用防止儿童攀登的构造，栏杆的垂直杆件间净距不应大于0.11m，放置花盆处必须采取防坠落措施。

2. 栏杆形式

阳台栏杆的形式有实体、空花和混合式。按材料可分为砖砌、钢筋混凝土和金属栏杆。

金属栏杆一般用方钢、圆钢、扁钢和钢管等制成，通常需作防锈处理。金属栏杆与阳台板的连接可采用在阳台板上预留孔洞，将栏杆插入，再用水泥砂浆浇筑的方法，也可采用阳台板顶面预埋通长扁钢与金属栏杆焊接的办法。

混凝土栏杆可预留钢筋与阳台板的预留钢筋及砌入墙内的锚固钢筋绑扎或焊接在一起；预制混凝土栏板也可顶埋铁件再与阳台板预埋钢板焊接。

砖砌体栏板的厚度一般为120mm，在栏板上部的压顶中加入2ϕ6通长钢筋，并与砌入墙内的预留钢筋绑扎或焊接在一起。扶手应现浇，也可设置构造小柱与现浇扶手拉接，以增加砌体与栏板的整体性。

阳台的扶手宽一般至少为120mm，当上面放花盆时，不应小于250mm，且外侧应有挡板。

3. 阳台的排水

为防止雨水流入室内，阳台地面的设计标高应比室内低30～50mm，在阳台边角设排水口，并将阳台地面做1%～2%的坡度。若阳台立面为镂空栏杆，则应在阳台板周边板面上用砖或混凝土做150mm高踢脚板，以防雨水自由落下。阳台排水可组织排往雨水管，也可通过预埋直径为40～50mm的管道将水直接排向室外。有组织的排水显然更美观、舒适，符合人性化使用要求。

5.5.3 雨篷

雨篷多为悬挑构件，除了遮风挡雨还能保护外门，丰富建筑物立面造型。雨篷形式多种多样，有轻钢结构雨篷，有膜结构雨篷等，用得最多的还数钢筋混凝土雨篷。

按照钢筋混凝土雨篷受力不同可以分为板式和梁式两种类型。板悬挑长度一般为1～1.5m；当挑出长度较大时，可做成挑梁式，为美观起见，可将挑梁上翻。雨篷在构造上要注意防倾覆和板面排水。图5.18为各类型雨篷。

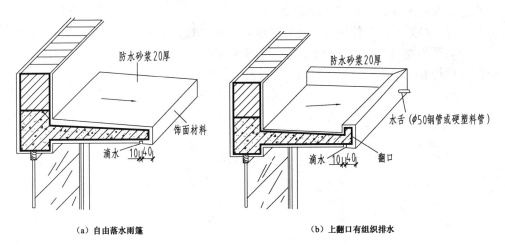

（a）自由落水雨篷　　　　　　　　　（b）上翻口有组织排水

图 5.18　雨篷构造（一）

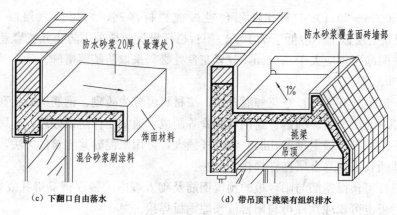

（c）下翻口自由落水　　　　　（d）带吊顶下挑梁有组织排水

图 5.18　雨篷构造（二）

复习思考题

一、填空题

1. 为了满足使用要求，楼地层通常包括_____、_____和_____。

2. 钢筋混凝土楼板按照施工方法不同可以分为_____、_____和_____三种类型。

3.《民用建筑设计通则》（GB 50352—2005）和《住宅设计规范》（GB 50096—2011）中规定：临空高度在 24m 以下阳台，外廊栏杆高度不应低于_____ m，临空高度在 24m 及以上（包括中高层住宅）时，栏杆不应低于_____ m。

二、简答题

1. 楼板层由哪几部分组成？各部分起什么作用？

2. 现浇钢筋混凝土楼板的种类及其传力特点是什么？

3. 简述现浇肋梁楼板的布置原则。

4. 有水房间的楼地面如何防水？

5. 顶棚的作用是什么？有哪几种形式？

6. 什么是悬吊式顶棚？简述悬吊式顶棚的基本组成部分及作用。

7. 阳台有哪些类型？阳台板的结构布置形式有哪些？

8. 阳台栏杆有哪些形式？各有何特点？

第6章　屋　　顶

　　屋顶是覆盖于建筑物最上面的外围护结构。其主要功能是防水，防水的屋顶构造设计的核心。防水从两方面着手：一是迅速排除屋面的雨水；二是防止雨水渗漏。防渗漏的原理和方法体现在屋面的构造层次与屋顶的细部构造做法两个方面。屋顶另外还有两个作用：一是可以起到抵御自然界的风、雨、雪、太阳辐射及其他外界不利因素的影响；二是承受和传递屋顶上的各种荷载及自身的重量；因而，要求屋顶必须具有坚固稳定、防水排水及保温隔热，能够抵御各种不良因素的影响，同时应满足强度、刚度和稳定性的要求，以及建筑美观要求。

6.1　屋顶的类型、坡度及排水

6.1.1　屋面的类型

　　屋顶据其坡度和结构形式的不同分为平屋顶、坡屋顶和其他屋顶；据屋面防水材料的不同分为刚性防水屋面、卷材防水屋面、涂膜防水屋面、波形瓦屋面、压型金属板屋面等。

1. 平屋顶

平屋顶指屋面坡度小于5%的屋顶，常用坡度为2%～3%，图6.1为几种常见的平屋顶形式。平屋顶易于协调建筑与结构的关系，且构造简单、节省材料，且可以利用做成露台、屋顶花园等（图6.2）。当屋顶为上人屋顶时，坡度为1%～2%。

（a）挑檐平屋顶   （b）女儿墙平屋顶   （c）挑檐女儿墙平屋顶

图6.1 平屋顶的形式

2. 坡屋顶

坡屋顶的屋面坡度一般在10%以上。坡屋顶在我国有着悠久的历史，城市建设中为满足环境或建筑风格的要求也大量地采用坡屋顶。

坡屋顶形式多样，随着房屋进深的加大，可分别采取单坡、双坡、四坡等屋顶形式。双坡屋顶有硬山和悬山之分，硬山指房屋两端山墙高于屋面，山墙封住屋面；悬山指屋顶的两端挑出山墙外面。古建筑中，常将屋面做成曲面，如卷棚顶、庑殿顶，歇山顶等形式，使屋顶外形更富有变化。图6.3为坡屋顶的形式，图6.4为坡屋顶的形式实例。

图6.2 屋顶花园

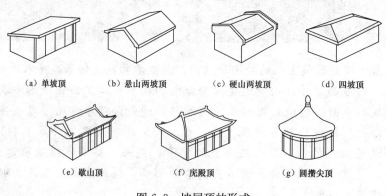

（a）单坡顶   （b）悬山两坡顶   （c）硬山两坡顶   （d）四坡顶

（e）歇山顶   （f）庑殿顶   （g）圆攒尖顶

图6.3 坡屋顶的形式

3. 其他屋顶

随着现代科学技术的发展，出现了许多新的屋顶结构形式，如拱结构屋顶、悬索结构屋顶、薄壳结构屋顶、网架结构屋顶等。这类屋顶多用于大跨度的公共建筑。图6.5为其他形式的屋顶。图6.6为其他形式的屋顶实例。

（a）故宫太和殿庑殿顶

（b）孔庙大成殿庑殿顶

（c）天坛祈年殿攒尖顶

（d）故宫皇穹宇攒尖顶

（e）天安门歇山重檐顶

图 6.4　坡屋顶的形式实例

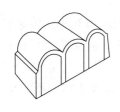
（a）砖石拱屋顶

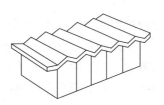
（b）折形网壳屋顶

（c）球形网壳屋顶

（d）双曲拱屋顶

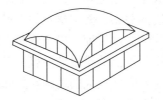
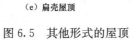
（e）扁壳屋顶

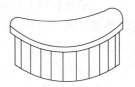
（f）鞍形悬索屋顶

图 6.5　其他形式的屋顶

(a) 扁壳屋顶　　　　　　　　　　　　　　　　(b) 薄膜屋顶

图 6.6　其他形式的屋顶实例

6.1.2　屋面坡度

屋面排水坡度的大小与屋面选用的材料、当地降雨量的大小、屋顶结构的形式及经济等有关。确定屋面坡度时要综合考虑各种因素。

1. 屋面坡度表示方法

常用的表示方法有角度法、斜率法和百分比法。斜率法以屋顶高度与坡面水平投影长度之比来表示；百分比法以屋顶高度与坡面水平投影长度的百分比来表示；角度法以倾斜面与水平面的夹角来表示。坡屋顶多采用斜率法，平屋顶多采用百分比法，角度法较少采用，如图 6.7 所示。

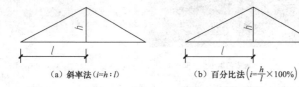

(a) 斜率法 ($i = h : l$)　　　　　　(b) 百分比法 ($i = \dfrac{h}{l} \times 100\%$)　　　　　　(c) 角度法 ($i = \theta$)

图 6.7　屋面坡度表示方法

2. 屋面坡度影响因素

屋面坡度是为排水而设的，屋面坡度的大小取决于屋面防水材料和当地降雨量的大小，恰当的坡度既能满足排水要求，又可做到经济节约。一般情况下，屋面防水材料尺寸越小，接缝越多，则屋面缝隙渗漏的机会越大，设计时屋面的坡度就需加大；对整体防水屋面如卷材、混凝土防水屋面等，坡度可小些。另外对降雨量大的地区，屋面渗漏的可能性较大，屋面的坡度应适当加大，反之宜小。

影响因素：屋面防水材料的大小和当地降雨量两方面的因素。

(1) 屋面防水材料与排水坡度的关系。防水材料如果尺寸较小，接缝必然就较多，容易产生缝隙渗漏，因而屋面应有较大的排水坡度，以便将屋面积水迅速排除。如果屋面的防水材料覆盖面积大，接缝少而且严密，屋面的排水坡度就可以小一些。

(2) 降雨量大小与坡度的关系。降雨量大的地区，屋面渗漏的可能性较大，屋顶的排水坡度应适当加大，反之，屋顶排水坡度则宜小一些。

3. 屋面坡度的形成方式

屋面坡度的形成有材料找坡和结构找坡两种，如图 6.8 所示。

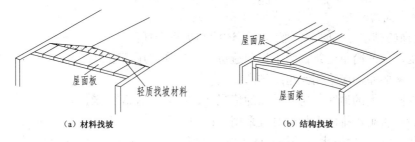

图 6.8 屋面坡度的形成

（1）材料找坡（也称垫坡）：是指屋面坡度由垫坡材料垫置而成。为了减轻屋面荷载，应选用轻质材料找坡，如水泥炉渣。找坡层的最薄处不应小于 20mm。平屋顶材料找坡宜为 2%～3%。

（2）结构找坡（亦称搁置坡度）：是指屋面坡度由结构自身形成排水坡度。这种方法不需另加找坡层，构造简单，施工简便，但天棚顶倾斜，室内空间不够完整，往往需另设顶棚。

6.1.3 屋面排水

1. 屋面排水方式

屋面排水方式分为有组织排水和无组织排水两大类。

（1）无组织排水：无组织排水是指屋面雨水直接从檐口滴落至地面的一种排水方式，因为不用天沟、雨水管等导流雨水，故又称自由落水。

无组织排水构造简单、造价低廉，但雨水下落时对墙面和地面均有影响，常用于建筑标准较低的低层建筑或雨水较少的地区。

（2）有组织排水：指雨水经由天沟、雨水管等排水装置被引导至地面或地下管沟的一种排水方式。

有组织排水较无组织排水有明显的优点，但其构造复杂，造价较高。有组织排水又分外排水和内排水，若雨水管置于室内称内排水，反之称外排水。外排水据檐口做法不同又分为挑檐沟外排水、女儿墙外排水和女儿墙檐沟外排水等，如图 6.9 所示。

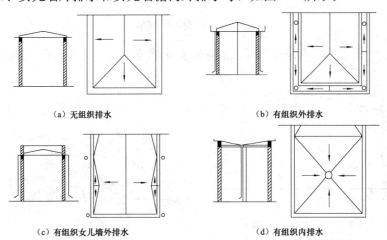

(a) 无组织排水   (b) 有组织外排水

(c) 有组织女儿墙外排水   (d) 有组织内排水

图 6.9 屋面排水方式

2. 排水方式的选择

确定屋顶的排水方式时，一般可按下述原则进行选择：

1）高度较低的简单建筑，为了控制造价，宜优先选用无组织排水。

2）积灰多的屋面应采用无组织排水。

3）在降雨量大的地区或房屋较高的情况下，应采用有组织排水。

4）临街建筑雨水排向人行道时宜采用有组织排水。

在工程实践中按内排水、外排水两大排水方案。

（1）外排水方案。外排水是指雨水管装在建筑外墙以外的一种排水方案，外排水方案可以归纳为以下几种：

1）挑檐沟外排水。屋面雨水汇集到悬挑在墙外的檐沟内，再由水落管排下。挑檐沟外排水方案时，水流路线的水平距离不应超过 24m，如图 6.10 所示。

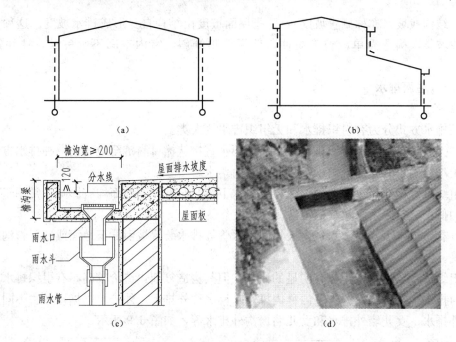

图 6.10　挑檐沟外排水

2）女儿墙外排水。特点是屋面雨水需穿过女儿墙流入室外的雨水管，如图 6.11 所示。

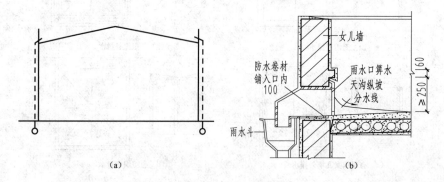

图 6.11　女儿墙外排水（一）

(c)

图 6.11　女儿墙外排水（二）

3）女儿墙挑檐沟外排水。女儿墙挑檐沟外排水特点是在屋檐部位既有女儿墙，又有挑檐沟，如图 6.12 所示。

4）暗管外排水。暗装雨水管的方式，将雨水管隐藏在假柱或空心墙中，如图 6.13 所示。

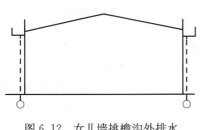

图 6.12　女儿墙挑檐沟外排水

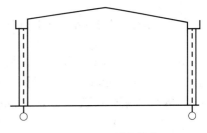

图 6.13　暗管外排水

（2）内排水。雨水通过在建筑内部的雨水管排走。如中间天沟内排水，如图 6.14 所示。

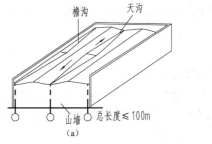

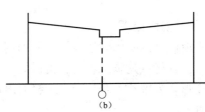

图 6.14　内排水

3. 屋面排水组织设计

（1）确定排水坡度及方式。一般情况下，进深小的房屋和临街建筑常采用单坡排水（屋面宽度不宜大于 12m），进深较大时宜采用双坡排水。坡屋面应结合建筑物造型选择单坡、双坡或四坡排水，如图 6.15 所示。

（2）划分汇水区。划分汇水区的目的是为了合理地布置雨水管，一个汇水区的面积一般不超过一个雨水管所能负担的排水面积。每个雨水管的屋面最大汇水面积不宜大于 200m²。

（3）确定天沟断面。天沟即屋面上的排水沟，位于檐口部位称檐沟（图 6.16）。其作用是汇集屋面雨水，并将雨水迅速排出。根据屋面类型的不同天沟有多种做法，如坡屋面中的槽形和三角形，平屋面中的矩形等。矩形天沟最为常见，一般用钢筋混凝土现浇或预制而成，其断面尺寸根据降雨量和汇水面积而定，天沟的净宽不宜小于 200mm，沟内纵坡坡向雨水口，坡度范围为 0.5%～1%，天沟纵坡最高处离天沟上口的距离不小于 120mm。

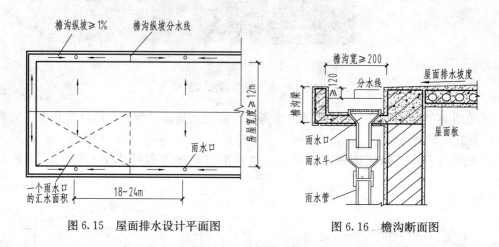

图 6.15　屋面排水设计平面图　　　　　图 6.16　檐沟断面图

（4）确定雨水管的规格和间距。最常采用的是塑料和铸铁雨水管，其管径有 50、75、100、125、150、200mm 等几种规格。一般民用建筑常用 75～100mm 的雨水管，面积小于 25m² 的露台和阳台可选用直径 50mm 的雨水管。一般情况下雨水口间距不宜超过 18～24m。

6.2　平屋顶的构造

平屋顶按屋面防水层材料的不同可分为刚性防水屋面、卷材防水屋面、涂膜防水屋面等多种做法。

6.2.1　刚性防水屋面

刚性防水屋面是以防水砂浆或加入外加剂的细石混凝土等刚性材料作屋面防水层的屋面防水构造做法。其优点是施工容易、构造简单、造价低、维修方便，但刚性防水屋面对温度变化和结构变形较为敏感，容易产生裂缝而出现渗漏且对施工技术要求较高。目前应用较多的为细石混凝土屋面。

1. 刚性防水层的构造

刚性防水屋面一般由结构层、找平层、隔离层和防水层组成，如图 6.17 所示。

（1）结构层：要求具有足够的强度和刚度。通常情况下采用现浇或预制的钢筋混凝土屋面板，且形成一定的排水坡度。

（2）找平层：当结构层为预制混凝土板时，应作 20mm 厚 1∶3 水泥砂浆找平层。若采用现浇混凝土整体结构，基层较平整时，也可不做找平层。

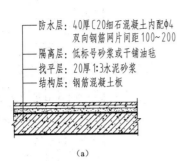

（a）　　　　　　　　　　（b）

图 6.17　混凝土刚性防水屋面构造

（3）隔离层：为减少温度变化对防水层产生不利影响，宜在防水层与结构层之间增加一道隔离层。隔离层可采用沥青、砂浆、塑料纸或铺油毡等做法，当防水层中有膨胀剂时，其抗裂性能较好，也可不做隔离层。

（4）防水层：防水层采用不低于 C20 的细石混凝土整体现浇而成，其厚度≮40mm，并应配置直径为 $\phi 4 \sim \phi 6$mm 间距为 $100 \sim 200$mm 的双向钢筋网片。由于裂缝易出现在面层，所以钢筋网片布置在中上部位。

2. 刚性防水屋面的细部构造

刚性防水屋面的细部构造包括：分格缝、泛水、檐口、雨水口等。

（1）分格缝：是设置在屋面上的变形缝，也称分仓缝，如图 6.18 所示。

设置分格缝的目的为：一是防止温度变化而引起屋面防水层产生不规则裂缝；二是防止在荷载作用下，屋面板产生挠曲变形而将防水层拉坏。因而，分格缝应设在变形敏感的部位，如屋面板的支承端、屋面转折处、防水层与突出屋面结构的交接处等部位。分格缝的纵横间距应控制在 6m 以内，缝处的钢筋网片应断开。分格缝的宽度一般为 $20 \sim 40$mm 左右，缝内不能用砂浆填实或有其他杂物，应用弹性材料如沥青麻丝嵌填，上用防水油膏嵌缝，也可用防水卷材盖缝。图 6.19 为分格缝缝构造。

图 6.18　分格缝位置

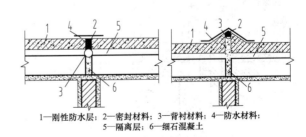

1—刚性防水层；2—密封材料；3—背衬材料；4—防水材料；
5—隔离层；6—细石混凝土

图 6.19　分格缝构造

（2）泛水：屋面与墙面交接处的防水构造称泛水。泛水的高度一般不小于 250mm。泛水与屋面防水应一次做成，不留施工缝，转角处做成钝角或圆弧形，并与垂直墙之间设分格缝，以免因两者变形不一致而使泛水开裂。泛水收头做法如图 6.20 所示。

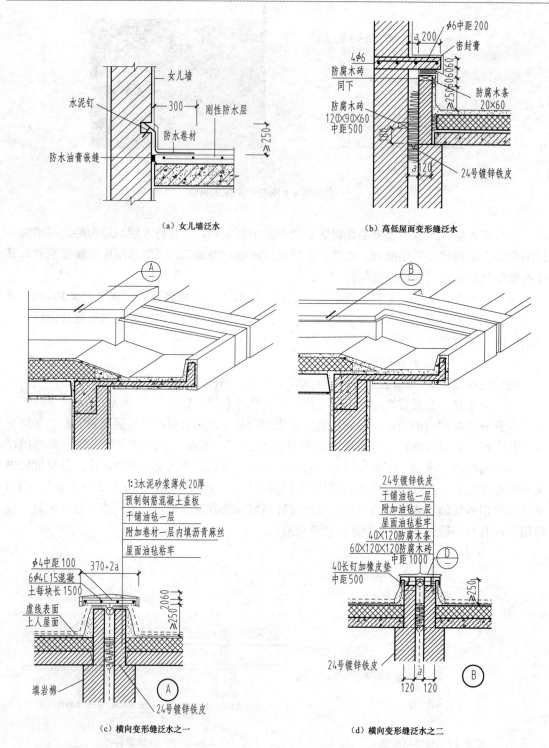

（a）女儿墙泛水　　　　　　　（b）高低屋面变形缝泛水

（c）横向变形缝泛水之一　　　　（d）横向变形缝泛水之二

图 6.20　刚性防水屋面泛水构造

（3）檐口：刚性防水屋面檐口形式有自由落水挑檐口、挑檐沟檐口和女儿墙外排水檐口等，其构造做法如图 6.21 所示。

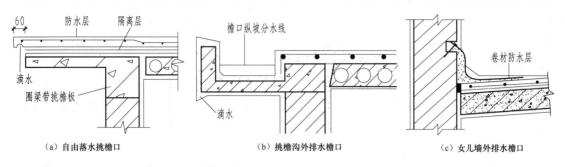

图 6.21 刚性防水屋面檐口构造

（4）雨水口：雨水口分直管式和弯管式两种。直管式用于天沟（或檐沟）。弯管式用于女儿墙外排水，如图 6.22 所示。

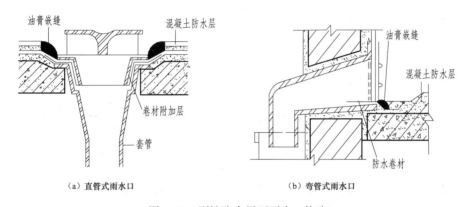

图 6.22 刚性防水屋面雨水口构造

6.2.2 卷材防水屋面

卷材防水屋面是以防水卷材和黏结剂分层粘贴在屋面上，形成一个封闭的覆盖层，以此防水的屋面。这种防水屋面具有一定的延伸性，能适应温度变形。

卷材防水屋面所用卷材防水材料：

（1）卷材。

1）沥青类防水卷材。传统上用得最多的是纸胎石油沥青油毡。

沥青油毡防水屋面的防水层容易产生起鼓、沥青流淌、油毡开裂等问题，从而导致防水质量下降和使用寿命缩短，近年来在实际工程中已较少采用。

2）高聚物改性沥青类防水卷材。高聚物改性沥青类防水卷材是高分子聚合物改性沥青为涂盖层，纤维织物或纤维毡为胎体、粉状、粒状、片状或薄膜材料为覆面材料制成的可卷曲片状防水材料。

3）合成高分子防水卷材。凡以各种合成橡胶、合成树脂或二者的混合物为主要原料，加入适量化学助剂和填充料加工制成的弹性或弹塑性卷材，均称为高分子防水卷材。

高分子防水卷材具有重量轻，适用温度范围宽（－20～80℃），耐候性好，抗拉强度高（2～18.2MPa），延伸率大（可>45%）等优点。

（2）卷材黏结剂。用于沥青卷材的黏结剂主要有冷底子油、沥青胶等。

冷底子油是将沥青稀释溶解在煤油、轻柴油或汽油中制成，涂刷在水泥砂浆或混凝土层面作打底用。

　　沥青胶是在沥青中加入填充料加工制成，有冷、热两种，每种又均有石油沥青胶和煤油沥青胶两种。

　　这些防水材料的施工方法和要求虽有差异，但在构造做法上仍以油毡屋面防水处理为基础，所以下面以油毡防水屋面为例叙述其防水构造。图 6.23 为卷材防水屋面构造组成。

　　1. 油毡防水屋面

　　油毡防水屋面由结构层、找平层、结合层、防水层和保护层等组成，如图 6.24 所示。

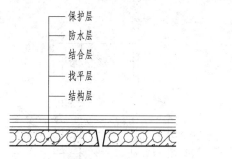 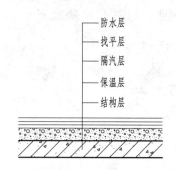

图 6.23　卷材防水屋面构造组成　　　　　图 6.24　油毡防水屋面构造组成

　　（1）结构层：多为刚度好，变形小的各类钢筋混凝土屋面板。

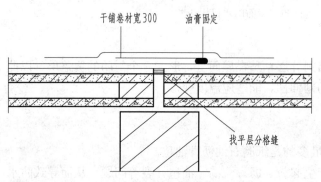

图 6.25　卷材防水屋面找平层的分格缝

　　（2）找平层：一般在结构层或保温层上做 15～20mm 厚 1∶3 水泥砂浆找平层。为防止找平层变形开裂而波及卷材防水层，宜在找平层中留设分格缝。分格缝的宽度一般为 20mm，纵横间距不大于 6m。分格缝上面应覆盖一层 200～300mm 宽的附加卷材，用黏结剂单边点贴，如图 6.25 所示。

　　（3）结合层：为使沥青胶和找平层黏结牢固，先在找平层上刷一道即能渗入水泥砂浆找平层又能与沥青胶黏结的沥青溶液（俗称冷底子油）作结合层。结合层的作用是使卷材与基层胶结牢固。沥青类卷材通常用冷底子油作结合层，高分子卷材则多用配套基层处理剂。

　　（4）防水层：油毡防水层是由油毡和沥青胶交替黏结而成的整体防水覆盖层。一般平屋面铺两层油毡，在油毡与找平层间、卷材间、上层表面共涂刷三层沥青黏结，通称二毡三油。在重要部位或严寒地区，通常做三毡四油。

　　卷材铺贴一般有垂直屋脊和平行屋脊两种做法，无论哪种做法都要有足够的搭接长度，上下搭接 80～120mm，左右应逆当地主导风向铺贴，相互搭接 100～150mm，多层铺设时，上下层的接缝应错开，每层沥青胶的厚度要控制在 1～1.5mm 以内，防止厚度过大而发生龟裂（图 6.26）。另外，为保证卷材屋面的防水效果，要求基层干燥，且要防止室内水蒸气透过结构层渗入卷材，因为水蒸气在太阳辐射下会汽化膨胀，从而导致防水层出现鼓泡、皱折和破裂，造成漏水。屋面防水卷材的铺贴、接缝处理分别如图 6.27、图 6.28 所示。所以，工程上常把第一层卷材与基层采用点状或条状粘贴，留出蒸汽扩散间隙，再将蒸汽集中排除（图 6.29）。

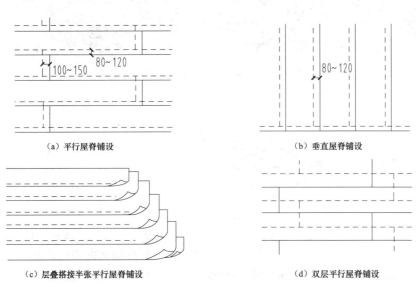

（a）平行屋脊铺设　　　　　　　　　　　（b）垂直屋脊铺设

（c）层叠搭接半张平行屋脊铺设　　　　　（d）双层平行屋脊铺设

图 6.26　屋面防水卷材的搭接

（a）涂刷黏结材料　　　　　　　　　　　（b）铺设防水卷材

图 6.27　屋面防水卷材的铺贴

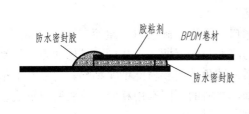

图 6.28　屋面防水卷材的接缝处理（一）

图 6.28　屋面防水卷材的接缝处理（二）

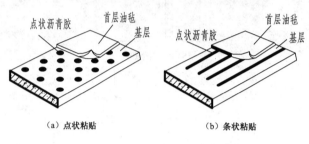

（a）点状粘贴　　　（b）条状粘贴

图 6.29　基层与卷材间的蒸汽扩散层

（5）保护层：屋面保护层的做法，分不上人屋面和上人屋面两种。

不上人屋面保护层：当采用油毡防水层时，可在最上面的油毡上用沥青胶满粘一层 3～6mm 粒径的石子（俗称绿豆砂），或用铝银粉涂料做保护层。它是用铝银粉、清漆、熟桐油和汽油调配而成，直接涂刷在油毡表面，形成一层银白色薄膜，其反射太阳辐射性能好，重量轻，造价低，效果良好。

上人屋面保护层：可在防水层上浇筑 30～40mm 厚的细石混凝土面层作为保护层，其细部构造与刚性防水屋面基本相同；或采用 20mm 厚水泥砂浆结合层上铺贴缸砖、混凝土预制板或大阶砖等块材作保护层，也可将块材面层架空铺设，以利通风，如图 6.30 所示。

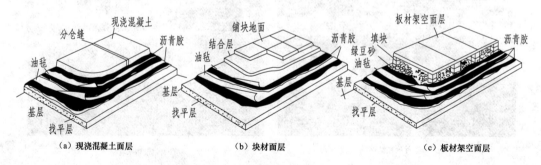

（a）现浇混凝土面层　　　（b）块材面层　　　（c）板材架空面层

图 6.30　上人屋面保护层构造

2. 卷材防水屋面的细部构造

卷材防水屋面的细部构造包括泛水、檐口、天沟、雨水口、屋面变形缝等部位。

（1）泛水。柔性防水屋面的泛水构造与刚性防水屋面基本相同。其做法是先用水泥砂浆或细石混凝土在立面与屋面交界处抹成圆弧或钝角，使卷材能铺实粘牢，再在其上粘贴卷材防水层。泛水收头应根据泛水高度和泛水墙体材料的不同选用相应的收头密封形式。

泛水构造如图 6.31 所示，其做法及构造要点如下：

1）将屋面的卷材防水层继续铺至垂直面上，形成卷材泛水，其上再加铺一层附加卷材，泛水高度不得小于 250mm。

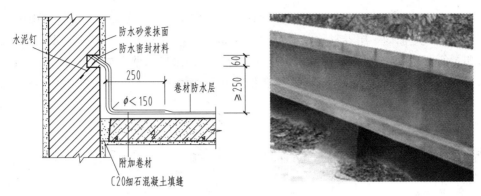

图 6.31　柔性防水屋面的泛水构造

2）屋面与垂直面交接处应将卷材下的砂浆找平层抹成直径为 20～150mm 的圆弧或 45° 斜面，上刷卷材黏结剂，使卷材铺贴牢固，以免卷材架空或折断。

3）做好泛水上口的卷材收头固定，防止卷材在垂直墙面上下滑。一般做法是：在垂直墙面中凿出通长凹槽，将卷材的收头压入槽内，用防水条钉压后再用密封材料嵌填封严，外抹水泥砂浆保护。凹槽上部的墙体则用防水砂浆抹面。

（2）檐口。油毡防水屋面的檐口有无组织（自由）落水挑檐口和有组织排水挑檐沟、女儿墙等檐口。女儿墙檐口的做法同泛水做法。对自由落水檐口，一般在 800mm 范围内卷材采用满贴法，卷材收头处固定密封，如图 6.32 所示。对于带挑檐沟的檐口，檐沟内要加铺一层油毡，空铺宽度为 500mm，其檐沟口处的卷材收头应固定密封，如图 6.33 所示。

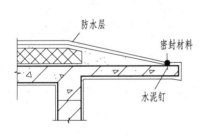

图 6.32　无组织排水檐口

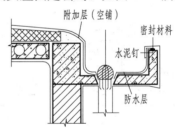

图 6.33　挑檐沟檐口构造

（3）天沟。采用女儿墙外排水的民用建筑一般跨度不大，采用三角形天沟的较为普遍，其构造做法如图 6.34 所示，沿天沟长向需用轻质材料垫成 0.5%～1% 的纵坡，使天沟内雨水迅速排入水落口。

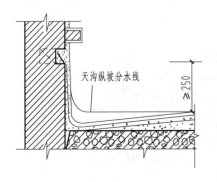

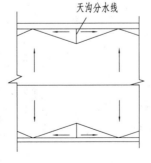

图 6.34　天沟檐口构造

（4）雨水口。柔性防水屋面的雨水口常见的有直管式和弯管式两种。直管式雨水口为防止其周边漏水，应加铺一层卷材并贴入管内 100mm，雨水口上用定型铸铁罩或铅丝球罩住，其构造如图 6.35 所示。对弯管式雨水口防水层应铺入雨水口内壁四周不小于 100mm，并安装铸铁算子以防杂物流入造成堵塞，其构造如图 6.36 所示。

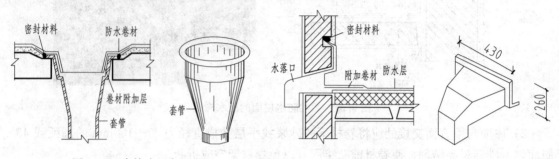

图 6.35　直管式雨水口　　　　　　　图 6.36　弯管式雨水口

（5）屋面变形缝构造。屋面变形缝的构造处理原则是既不能影响屋面的变形，又要防止雨水从变形缝处渗入室内。

等高屋面变形缝的做法是：在缝两边的屋面板上砌筑矮墙，挡住屋面雨水。矮墙常为半砖墙厚。屋面卷材防水层与矮墙面的连接处理类同泛水构造，缝内嵌填沥青麻丝。矮墙顶部可用镀锌铁皮或混凝土盖板压顶（图 6.37）。

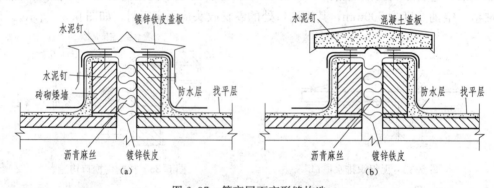

图 6.37　等高屋面变形缝构造

高低屋面变形缝则是在低侧屋面板上砌筑矮墙。当变形缝宽度较小时，可用镀锌铁皮盖缝并固定在高侧墙上，做法同泛水构造；也可以从高侧墙上悬挑钢筋混凝土板盖缝（图 6.38）。

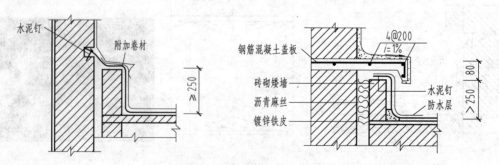

图 6.38　不等高屋面变形缝构造

（6）屋面检修孔构造。不上人屋面须设屋顶检修孔。检修孔四周的孔壁可用砖立砌，也可以在现浇屋面时将混凝土上翻制成，其高度一般为300mm，孔壁外侧的防水层应做成泛水并将卷材用镀锌铁皮盖缝钉压牢固，如图 6.39 所示。

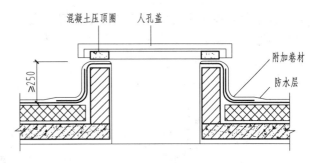

图 6.39　屋面检修口构造

6.2.3　涂膜防水屋面

涂膜防水屋面（又称涂料防水屋面）是可塑性和黏结力较强的高分子防水涂料直接涂刷在屋面基层上，形成一层不透水薄膜达到防水目的的屋面。防水涂料有塑料、橡胶和改性沥青三类，常用的有塑料油膏、氯丁胶乳沥青涂料和焦油聚氨酯防水涂膜等。

涂膜防水屋面的构造如图 6.40 所示。

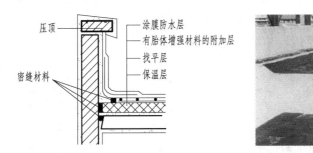

图 6.40　涂膜防水屋面构造

6.2.4　平屋顶的保温与隔热

1. 平屋顶的保温

（1）屋面保温材料。保温材料应密度小、孔隙小、导热系数小。目前常用的有三类，第一类是散料，如炉渣、矿渣、蛭石、膨胀珍珠岩等；第二类为整体类：是用散料作骨料，掺入一定量的胶结材料，现场浇筑而成。如水泥炉渣、水泥膨胀蛭石、水泥膨胀珍珠岩和沥青膨胀蛭石等。第三类为板块类：是以骨料和胶结材料由工厂加工而成的板块状材料。如加气混凝土板、泡沫塑料板、膨胀珍珠岩板、膨胀蛭石板等。

（2）保温层的设置。根据保温层在屋顶各层次中的位置不同，有以下几种情况：

一是在防水层和结构层间设置保温层。此做法施工方便，还可利用保温层进行屋面找坡，目前应用最为广泛，如图 6.41 所示。

二是保温层设在防水层之上，即倒置式保温屋面。其构造层次为保温层、防水层、结构层，如图 6.42 所示。这种方式的优点为防水层被覆盖在保温层下不受气候条件变化的影响，使用寿命得到延长。这种屋面保温材料应选择憎水性材料，如聚氨酯泡沫塑料板等。在保温层上应设保护层，以防止表面破损及延缓保温材料的老化过程。

三是防水层与保温层间设空气间层：由于空气间层的设置，室内热量不能直接影响屋面防水层，通常称作冷屋顶保温体系。平屋顶和坡屋顶均可采用此法。这种屋顶有利于室内渗透至保温层的蒸汽和保温层内散发出的水蒸气顺利排出，并可防止内部产生凝结水，带走太阳辐射热散发的热量。平屋顶的冷屋面保温作法常用垫块架空预制板，形成空气间层，再在上面做找平层和防水层。为使空气间层通风流畅，在檐口部分应设通风口，如图 6.43 所示。

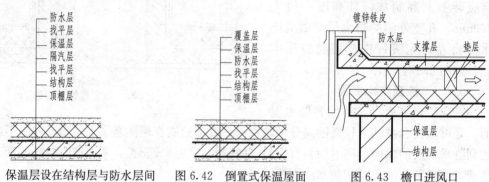

图 6.41　保温层设在结构层与防水层间　　图 6.42　倒置式保温屋面　　图 6.43　檐口进风口

（3）隔汽层的设置。当在防水层下设置保温层时，为了防止室内湿气透过结构层进入屋面保温层而使保温材料受潮，影响保温效果，需在保温层下设置隔汽层。隔汽层的做法有：热沥青两道、一毡二油及改性涂料等，如图 6.44 所示。

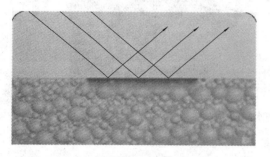

（a）白色涂料反射太阳辐射热

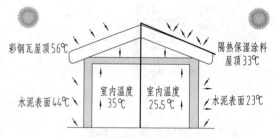

（b）反射隔热效果图

（c）屋面反射隔热施工

（d）屋面反射隔热

图 6.44　反射隔热

2. 平屋顶的隔热

在气候炎热地区，夏季太阳辐射使屋面温度剧烈升高，为减少传进室内的热量和降低室内的温度，屋面需采取隔热措施，其常用方法有：

（1）反射隔热：屋面受到太阳辐射后，一部分辐射热量被屋顶吸收，另一部分被屋面反射出去，在屋面采用浅色的混凝土或涂刷白色涂料等方式可将部分太阳辐射热量发射到大气中，取得降温隔热的效果。

（2）通风隔热：在屋顶设置通风的空气间层，使其上表面遮挡太阳辐射，同时利用风压和热压将间层中的热空气带走，使通过屋面板传入室内的热量大为减少，从而达到隔热降温的目的。通风间层的设置通常有两种方式：一种是在屋面上做架空通风隔热间层，另一种是利用吊顶棚内的空间做通风间层。

1）架空通风隔热间层。在屋面设置架空层进行通风隔热，如图 6.45 所示。其构造要点：架空高度为 180～240mm，与女儿墙拉开距离大于 300mm，采用砖墩架空。

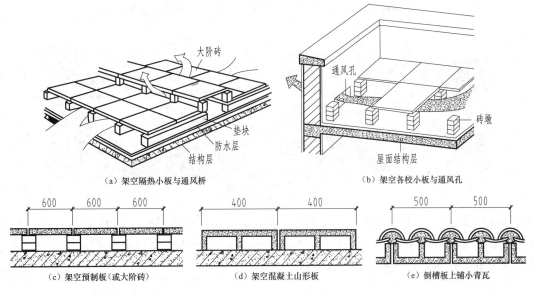

（a）架空隔热小板与通风桥　　　　　（b）架空各板小板与通风孔

（c）架空预制板（或大阶砖）　　　（d）架空混凝土山形板　　　（e）倒槽板上铺小青瓦

图 6.45　屋面架空隔热

2）顶棚通风隔热。利用顶棚与屋面间的空气做通风隔热层可以起到架空通风层同样的作用。图 6.46 是顶棚通风隔热屋面的构造示意图。值得注意采用该方法时必须在外墙上设置一定数量的通风孔。

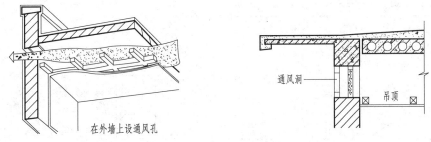

在外墙上设通风孔

图 6.46　顶棚通风隔热

（3）植被屋面：在屋面防水层上覆盖种植土，种植绿色植物，用以吸收阳光和遮挡阳光，达到降温隔热作用，同时还可美化环境，净化空气。但增加了屋顶荷载，结构处理较复杂，如图 6.47 所示。

（4）蓄水隔热：利用平屋顶所蓄积的水层来达到屋顶隔热的目的，水能反射阳光，吸收太阳辐射热，水层在冬天还有一定的保温作用，此外水层长期将防水层淹没，使混凝土防水

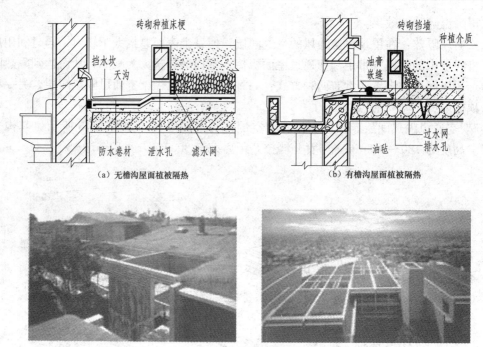

（a）无檐沟屋面植被隔热　　　　　（b）有檐沟屋面植被隔热

（c）屋面种植隔热实例

图 6.47　屋面种植隔热

层处于水的养护下，减少开裂和防止混凝土的碳化，延长使用延年，如图 6.48 所示。其构造要点：蓄水深度为 150～200mm；蓄水区边长≤10m；泛水高度高出水面≥100mm；均匀布置溢水孔、过水孔和泄水孔。

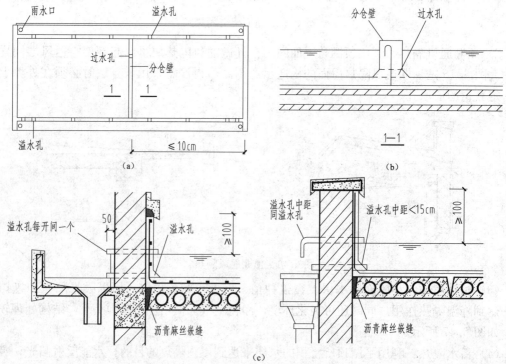

图 6.48　屋面蓄水隔热（一）

（d）

图 6.48　屋面蓄水隔热（二）

6.3　坡屋顶的构造

6.3.1　坡屋顶的组成

坡屋顶一般由承重结构和屋面基本层次组成，根据使用要求不同，有时需设顶棚、保温层或隔热层等，如图 6.49 所示。

（a）乡村海草坡屋顶

（b）中国南方传统小青瓦坡屋顶

（c）北欧传统建筑坡屋顶

图 6.49　坡屋顶实例

承重结构：主要承受作用在屋面上的各种荷载并传递到墙或柱上，承重结构一般由椽子、檩条、屋架及大梁等组成。

屋面：位于屋顶的最上面，直接承受风、雨、雪、太阳辐射等自然因素的影响。由屋面覆盖材料和基层材料组成，如屋面板、挂瓦条等。

顶棚：是屋顶下部的遮盖部分，可使室内上部平整，有一定的反射光线和装饰作用。

保温层或隔热层：与平屋顶相似，可设在屋面层或顶棚处。

6.3.2　坡屋顶的承重体系

坡屋顶的承重体系有横墙承重、屋架承重和梁架承重等。

横墙承重：当横墙间距较小且具有分隔和承重功能时，可将横墙上部砌成三角形，将檩条直接支承在横墙上，这种承重方式称为横墙承重，如图 6.50 所示。

屋架承重：将屋架搁置在纵向外墙或柱上，屋架

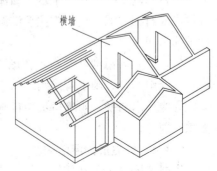

图 6.50　横墙承重

上架设檩条承受荷载，这种承重方式称为屋架承重，如图 6.51 所示。屋架的形式有三角形、梯形、矩形等；屋架据其材料不同可分为木屋架、钢屋架和钢筋混凝土屋架等。

梁架承重：也称木构架，是我国传统的屋顶结构形式。由柱和梁组成排架支承檩条，并利用檩条及连系梁，使整个房屋形成一个整体骨架，墙只起围护和分隔作用，其抗震性能较好，如图 6.52 所示。

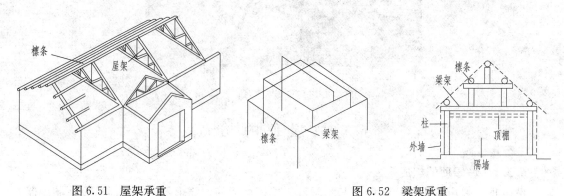

图 6.51　屋架承重　　　　　　　　　　　　　　图 6.52　梁架承重

6.3.3　坡屋顶的排水组织

坡屋顶排水有无组织排水和有组织排水两种方式，如图 6.53 所示。

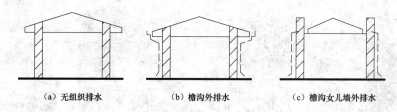

（a）无组织排水　　　　　　（b）檐沟外排水　　　　　（c）檐沟女儿墙外排水

图 6.53　坡屋顶排水方式

1. 无组织外排水

屋面直接伸出外墙，形成挑出的外檐，使屋面雨水经外檐自由落下。这种方式构造简单、经济，适合于低层或雨量少的地区。

2. 有组织排水

坡屋顶有组织排水分为檐沟外排水和女儿墙檐沟外排水。

（1）檐沟外排水：雨水从屋面流入檐沟，再经雨水管排至地面。檐沟和雨水管一般用镀锌铁皮或石棉水泥制作。应注意潮湿地区不宜采用易锈蚀的镀锌铁皮，严寒地区不宜使用脆性石棉水泥。

（2）女儿墙檐沟外排水：在屋顶四周做女儿墙，女儿墙内侧设檐沟。屋面雨水排到檐沟，再经雨水口、雨水管排到地面。

为使排水通畅，雨水口负担排水量应按每个雨水口承担 $100 \sim 200 mm^2$（屋面水平投影面积）划分。

6.3.4　坡屋顶的屋面构造

依据坡屋顶防水材料的不同，常见的坡屋顶屋面有平瓦屋面、波形瓦屋面、小青瓦屋面、彩色压型钢板瓦、构件自防水屋面、平板金属板和草顶、灰土顶屋面等。

1. 平瓦屋面

平瓦一般由黏土烧制而成，又称机制平瓦。近年来由于保护耕地，大多数地区已禁用，目前有水泥平瓦、陶瓦等替代品。平瓦尺寸一般为（190～240）mm×（380～450）mm，厚20mm。为防止下滑，瓦背面设有挂钩，可以挂在挂瓦条上（图6.54）。平瓦屋面有以下几种铺法：

（1）冷摊瓦屋面：其做法是在椽条上钉挂瓦条后直接挂瓦，如图6.55所示。木椽条截面尺寸一般为40mm×60mm或50mm×50mm，其间距为400mm左右。挂瓦条断面尺寸一般30mm×30mm，中距330mm。这种屋面构造简单，经济，但雨雪易从瓦中飘入。

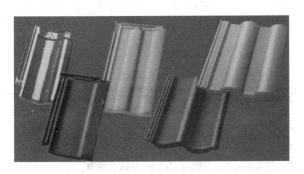

图6.54 各种平瓦

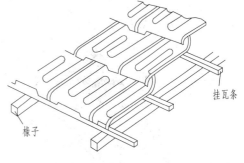

图6.55 冷摊瓦屋面

（2）木望板瓦屋面：其做法是在椽条上铺一层厚15～20mm厚的木板（称望板），板上平行于屋脊铺一层油毡，并用板条钉牢，如图6.56所示。板条应顺着屋面流水的方向，以便使少量从瓦缝中掺下的雨水排出，因此也称顺水条。在顺水条上平行于屋脊方向再钉挂瓦条挂瓦。这种做法比冷摊瓦屋面的防水、保温效果好，但耗用木材多、造价高。

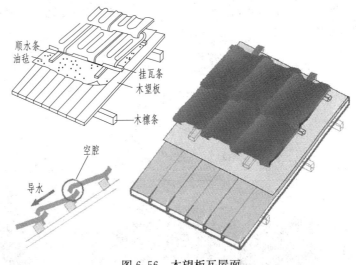

图6.56 木望板瓦屋面

（3）钢筋混凝土挂瓦板平瓦屋面：其做法是将预应力或非预应力钢筋混凝土挂瓦板搁置在横墙上或屋架上，其上直接挂瓦，如图6.57所示。钢筋混凝土挂瓦板具有椽条、望板、挂瓦条三重作用。钢筋混凝土挂瓦板的基本形式有双T、单T和F形三种。在板的根部留有泄水孔，以便将渗漏下的雨水排除。

2. 波形瓦屋面

波形瓦可用石棉水泥、塑料、玻璃钢、木纤维或金属等材料制成，其中尤以石棉水泥瓦应用最广。它具有厚度薄、质量轻、施工简便等优点，但容易脆裂，保温隔热性能较差，多用于对室内温度要求不高的房屋中。石棉水泥瓦有大、中、小三种规格。石棉水泥瓦因其自身刚度大，尺寸也较大，故可直接铺钉在檩条上，檩条间距，视瓦长而定。铺设时，每张瓦至少跨三根檩条，上下搭接长度不小于100mm，左右两张之间大波和中波瓦至少应搭接半个波，小波至少搭接一个波，如图6.58所示。

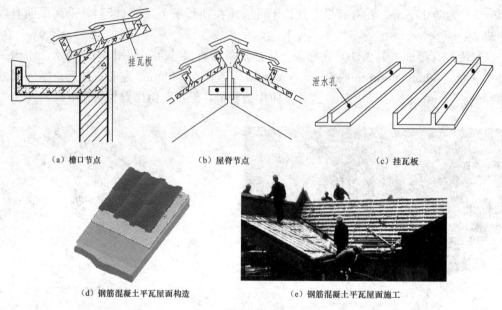

（a）檐口节点　　　　　　（b）屋脊节点　　　　　　（c）挂瓦板

（d）钢筋混凝土平瓦屋面构造　　　　（e）钢筋混凝土平瓦屋面施工

图6.57　钢筋混凝土挂瓦板平瓦屋面

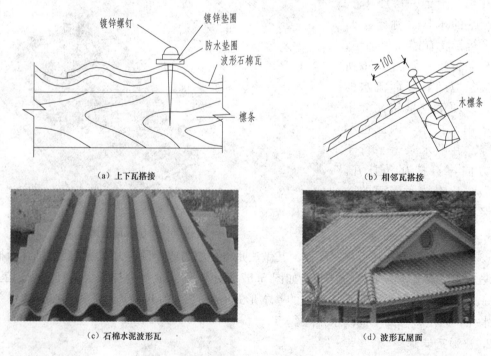

（a）上下瓦搭接　　　　　　　　　　　　（b）相邻瓦搭接

（c）石棉水泥波形瓦　　　　　　　　　（d）波形瓦屋面

图6.58　石棉水泥瓦屋面

3. 小青瓦屋面

目前在我国有些地区传统民居中仍多采用小青瓦屋面。小青瓦断面呈弧形，平面形状一头较窄，尺寸规格各地不统一，如图 6.59 所示。一般采用木望板、苇箔等作基层，上铺灰泥，灰泥上再铺瓦。

图 6.59　小青瓦屋面

4. 彩色压型钢板瓦

彩色压型钢板瓦是目前推广采用的一种新型防水材料，有彩色压型钢板波形瓦和压型 V 或 W 形瓦两类，如图 6.60 所示。其施工很方便，用自攻螺丝钉、拉铆钉或专用连接件固定在檩条上即可。

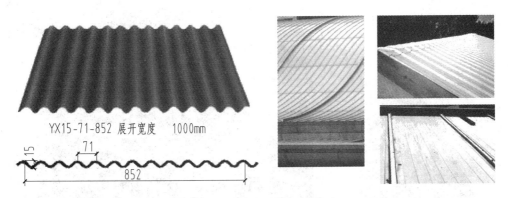

图 6.60　彩色压型钢板瓦屋面

6.3.5　坡屋顶细部构造

在坡屋顶中，最常用的是平瓦屋面，因此下面以平瓦屋面的节点构造为例。

1. 檐口构造

檐口构造又分为纵墙檐口和山墙檐口。

纵墙檐口：根据构造方法不同，纵墙檐口有挑檐和封檐两种形式，挑檐有砖挑檐、挑檐木挑檐、屋面板挑檐、椽子挑檐及挑檩檐口等形式，如图 6.61、图 6.62 所示。将檐墙砌出屋面形成女儿墙包檐口构造，如图 6.63 所示。

2. 山墙泛水构造

坡屋顶山墙有硬山、悬山两种形式。图 6.64 为硬山檐口构造，将山墙升起包住檐口，女儿墙与屋面交接处作泛水处理，同时女儿墙顶应作压顶板，以保护泛水，硬山檐口实例如图 6.65 所示。图 6.66 为悬山檐口构造，可用檩条外挑形成悬山，也可用混凝土板出挑，悬山檐口实例如图 6.67 所示。

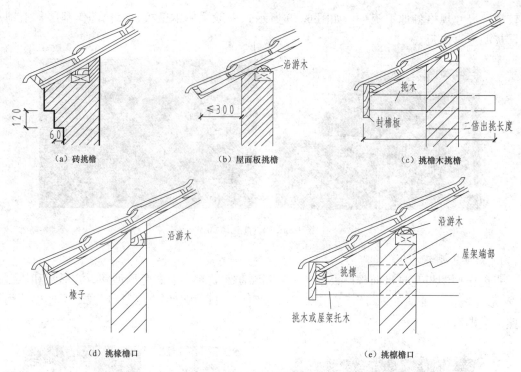

（a）砖挑檐　　　　　　（b）屋面板挑檐　　　　　　（c）挑檐木挑檐

（d）挑椽檐口　　　　　　　　　　（e）挑檩檐口

图 6.61　平瓦屋面纵墙檐口构造

（a）砖挑檐　　　　　　　　　（b）屋面板挑檐

（c）挑檩檐口　　　　　　　　　（d）挑椽檐口

图 6.62　平瓦屋面纵墙檐口构造实例

图 6.63　包檐口构造　　　　　　　　图 6.64　硬山檐口构造

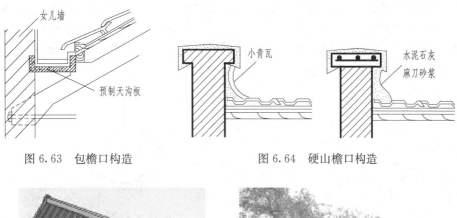

图 6.65　硬山檐口实例

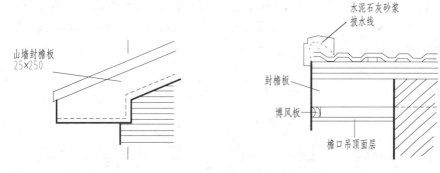

图 6.66　悬山檐口构造

图 6.67　悬山檐口实例

3. 天沟和斜天沟构造

在等高跨或高低跨相交处，常常出现天沟，两个相互垂直的屋面相交则形成斜沟。天沟和斜沟应有足够的断面，上口宽度不宜小于 300～500mm，一般用镀锌铁皮铺于木基层上，且伸入瓦片下至少 150mm。高低跨和封檐天沟若采用镀锌铁皮防水层时，应从天沟内延伸至立墙形成泛水，其做法如图 6.68 所示。

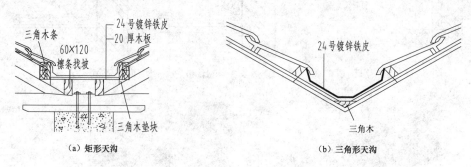

（a）矩形天沟　　　　　　（b）三角形天沟

图 6.68　坡屋顶斜天沟构造

6.3.6　坡屋顶的保温与通风隔热

1. 坡屋顶的保温

坡屋顶的保温层有两种情况，一是不设顶棚的坡屋顶的保温，即将保温层设在屋面层中，在屋面层中设保温层或用屋面兼作保温层，如草泥、麦秸泥等作为保温层，这样做比较经济；也可将保温材料填充在檩条之间或在檩条下钉保温板材料。另一种是对有顶棚的屋面，可将保温层设在吊顶上，一般在吊顶的次格栅上铺板，上设保温层，保温材料可选用无机散状材料，如矿渣、膨胀珍珠岩、膨胀蛭石等，也可选用地方材料，如糠皮、锯末等有机材料，下面需铺一层油毡做隔汽层，如图 6.69 所示。

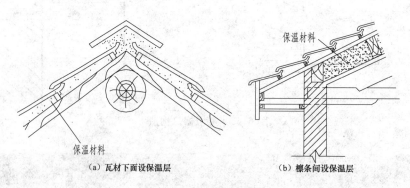

（a）瓦材下面设保温层　　　（b）檩条间设保温层

图 6.69　坡屋顶保温构造

2. 坡屋顶的通风隔热

在炎热地区，坡屋顶可做成双层，在檐口处设进风口，屋脊处设排风口，利用屋顶内外的热压差和迎背风面的压力差，组织空气对流，形成屋顶的自然通风，带走室内的辐射热，改善室内气候环境，如图 6.70 所示。

(a) 在顶棚和天窗设通风孔

(b) 在外墙和天窗设通风孔

(c) 在山墙及檐口设通风孔

图 6.70　坡屋顶通风示意

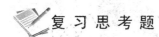复习思考题

一、填空题

1. 屋顶的形式有_____和_____。

2. 屋顶排水方式有_____和_____。

3. 分隔缝应设置在_____。

二、简答题

1. 坡度的形成有几种方式？影响坡度的因素有哪些？

2. 平屋顶有哪些特点？其构造组成有哪几部分？它们的作用是什么？

3. 什么是刚性防水屋面？其构造层有哪些？为什么要设隔离层？

4. 刚性防水屋面的泛水、天沟、檐口、雨水口等细部构造有哪些特点？

5. 卷材防水屋面的构造层次有哪些？各层的作用如何？

6. 卷材防水屋面的泛水、天沟、檐口、雨水口等细部构造有哪些特点？

7. 简述平屋顶的保温、隔热构造做法（用构造图表示）。

8. 坡屋顶的基本组成部分是什么？

9. 坡屋顶的承重结构体系有哪些？其适用范围如何？

10. 简述坡屋顶檐口、天沟的构造做法（图示）。

第 7 章　楼梯与其他垂直交通设施

楼梯　　　　　　　　　　　　　　　　电梯

自动扶梯　　　　　　　　　　　　　　坡道

台阶　　　　　　　　　　　　　　　　爬梯

　　在房屋中，楼梯、电梯、自动扶梯、坡道、爬梯及台阶是联系上下各层的垂直交通设施。其中，楼梯作为竖向交通和人员疏散主要构件，在建筑中最为普遍。电梯用于有特殊要求建筑或者高层建筑中。自动扶梯常用在人流量大的公共建筑中。台阶用于联系建筑物出入口处及室内较小的高差，坡道一般用来进行无障碍通行，或者多层车库、医疗建筑等特殊要求的建筑中。爬梯一般用作检修用。

7.1　楼梯概述

7.1.1　楼梯的组成

为了便于设计，将楼梯分成若干个组成部分，分别称之为梯段、平台、栏杆扶手、梯井

（图 7.1）。

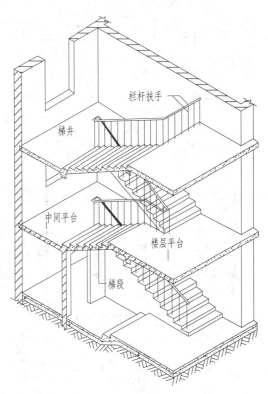

图 7.1　楼梯的组成

1. 梯段

梯段是楼梯的倾斜部分，它由踏步组成。踏步的高宽比形成了梯段的坡度，坡度决定了梯段占用的建筑面积，以及行人行走时是否舒适。通常，人流量较大时，坡度应该放缓些，如教学楼一般采用高宽比为 150mm/300mm 的踏步；人流量较小时，坡度可以陡一些以节约建筑面积，减少公摊面积，如住宅常采用 160mm/270mm 左右的踏步高宽比。常见的民用建筑踏步高宽见表 7.1。

表 7.1　　　　　　　　　　　常见民用建筑楼梯踏步高宽

名　称	住　宅	幼儿园	学校、办公楼	医　院	剧院、会堂
踏步高	150～175	120～150	140～160	120～150	120～150
踏步宽	260～300	260～280	280～340	300～350	300～350

如果想在踏步高宽比确定的情况下，提高行走舒适度，常将踏步挑出 20～25mm 额外的宽度（图 7.2）。为了行走安全，减轻疲劳，规定一个梯段上踏步数量不多于 18 步；为了避免踏空，则规定不少于 3 步。

梯段应具有合适的宽度，首先应满足紧急疏散时楼梯能够通行的人流股数要求（各类建筑设计规范的最小宽度要求来源于此），同时考虑到楼梯的主次，对宽度进行调整。根据人体工学，一股人流宽考虑为 550+（0～150）mm，0～150mm 为人流在行进中的摆幅尺寸，公共建筑人流量大，应取上限值。一般的楼梯要能保证两股人流通过，宽度可取 1100～1400mm。只有单人通行的楼梯，梯段宽度要满足一个人拎着行李时轻松通行的宽度要求，不小于 900mm。门宽、走道宽等建筑常用尺度也是基于人流宽度，如图 7.3 所示。

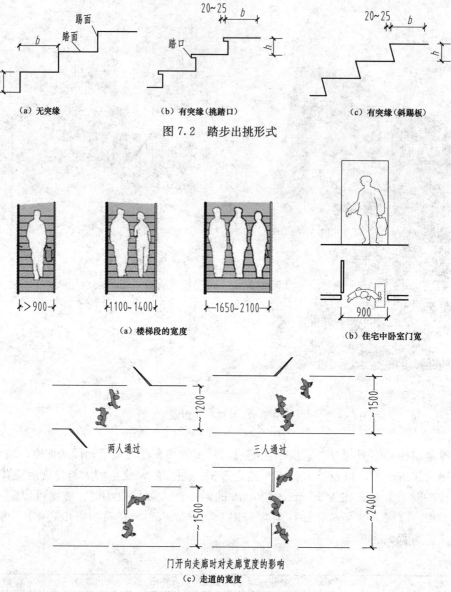

（a）无突缘　　　　　（b）有突缘（挑踏口）　　　　　（c）有突缘（斜踢板）

图 7.2　踏步出挑形式

（a）楼梯段的宽度　　　　　（b）住宅中卧室门宽

两人通过　　　　三人通过

门开向走廊时对走廊宽度的影响

（c）走道的宽度

图 7.3　人流宽度在建筑设计中的应用

2. 平台

人们在梯段与梯段之间进行休憩、转折的平板称为平台。按照平台所处的位置，可以分为半层休息平台和楼层休息平台。休息平台在设计时要保证梯段上移动的人或物也能在平台上通过、转折，因此平台宽度不应小于梯段净宽，双人通行楼梯一般不小于1200mm。楼层休息平台通常会结合通道、门厅等共同设计，以节约建筑面积。

3. 栏杆扶手

为了保障人们爬坡时的安全，需要栏杆拦住整个楼梯或平台临空的边缘；为了帮助人们爬坡，常在栏杆上加做扶手。有的楼梯会将扶手做在墙边等没有栏杆的地方，也是处于减轻疲劳的考虑。栏杆在设计时，要保证有足够的高度以及足够小的间距以确保使用安全；扶手的高度则要考虑使用的舒适性。

　　楼梯栏杆扶手高度从踏步前缘线起算，室内栏杆不少于 900mm，当楼梯平直段（如梯井、顶层休息平台）扶手宽度超过 500mm 时，高度应按室外栏杆考虑，不应小于 1050mm。高层建筑的室外栏杆应不小于 1100mm。一些特殊建筑，如幼儿园，可加做一道 600mm 高的楼梯扶手帮助爬坡（图 7.4）。

成人扶手
儿童扶手
500~600
900~1000

图 7.4　室内楼梯扶手高度

4. 梯井

　　为了梯段支设模板方便，通常会在两个梯段连接处设置梯井，宽度应小，以 60～200mm 为宜。

7.1.2　楼梯的形式

　　楼梯形式多种多样，选择哪种取决于所处位置、层高、平面尺寸、人流大小、使用功能、外观造型等具体因素（图 7.5）。

7.1.3　楼梯的净高

　　楼梯应有足够的净高来确保行走的安全以及家具的搬运。梯段范围内净空高度应大于人

（a）直行单跑楼梯

（b）直行双跑楼梯

（c）双分转角楼梯

（d）平行双分楼梯

（e）平行双合楼梯

（f）平行剪刀楼梯

（g）平行双跑楼梯

（h）折行双跑楼梯

（i）折行三跑楼梯

图 7.5　楼梯类型（一）

（j）弧线形楼梯　　　　　（k）螺旋形楼梯　　　　　（l）圆形楼梯

图 7.5　楼梯类型（二）

体手臂伸直的高度，即 2.2m。梯段踏步上的净高从踏步前缘线起算，最低和最高一级踏步要算到前缘线开外 0.3m 处。楼梯平台上下净高不应小于 2m，如图 7.6 所示。

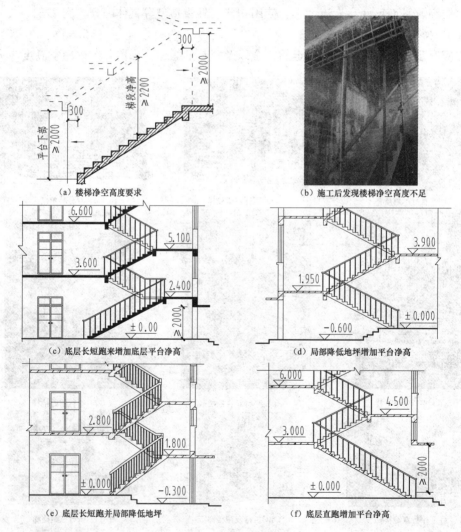

（a）楼梯净空高度要求　　　　　　（b）施工后发现楼梯净空高度不足

（c）底层长短跑来增加底层平台净高　　　　　（d）局部降低地坪增加平台净高

（e）底层长短跑并局部降低地坪　　　　　　（f）底层直跑增加平台净高

图 7.6　楼梯净高要求

7.2　预制装配式钢筋混凝土楼梯构造

　　将钢筋混凝土楼梯分成若干方便装配的多种小构件，如平台板、斜梁、踏步块、梯段等，再到施工现场利用机械进行吊装、装配、焊接成一个完整楼梯。按照梯段受力不同，分为梁承式楼梯和板承式楼梯，如图 7.7 所示。

图 7.7　预制板承式楼梯装配式钢筋混凝土楼梯

7.3　现浇整体式钢筋混凝土楼梯构造

　　现浇钢筋混凝土楼梯整体性好，刚度大，有利于抗震。同预制装配式楼梯一样，也可按照梯段受力不同，分为梁承式楼梯和板承式楼梯。当梯段斜板的重量直接传递给平台梁或墙体时称为板式楼梯，如果梯段斜板重量先传给梯段斜梁再传给平台梁或框架梁时称为梁式楼梯，如图 7.8 所示。板式楼梯板底平整，结构简单，施工方便，常用于跨度较小、荷载较小

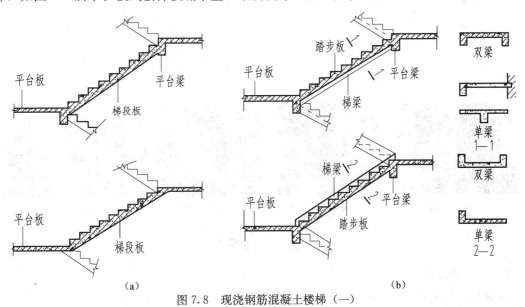

（a）　　　　　　　　　　　　　　　（b）

图 7.8　现浇钢筋混凝土楼梯（一）

（c）板承式楼梯　　　　　　　　（d）梁承式楼梯

图 7.8　现浇钢筋混凝土楼梯（二）

的民用建筑。梁式楼梯则正好相反。

7.4　楼梯的细部构造

楼梯各组成部分尺寸确定好之后，建筑师要明确各个部位的用材和做法，称为细部构造。

7.4.1　楼梯踏步

踏步面层应安全防滑，耐磨损，易清扫。装饰标准较低的建筑可用水泥砂浆抹面，标准较高的可用水磨石、镶贴缸砖、大理石、人造石等材料。为安全防滑，采用较光滑材料如水磨石、大理石、人造石的踏步，其面层前端要做防滑条。防滑条所用材料应比踏步面层材料更耐磨，其表面较为粗糙或者有凹凸线条，还可在面层上铺设地毯，见图 7.9。

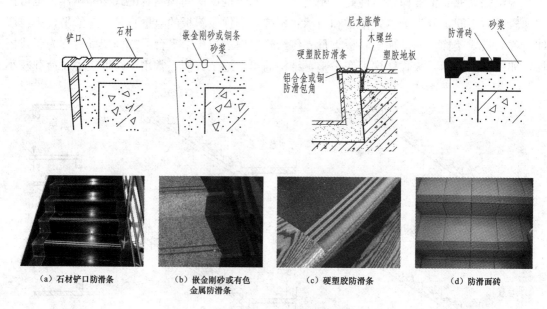

（a）石材铲口防滑条　　　（b）嵌金刚砂或有色　　　（c）硬塑胶防滑条　　　（d）防滑面砖
金属防滑条

图 7.9　踏步防滑条

7.4.2　楼梯栏杆

楼梯栏杆形式有空花栏杆、实心栏板和组合式栏杆（图 7.10）。

（a）空花栏杆　　　　　　（b）实心栏板　　　　　　（c）组合式栏杆

图 7.10　楼梯栏杆形式

1. 空花栏杆

空花栏杆多采用方钢、圆钢、钢管或扁钢等材料，经过焊接或铆接形成不同的图案。方钢截面的边长与圆钢的直径一般为 20mm，扁钢截面不大于 6mm×40mm。为保证安全，栏杆之间的间隙，不宜大于 130mm，对居住建筑或儿童经常使用的楼梯，不应大于 110mm。

栏杆与踏步的连接方式主要有三种：一是栏杆与踏步内预埋铁件焊接；二是将栏杆深入踏步内的预留孔洞中，再用水泥砂浆或细石混凝土填实；三是在楼梯边缘电钻成孔，然后用膨胀螺栓与栏杆固定，如图 7.11 所示。

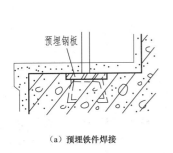
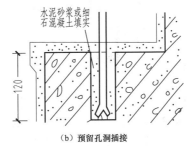
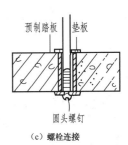

（a）预埋铁件焊接　　　　　（b）预留孔洞插接　　　　　（c）螺栓连接

图 7.11　栏杆与踏步的连接

2. 实心栏板

实心栏板用实心材料做成，多用钢筋混凝土板、金属板、钢丝网水泥抹灰栏板、钢化玻璃板或木材做成。钢筋混凝土栏板多采用现浇处理，但栏板厚度及造价、自重增大，栏板厚度太大会影响梯段有效宽度，并增加自重。钢丝网水泥抹灰栏板是以钢筋作为主骨架，然后在期间绑扎钢丝网或钢板网，用高强度等级水泥砂浆双面抹灰。

3. 组合式栏杆

组合式栏杆是以上两种栏杆形式的组合。空花部分一般用金属，栏板部分采用钢筋混凝土、砖、有机玻璃等。

7.4.3　楼梯扶手构造

楼梯扶手按材料不同有木扶手、金属扶手、塑料扶手等，以构造划分有镂空栏杆扶手、栏板扶手和靠墙扶手等，如图 7.12 所示。

木扶手和塑料扶手用木螺丝固定在栏杆顶端的扁铁上；金属扶手通过焊接与栏杆相连；靠墙扶手则靠预埋开脚扁铁用木螺丝来固定。栏板上的扶手多采用水泥砂浆粉面，或采用石材镶贴的处理方式。

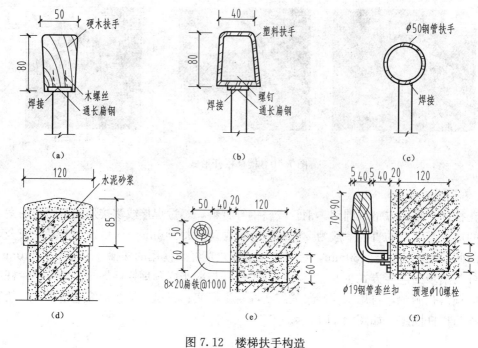

图 7.12　楼梯扶手构造

7.5　台　阶　与　坡　道

7.5.1　台阶

台阶是联系室内外地坪或局部较小高差处的构件。台阶的坡度与楼梯相比较为平缓，踏步宽度常取 300～400mm，高度取 100～150mm。在底层台阶与出入口之间常设置平台作为缓冲。平台宽度不宜小于 900mm，低于室内地面 30～50mm，略向外倾斜，以免雨水流向室内。室外台阶踏步数不应少于 2 级。台阶高度超过 1m 时，宜设置栏杆。

室内台阶与楼地面做法相似，室外台阶和地坪层做法相似（图 7.13）。台阶的面层材料考虑到爬坡行走，应采用耐磨、抗冻、防滑材料，如水泥石屑、天然石材、防滑地砖等。结构层、垫层、基层做法参考地坪层。当台阶步数较多或地基土质较差，易由于不均匀沉降产

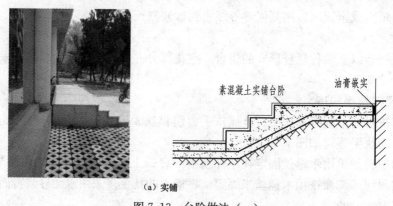

（a）实铺

图 7.13　台阶做法（一）

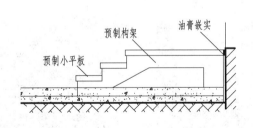

（b）架空

图 7.13　台阶做法（二）

生不均匀受力时，可将台阶架空，采用钢筋混凝土作为结构层。

7.5.2　坡道

　　建筑无障碍设计，汽车、自行车通行，医院建筑病床通行等情况下，设计坡道进行垂直交通。坡道一般均采用实铺，构造层次与台阶基本相同。坡道面层材料必须作防滑处理，有水泥砂浆、防滑地砖等。构造如图 7.14 所示。

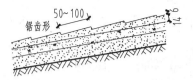
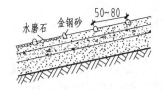

图 7.14　坡道做法

7.6　电梯与自动扶梯

7.6.1　电梯分类与组成

　　电梯是高层建筑进行垂直交通最有效的工具。考虑到电梯的构造，不应考虑为安全疏散出口，任何建筑都应按防火规范规定的安全疏散距离设置疏散楼梯。

电梯按照使用性质可以分为客梯、货梯、消防电梯和观光电梯，如图 7.15 所示。其中消防电梯用于火灾发生时，消防人员、器材和伤员的运输。

客梯

货梯

医院电梯

消防电梯

观光电梯

图 7.15　各类电梯

电梯由电梯井道、井道地坑、电梯机房、电梯轿厢等部分组成。

电梯井道是电梯通行的空间，水平方向没有分隔，通常采用钢筋混凝土框架结构或者剪力墙结构。

井道地坑是轿厢下降时所需的缓冲器的安装空间。设置在电梯最下一层平面标高下不小于 1.3m 处。

电梯机房是拉伸轿厢机器设备的设置房间，一般设置在井道顶部，也允许机房任意向一个或两个相邻方向伸出设置。机房楼板应平坦整洁，一般能承受 6kPa（600kg/m²）的均布荷载。

电梯轿厢是直接载人、运货的厢体。

除了上述部分，还有井壁导轨和导轨支架、牵引轮及其钢支架、钢丝绳、平衡锤、轿厢开关门、检修起重吊钩等，如图 7.16 所示。

7.6.2　自动扶梯

自动扶梯设置在大量人流的场所，如商场、车站、超市、地铁车站等。用于室内时，运输的垂直高度最低 3m，最高可达 11m 左右；用于室外时，运输的垂直高度最低 3.5m，最高可达 60m 左右。自动扶梯倾角有 27.3°、30°、35°几种，常用 30°，见图 7.17。

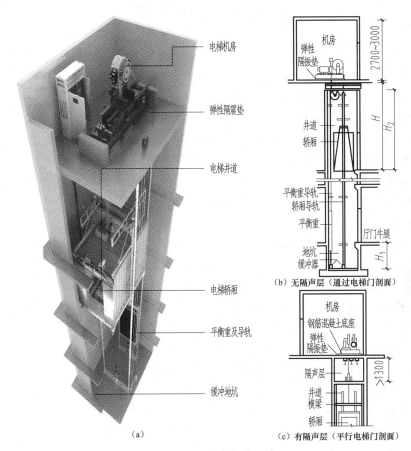

图 7.16　电梯各部分组成

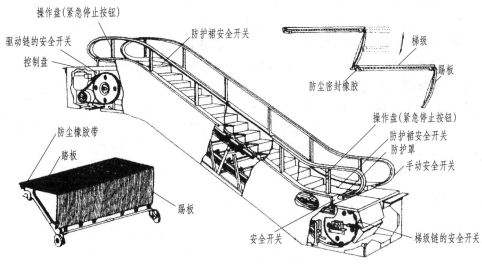

图 7.17　自动扶梯

复习思考题

一、填空题

1. 楼梯主要由_____、_____和_____三部分组成。

2. 每个楼梯段的踏步数量一般不应超过_____级，也不应少于_____级。

3. 楼梯的净高在平台处不应小于_____，在梯段处不应小于_____。

4. 钢筋混凝土楼梯按施工方式不同，主要有_____和_____两类。

5. 楼梯栏杆扶手的高度是指从_____至扶手上表面的垂直距离，一般室内楼梯的栏杆扶手高度不应小于_____。

6. 楼梯平台宽度不应小于_____的宽度。

二、选择题

1. 建筑规范对楼梯梯段宽度的限定是：住宅（　　），公共建筑≥1300mm。

　　A. ≥1200mm　　　　　　　　　　B. ≥1100mm

　　C. 大于等于1500mm　　　　　　 D. 大于等于1300mm

2. 楼梯平台下要通行一般其净高度不小于（　　）。

　　A. 2100mm　　　 B. 1900mm　　　 C. 2000mm　　　 D. 2400mm

3. 梁板式梯段由那两部分组成（　　）。

　　A. 平台、栏杆　　 B. 栏杆、梯斜梁　　 C. 梯斜梁、踏步板　 D. 踏步板、栏杆

三、名词解释

1. 楼梯平台。

2. 楼梯段净高。

四、简答题

1. 请简述楼梯由哪些部分组成，各组成部分的作用及要求是什么？

2. 梯段和平台宽度的确定依据是什么？

3. 楼梯为什么要设置栏杆？栏杆扶手高度一般是多少？

4. 钢筋混凝土楼梯常见的结构形式有哪几种，各有什么优缺点？

5. 当底层楼梯平台下做出入口时，为保证净高，常采取哪些措施？

6. 台阶与坡道的构造要求是什么？

7. 什么时候采用自动扶梯？

第 8 章 门 与 窗 构 造

门和窗是房屋的重要组成部分。门的主要作用是供交通出入、分隔空间、疏散、采光和通风；窗的主要作用是采光和通风。在不同使用条件下，它们还具有保温、隔热、防火、防水等围护作用；同时门窗又是建筑物的外观和室内装饰的重要组成部分。

8.1 概 述

8.1.1 门和窗的作用

1. 门的作用

（1）水平交通与疏散。建筑物给人们提供了各种使用功能的空间，这些空间之间既能相对独立又相互联系，门能在室内空间之间以及室内与室外之间祈祷水平交通联系的作用；同时，当有紧急情况和火灾发生时，门还起交通疏散的作用。

（2）围护与分隔作用。门是空间的围护构件之一，依据其所处环境起保温、隔热、隔声、防雨、密闭等作用，门还以多种形式按需要将空间分隔开。

（3）采光与通风。当门的材料以透光性材料（如玻璃）为主时能起到采光的作用，如阳台门等；当门采用通透的形式（如百叶门等）时，可以通风，常用于要求换气量大的空间。

（4）装饰。门是人们进入一个空间的必经之路，会给人留下深刻的印象。门的样式多种多样，与其他的装饰构件相配合，能起到重要的装饰作用。

2. 窗的作用

（1）采光。窗是建筑物中主要的采光构件。开窗面积的大小以及窗的样式决定着建筑空间内是否具有满足使用功能的自然采光量。

（2）通风。窗是空气进出建筑物的主要洞口之一，对空间的自然通风起着重要作用。

（3）装饰。窗在墙面上占有较大面积，无论是在室内还是室外，窗都具有重要的装饰作用。

8.1.2 门和窗的设计要求

1. 采光和通风方面的要求

按照建筑物的照度标准，建筑物的门和窗应选择适当的形式以及面积。窗洞口的大小应考虑房间的窗地比，窗地比是窗洞口与房间净面积之比。按照国家相关规范要求，一般居住建筑物的起居室、卧室的窗户面积不应小于地面面积的 1/7；公共建筑物方面，学校为 1/5，医院手术室为 1/3~1/2，辅助房间为 1/12。

在通风方面，自然通风是保证室内空气质量的最重要因素。这一环节主要是通过门、窗位置的设计和适当类型的选用来实现的。在进行建筑设计时，必须注意选择有利于通风的窗户形式和合理的门、窗位置，以获得空气对流。

2. 密闭性能和热工性能方面的要求

门和窗大多经常启闭，构件之间缝隙较多，再加上启闭时会受到震动，或由于主体结构的变形，使得门和窗与建筑主体结构之间出现裂缝，这些缝有可能造成雨水、风沙及烟尘的渗漏，还可能对建筑物的隔热、隔声带来不良影响。因此与其他围护构件相比较，门和窗在密闭性能方面的问题更加突出。

此外，门和窗部分很难通过添加保温材料来提高其热工性能，因此选用合适的门和窗材料及改进门和窗的构造方式，对改善整个建筑物的热工性能、减少能耗，起着重要的作用。

3. 使用和交通安全方面的要求

门和窗的数量、大小、位置、开启方向等，均会涉及建筑物的使用安全。例如相关规范规定不同性质的建筑物以及不同高度的建筑物，其开窗的高度不同，这完全是出于安全防范方面的考虑。有如在公共建筑物中，相关规范规定位于疏散通道上的门应朝疏散的方向开启，而且通往楼梯间等处的防火门应有自动关闭的功能，也是为了保证在紧急状况下人群疏散顺畅，而且减少火灾发生趋于的烟气向垂直逃生区域的扩散。

4. 在建筑视觉效果方面的要求

门和窗的数量、形状、组合、材质、色彩是建筑立面造型中非常重要的组成部分，特别是在一些对视觉效果要求较高的建筑物中，门和窗更是立面设计的重点。

8.2 窗 的 种 类 与 构 造

8.2.1 窗的类型与组成

1. 窗的类型

（1）按材料可分为木窗、钢窗、铝合金窗、塑料窗、玻璃窗、铝塑等复合材料制成的窗。

（2）按开启方式可分为固定窗、平开窗、悬窗、推拉窗、立转窗等，如图 8.1 所示。

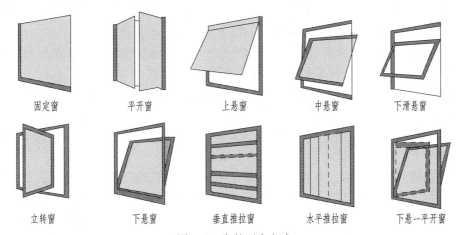

| 固定窗 | 平开窗 | 上悬窗 | 中悬窗 | 下滑悬窗 |
| 立转窗 | 下悬窗 | 垂直推拉窗 | 水平推拉窗 | 下悬—平开窗 |

图 8.1　窗的开启方式

固定窗：将玻璃直接安装在窗框上，不能开关，只供采光、日照和眺望用的窗。

平开窗：窗扇用合叶与窗框侧边相连，可水平开启的窗。有内开和外开之分，目前最为常用。外开窗开启后，不占室内空间，但易受风雨侵袭，不易安装擦洗；内开窗的性能正好与之相反。平开窗构造简单、制作、安装和维修方便。

悬窗：悬窗的窗扇可绕水平轴转动，有上悬、中悬、下悬三种形式。上、中悬窗防雨效果好，有利于通风，尤其对高窗开启较方便。下悬窗防雨性能差，且开启占用室内空间，一般用于内门上的亮子。

推拉窗：分垂直推拉窗和水平推拉窗两种，其窗扇沿水平或竖向导轨或滑槽推拉。推拉窗不占用室内空间，窗扇及玻璃尺寸均比平开窗大，有利于采光，但通风面积受到限制。现常用于铝合金及塑料门窗上。

立转窗：是窗扇沿竖轴转动的窗。其优点是通风和采光效果较好，但安装纱窗不方便、密闭性较差。

另外，还有具遮阳、防晒及通风等多种功能于一体的百叶窗。

（3）按窗的层数可分为单层窗、双层、三层及双层中空玻璃窗等形式。各地气候和环境不同，要求层数不同。

（4）按镶嵌材料可分为玻璃窗、纱窗、百叶窗。

2. 窗的组成

窗主要由窗框、窗扇、五金零件及配件组成。窗框又称窗樘，一般由上框、下框、中框、中横框、中竖框及边框等组成；窗扇由上冒头、中冒头、下冒头及边梃组成。五金零件有铰链、风钩、插销、拉手、导轨、转轴和滑轮等。窗框与墙连接处，根据不同的要求，有时加设窗台板、贴脸、筒子板、窗帘盒等配件，如图 8.2 所示。

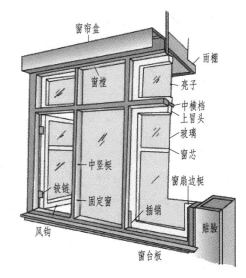

图 8.2　平开木窗的构造组成

3. 窗的尺寸

窗的尺寸要满足采光通风、结构构造、建筑造型和建筑模数协调的要求。目前我国各地标准窗基本尺度多采用 3M 的扩大模数。一般平开窗的窗扇高度为 800～1200mm，宽度不宜大于 500mm；上下悬窗的窗扇高度为 300～600mm，中悬窗窗扇高不宜大于 1200mm，宽度不宜大于 1000mm；推拉窗高度不宜大于 1500mm。

为方便使用，我国各地区按照建筑模数制和使用要求等均有各种窗的通用图集，设计时可直接选用。

8.2.2　平开木窗的构造

1. 窗框

窗框（窗樘）由上下框、中框（中横档）、中竖框（中竖梃）及边框组成。

（1）窗框的断面形式及尺寸。窗框的断面尺寸根据材料的强度和接榫的需要而定，一般单层窗断面尺寸为（40～60）mm×（70～95）mm；双层窗稍大些，一般为（45～60）mm×（100～120）mm。图中虚线为毛料尺寸，粗实线为刨光后的设计尺寸（净尺寸），中横档若加披水或滴水槽，其宽度需增加 20～30mm 左右，如图 8.3 所示。

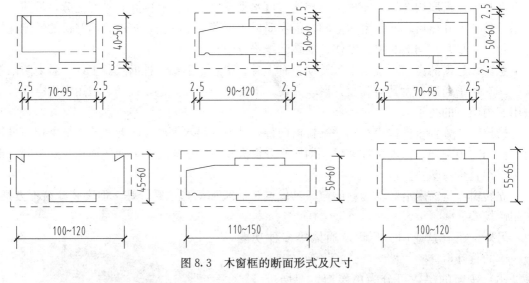

图 8.3　木窗框的断面形式及尺寸

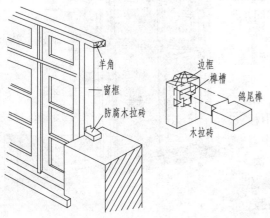

图 8.4　窗的先立口安装

（2）窗框的安装。窗框的安装有先立口和后塞口两种方式。先立口即在施工时，先将窗框立好，然后砌窗间墙。后塞口是在砌墙时先留出窗洞口，然后再安装窗框，此法施工时，洞口尺寸应比窗框尺寸大 10～20mm。图 8.4 为窗的先立口安装示意图。

（3）窗框与墙的关系。窗框在墙中的位置，有内平、外平和居中三种形式，如图 8.5 所示。当窗框与墙内平时窗框应凸出砖面 20mm，以便墙面粉刷后与抹灰面平。框与抹灰面交接处设贴脸板，避免风透入室内，且增加美观。当窗框与墙外平时，窗扇宜内开，靠室内一侧设窗台板，裁口在内侧，窗框留积水槽。窗框与墙居中时，应内设窗台板，外设窗台。其中，居中安装方式最为常见。

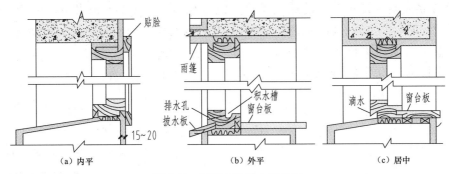

图 8.5　窗框在砖墙中的位置

2. 窗扇

窗扇由上、下冒头，边梃和窗棂（窗芯）组成。常见的木窗扇有玻璃窗扇和纱窗扇，如图 8.6 所示。

（1）玻璃窗扇。玻璃窗扇边梃、上冒头断面尺寸约为（35～42）mm×（50～60）mm，下冒头由于要承受窗扇重量，可适当加大。为镶嵌玻璃，在窗外侧要做裁口，其深度约为 10～12mm。为使窗扇关闭严密，两扇窗的接缝处应做高低缝盖口，必要时加钉盖缝条。内开的窗扇为防雨水流入室内，在下冒头处设披水条，同时在窗框上设流水槽和排水孔。

玻璃的厚薄与窗扇分格大小有关。普通窗均采用无色透明的 3mm 厚平板玻璃。当窗框面积较大时，可采用较厚的玻璃，还可根据不同要求，选择磨砂、压花、夹丝、吸热、有色等玻璃。窗玻璃一般先用小铁钉固定于窗扇上，再用油灰（桐油灰）镶成斜角形，必要时也可采用小木条镶嵌。

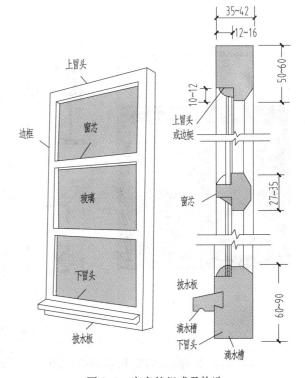

图 8.6　窗扇的组成及构造

（2）纱窗扇。由于窗纱较轻，纱窗框料尺寸较小，用小木条将窗纱固定在裁口内。

8.2.3　金属窗构造

由于木门窗耗用木材较多，现逐渐被金属门窗取代，而金属窗常用的有钢窗和铝合金窗两种。钢窗由于其易受酸碱侵蚀，且加工和观感较差，目前已很少在民用建筑中使用，而铝合金窗因其重量轻、气密性和水密性好，隔音、隔热、耐腐蚀性能好、日常维护容易，且其色彩多样有良好的装饰效果，目前广泛应用于各类建筑中。其存在的主要不足是强度较低，如为平开窗时，尺寸过大易变形。

铝合金窗的类型较多，常用的有推拉窗、固定窗、悬挂窗等。各种窗构件都由相应的型材和配套零件及密封件加工而成。

铝合金窗按窗框厚度分系列区别其称谓，有 55、60、70、90 等系列。当采用平开窗时，40、55 厚度系列型材其开启扇的最大尺寸分别为 600mm×1200mm 和 600mm×1400mm；当采用推拉窗时，55、70、90 厚度系列型材其开启扇的最大尺寸分别为 900mm×1200mm、900mm×1400mm、900mm×1800mm。

铝合金窗构造如图 8.7 所示。

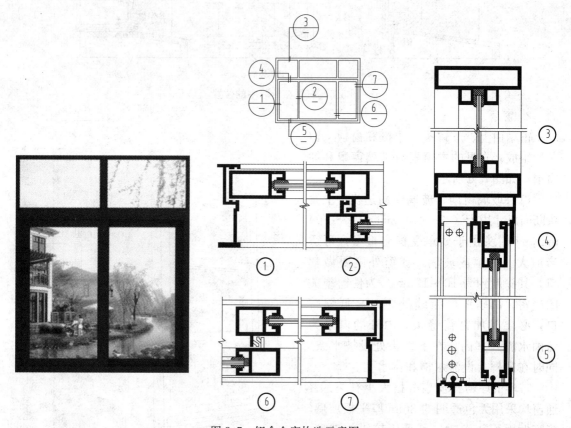

图 8.7　铝合金窗构造示意图

铝合金窗的安装：窗框与窗洞墙体的连接用塞口法。窗框与墙体的连接固定点，每边不得少于 2 点，且间距不得大于 0.7m。边框端部的第一个固定点距端部的距离不得大于 0.2m。门窗框固定好后，窗框与门窗洞四周的缝隙，采用弹性材料填塞，如泡沫条、矿棉毡条等，应分层填补，外表留 5～8mm 的槽口用密封膏密封。窗扇玻璃用橡皮压条固定在窗扇上，窗扇四周利用密封条与窗框保持密封，如图 8.8 所示。

8.2.4　塑料窗构造

塑料窗是以 PVC 工程塑料为原料，以专用挤压机具挤压形成空心型材作窗的框料而制成的窗。具有气密、水密、耐腐蚀、保温和隔声等性能较好的特点，且自重轻、阻燃、电绝缘性好、色泽鲜艳、安装方便、价格合理。

塑料门窗按其型材尺寸分 50、60、80、90 和 100 系列。各系列为型材断面的标志宽度。窗扇面积越大，其断面尺寸相应加大。塑料窗按开启方式分平开窗、推拉窗、旋转窗及固定窗等；按窗扇结构分为单玻、双玻、百叶窗和气窗等。

　　塑料门窗的构造与铝合金门窗相似。

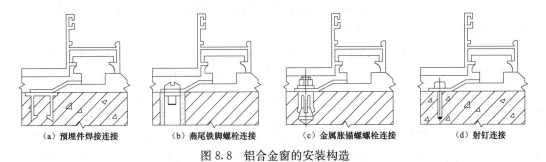

（a）预埋件焊接连接　　　（b）燕尾铁脚螺栓连接　　　（c）金属胀锚螺栓连接　　　（d）射钉连接

图 8.8　铝合金窗的安装构造

8.3　门

8.3.1　门的类型与组成

1. 门的类型

（1）按材料可分为木门、钢门、铝合金门、塑料门、铝塑门等。

（2）按开启方式可分为平开门、弹簧门、推拉门、折叠门、转门等，如图 8.9 所示。

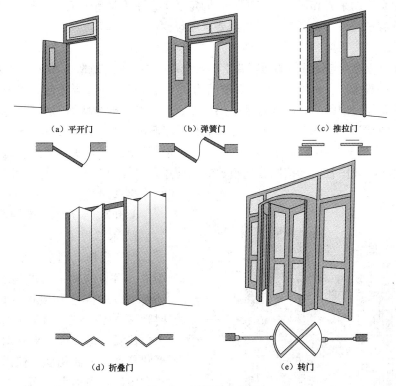

（a）平开门　　　　　　　（b）弹簧门　　　　　　　（c）推拉门

（d）折叠门　　　　　　　　　　（e）转门

图 8.9　门的开启方式

　　平开门：是水平开启的门，其铰链安在门扇的一侧与门框相连。有单扇、双扇或多扇组合等形式，分内开和外开两种。平开门构造简单，开启灵活，安装维修方便，是房屋建筑中使用最广泛的一种形式。

弹簧门：也是水平开启的门，但采用弹簧铰链，可内外弹动，自动关闭。适用于人流较多，需要自动关闭的场所。为避免逆向人流相互碰撞，一般门上都安装有玻璃。弹簧门使用方便，但关闭不严密，密闭性稍差。

推拉门：该门沿设置在门上部或下部的轨道或滑槽左右滑移。有普通推拉门、电动及感应推拉门等。推拉门占用空间少，但有关闭不严密、空间密闭性不好的缺点。

折叠门：是由多个较窄的门扇相互间用铰链连接而成的门，开启后，门扇可折叠在一起，一般在公共建筑中作分隔空间用。

转门：由三或四扇门连成风车形，固定在中轴上，可在弧形门套内旋转。转门因对隔绝室外气流有一定作用，可作为寒冷地区公共建筑的外门，但不能作为疏散门。如设置在疏散口时，应在其旁边另设疏散门。

另外还有上翻门、卷帘门、升降门等。

（3）按功能分可分为保温门、隔声门、防火门、防盗门等。

2. 门的组成

门主要由门框、门扇、腰窗、五金零件及附件组成。门框又称门樘，是门扇、亮子与墙的联系构件。由上框、中横框、中竖框组成，一般情况下不设下框（俗称门槛）。门扇按其构造不同，有镶板门、夹板门、拼板门、玻璃门和纱门等类型。腰窗俗称亮子，在门的上方，主要作用是辅助采光和通风，有平开、固定及上、中下悬等。五金零件是门的连接和定位构件。附件有贴脸板、筒子板等，根据要求增设。

3. 门的尺寸

门的尺寸应考虑人与设备等的通行要求、安全疏散要求及建筑造型和立面设计要求而定。

单扇门宽一般为 700～1000mm，双扇门为 1200～1800mm，当宽超过 2000mm 时应为四扇门或双扇带固定扇的门。门洞宽度由门扇宽、门框及门框与墙间的缝隙尺寸构成。门洞高度无亮子时通常为 2100～2400mm；有亮子时，门洞高度为 2400～2700mm，亮子高度为 300～900mm。在部分公共建筑和工业建筑中，按使用要求门洞高度可适当提高。

为方便使用，我国各地区按照建筑模数制和使用要求等均有各种门的通用图集，设计时可直接选用。

8.3.2 平开木门的构造

1. 木门构造

（1）门框。门框一般由边框和上框组成。当洞口尺寸较大、有多扇组合时还要增设中竖框和横框（档），外门有时还要加设下框，以防风、隔雨、挡水、保温、隔声等。平开木门框的断面形状与平开木窗相似，仅需根据门的尺寸和质量适当加大截面。平开木门的组成如图 8.10 所示。

（2）门扇。门扇常见的有镶板门（包括玻璃门、纱门）和夹板门等。

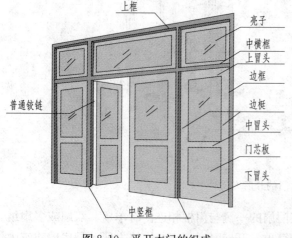

图 8.10 平开木门的组成

1）镶板门。镶板门门扇由边梃、上冒头、中冒头、下冒头及门心板组成。门心板可采用木板、硬质纤维板、胶合板和玻璃等。当门心板用玻璃代替时，则为玻璃门；用纱或百叶代替时，则为纱门或百叶门，如图 8.11（a）所示。门芯板一般用 10～15mm 厚的木板拼装成整块镶入边梃和冒头中，板缝应结合紧密。门芯板的拼接方式有四种，如图 8.11（b）所示，工程上常用高低缝和企口缝；门芯板的镶嵌方式如图 8.11（c）所示；玻璃与边框的镶嵌如图 8.11（d）所示。

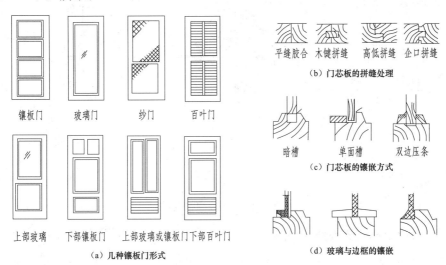

图 8.11　镶板门构造

2）夹板门。夹板门是用断面较小的木料做成骨架，两面粘贴面板而成。其中骨架一般用（32～35）mm×（34～36）mm 木料做边框，内部为格形纵横肋条（图 8.12），肋距视木料尺寸而定，一般在 300mm 左右。面板一般为胶合板、硬质纤维板或塑料板。为使骨架内的空气能上下对流，可在门扇的上部及骨架内

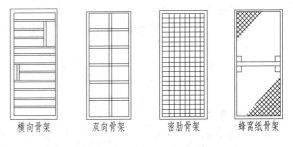

图 8.12　夹板门骨架形式

设小通气孔。这种门用料少、自重轻、外形光洁、制造简单，常用于民用建筑的内门。

（3）腰窗。腰窗构造同窗构造，一般采用中悬开启方式，也可采用上悬、平开及固定窗等形式。

（4）门的五金零件。门的五金零件主要有铰链、门锁、插销、拉手等，形式多种多样。在选型时，铰链需特别注意其强度，以防止变形影响门的使用。

2. 门框的安装

门框按施工方式不同可分为先立口和后塞口两种做法。对成品门，安装多采用后塞口法施工。

3. 门框与墙的关系

门框在墙洞中的位置有内平、居中、外平三种。框内平时，门扇开启角度最大，可以紧靠墙面，占用室内空间小，所以最常采用。对较大尺寸的门，为牢固地安装，多居中设置，

如图 8.13 所示。门框与墙（柱面）的接触面、预埋木砖均需进行防腐处理。

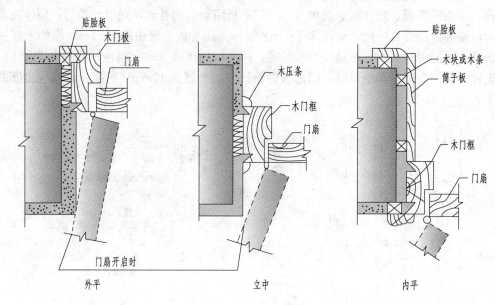

图 8.13　门框在墙洞中的位置

8.3.3　其他材料门的构造

1. 铝合金门

铝合金门的特性与铝合金窗相似。其构造参照铝合金窗的构造做法。

2. 塑料门及彩板门

塑料门及彩板门的材料、施工方法及构造参照塑料窗及彩板窗的构造做法。

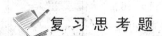 复 习 思 考 题

一、填空题

1. 门窗的安装方式有_____和_____两种。

2. 窗的作用是_____、_____和_____。

二、简答题

1. 门和窗的作用是什么？对它们的构造有何要求？

2. 门和窗有哪些种类？

3. 简述平开木门窗的构造组成。如何安装？

4. 简述铝合金窗的构造及安装方法。

5. 铝合金门窗框与墙体之间的缝隙如何处理？

第9章 变 形 缝

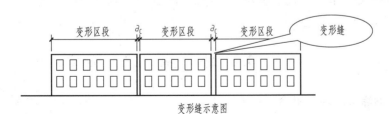

变形缝示意图

变形缝写真（外墙）

变形缝写真（楼面）

　　建筑物在施工和服役阶段，由于受环境温度变化、地基不均匀沉降和地震荷载等外部作用的影响，结构内部将产生附加应力和变形，造成建筑物的开裂和破坏，严重时甚至使建筑物完全丧失使用功能。为避免或缓解此类情况的发生，可以采取"抗"或"放"两种截然相反的措施。前者旨在通过增强建筑物自身的强度、刚度和整体性，从而抵抗变形及其破坏作用；后者则是预先在建筑物变形敏感的部位设置竖直方向的通缝将建筑物划分成若干个区段（单元），从而保证这些区段能各自独立发生自由变形，减小因环境温度变化、建筑物自身重力沉降、地震作用而诱发的破坏作用。这种划分区段的竖向通缝即形成了建筑物的变形缝（如图所示）。相对于"抗"的措施而言，设置变形缝的做法往往较为经济有效，故常被采用。

　　当然，建筑物设置变形缝使其从结构上断开、被划分成两个或两个以上的独立单元之后，在变形缝处还必须进行合理的构造处理，以保证建筑空间的连续性、建筑功能的完整性。

9.1 概　　述

　　变形缝通常按功能的不同划分为：伸缩缝、沉降缝和抗震缝。为减小或避免建筑物因受温度变化产生变形的影响而设置的变形缝称为伸缩缝（也称为温度缝）；受地基沉降影响而设置的变形缝称为沉降缝；受地震作用影响而设置的变形缝称为抗震缝（或称防震缝、隔震缝）。这三种变形缝有各种不同的作用和适用条件，它们的共同之处在于将建筑物分割成相对独立的若干单元，不同之处则在于具体构造做法和处理方式。

　　建筑中的变形缝应依据工程实际情况设置，并需符合设计规范规定，其采用的构造处理方法和材料应根据其部位和需要分别满足盖缝、防水、防火、保温等方面的要求，并确保缝两侧的建筑构件能自由变形而不受阻碍、不被破坏。

事实上，变形缝的设置使得建筑物的施工更为复杂，若处理不当，建筑物的使用功能（如渗漏）和观感质量也存在很多负面效应，且增加了工程造价。为此，设置变形缝要非常慎重，为方便起见，有很多建筑物对这三种变形缝进行了综合考虑和布置，使之兼具上述三种功能，即所谓的"三缝合一"。

9.2 伸 缩 缝

9.2.1 伸缩缝的基本概念

绝大多数材料都具有"热胀冷缩"的性质，建筑材料也不例外。因此，由建筑材料建造而成的建筑物经受环境温度变化时，同样会产生"热胀冷缩"变形（或称之为温度变形）。由于建筑物各部分之间的相互约束作用，这种变形将导致建筑物内部产生附加应力。当附加应力超过建筑材料的极限强度时，建筑物即发生破坏，如墙体、楼地面或屋盖开裂。当建筑物的平面尺寸较大时，所产生温度变形和附加应力往往也较大，为了缓解或避免上述质量通病，须在建筑物的合适位置设置（温度）伸缩缝。伸缩缝将尺寸较大的建筑物人为分割成相对独立的小型单元，从而减小温度变形和附加应力，使各单元的变形得以自由释放。

9.2.2 伸缩缝的设置要求

伸缩缝的设置要求主要考虑三个方面的内容：位置、间距和宽度。

伸缩缝的位置和间距与建筑物的结构类型、组成材料、施工条件及当地气温变化情况（气候特征）等因素均有关系。具体设置时通常参照相关的标准、规范加以确定。表 9-1、表 9-2 即为对伸缩缝设置时最大间距的具体规定，由此可见除了上述因素之外，伸缩缝的间距还受屋顶保温性能的影响。对于有保温或隔热层的屋顶而言，其伸缩缝间距可大些。值得注意的是，理论上伸缩缝的间距越小越有利，但考虑到建筑物的整体性和方便施工，宜少设伸缩缝并合理确定其位置。

因为建筑物受昼夜温差引起的温度应力影响最大的部分是建筑物的屋面，越向地面影响越小，而建筑物的基础部分埋在土里，温度比较稳定，不容易受到昼夜温差的影响，所以在设置伸缩缝时，建筑物的基础不必要断开，而除此之外伸缩缝要求把建筑物的墙体、楼板层、屋顶等基础以上的部分全部断开。

伸缩缝的宽度一般为 20~40mm，以保证温度变化时缝两侧的建筑构件能在水平方向自由变形。

表 9.1　　　　　　　　　　　　　**砌体房屋伸缩缝的最大间距**

砌体类别	屋顶或楼板层的类别		间距（m）
各种砌体	整体式或装配整体式钢筋混凝土结构	有保温层或隔热层的屋顶，楼板层	50
		无保温层或隔热层的屋顶	40
	装配式无檩体系钢筋混凝土结构	有保温层或隔热层的屋顶	60
		无保温层或隔热层的屋顶	50
	装配式有檩体系钢筋混凝土结构	有保温层或隔热层的屋顶	75
		无保温层或隔热层的屋顶	60

续表

砌体类别	屋顶或楼板层的类别	间距（m）
普通黏土，空心砖砌体	黏土瓦或石棉水泥瓦屋顶	100
石砌体	砖石屋顶或楼板层	80
硅酸盐，硅酸盐砌块和混凝土砌块砌体		75

表 9.2　　　　　　　　　　钢筋混凝土结构伸缩缝最大间距

序　号	结构类型		室内或土中间距（m）	露天间距（m）
1	排架结构	装配式	100	70
2	框架结构	装配式	75	50
3	剪力墙结构	装配式	65	40
4	挡土墙及地下室墙壁等类结构	装配式	40	30

9.2.3　伸缩缝的构造

伸缩缝应自基础以上将建筑物的墙体、楼地面、屋面等地面以上（标高为 ±0.000 以上）部分全部断开；基础部分一般埋设在土壤中，温度变化较小，故不须断开。伸缩缝随部位的不同，其构造做法也有区别。下面分别就墙体、楼地面和屋面三个主要部位伸缩缝的构造方法作如下简述。

（1）墙体伸缩缝。墙体伸缩缝的形式随墙厚不同而变化，一般可设置成平缝、企口缝或错口缝（图 9.1）。墙体在伸缩缝处断开，为了避免风、雨对室内的影响和缝隙处的过多传热，伸缩缝宜砌成错口缝或企口缝。其构造可以因位置、缝宽不同而各有侧重。

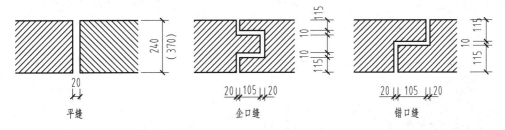

图 9.1　墙体伸缩缝的常见形式

外墙部位的伸缩缝为保证自由变形，并防止雨水沿缝隙渗入墙体和室内，应用沥青麻丝嵌填缝隙。当伸缩缝宽度较大时，缝口可采用镀锌薄钢板或铝板进行盖缝处理；内墙伸缩缝关键在于表面处理，可采用木条或金属条盖缝，仅单边固定在墙上，允许自由移动，如图 9.2 所示。

（2）楼地面伸缩缝。楼地面部位伸缩缝的位置应与墙体伸缩缝对齐，缝内常以弹性较好的材料（如油膏、沥青麻丝）嵌填密实，并以金属或塑料薄片等材料进行盖缝处理，表面铺设活动盖板以防杂物灰尘进入缝中，详见图 9.3。

（3）屋面伸缩缝。屋面伸缩缝的位置、缝宽应于墙体、楼地层的伸缩缝一致，构造处理原则是既不能限制屋面因温度变化而导致的变形，又要严防雨水从伸缩缝处渗入室内（变形缝部位往往是屋面渗漏的"重灾区"）。屋面伸缩缝可设于同层等高屋面之上，也可设在高低屋面的交接处，具体来说：

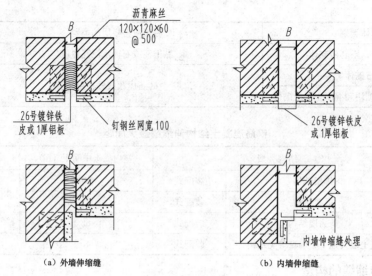

（a）外墙伸缩缝　　　　　　　　　　（b）内墙伸缩缝

图 9.2　墙体伸缩缝的构造

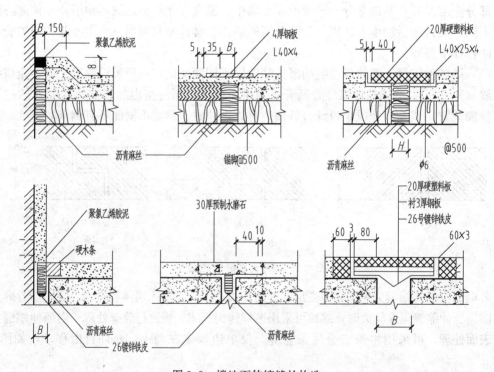

图 9.3　楼地面伸缩缝的构造

1）等高屋面伸缩缝的构造（图 9.4）。在缝两边的屋面板上砌筑矮墙，以挡住屋面雨水。矮墙的高度不小于 250mm、半砖墙厚。屋面卷材防水层与矮墙面的连接处理类同于泛水构造，缝内嵌填沥青麻丝。矮墙顶部可用镀锌铁皮盖缝，也可铺一层卷材后用混凝土盖板压顶。

2）不等高屋面伸缩缝的构造（图 9.5）。在低侧屋面板上砌筑矮墙。当变形缝宽度较小时，可用镀锌铁皮盖缝并固定在高侧墙上，做法同泛水构造；也可以从高侧墙上悬挑钢筋混凝土板盖缝。

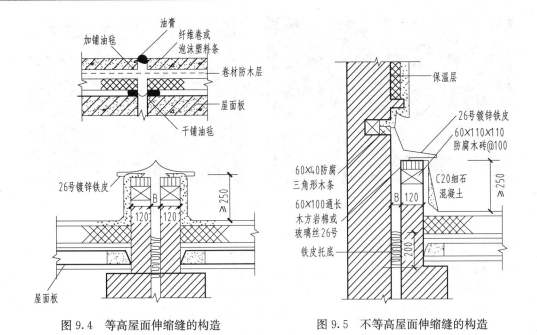

图 9.4　等高屋面伸缩缝的构造　　　　　图 9.5　不等高屋面伸缩缝的构造

市面上现有的成品伸缩缝制品（图 9.6）可大大简化伸缩缝的施工处理工艺。

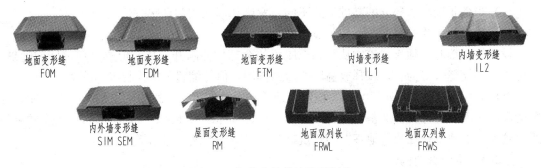

图 9.6　各种成品伸缩缝预制件

9.3　沉　降　缝

9.3.1　沉降缝的基本概念

　　建筑物的全部重量最终作用在地基土层上，将导致土层发生压缩变形，并向下沉降。如果这种沉降过程均匀发生，其对建筑物的安全性和正常使用将不构成威胁；如果因为建筑物各部分重量相差悬殊或地基土层自身的软硬程度不均匀、承载能力相差较大时，就会导致建筑物整体上的不均匀沉降（图 9.7）。不均匀沉降将导致建筑物内部产生附加应力，致使其薄弱部位发生破坏，从而影响建筑物的安全性和正常使用。所谓沉降缝，就是为了避免出现这种后果而设置一种变形缝。分缝后建筑物的各单元独立随地基发生均匀沉降，从而有效地消除了因各单元之间的沉降差而导致的附加应力。

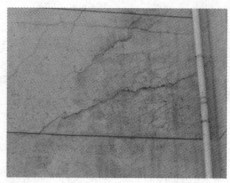

图 9.7　建筑物的不均匀沉降及产生的墙体裂缝

9.3.2　沉降缝的设置要求

凡遇到下述情况之一，应考虑设置沉降缝：

（1）建筑物形体比较复杂，连接部位又比较薄弱时。

（2）同一建筑物相邻两部分高差在两层以上或大于 10m 时（如高层建筑的主体部分与裙房部分）。

（3）分期建造的建筑物的交界处（或新老建筑物交接处，例如既有建筑物的改、扩建）。

（4）建筑物的地基承载力相差较大时（如地基的土壤类别不同）。

（5）当建筑物相邻部分的基础形式不同，宽度和埋深相差悬殊时。

（6）建筑物承受的竖向荷载相差显著时。

设置沉降缝时，须将建筑物从基础至屋顶的全部构件断开，从而形成贯穿的竖向通缝，它可以与伸缩缝合二为一，兼释放温度变形的作用，但伸缩缝不可代替沉降缝。

沉降缝宽度一般为 30～70mm。该值与地基的承载能力、建筑物的重量、高差、相邻部分的高差等因素均有关。地基越薄弱，发生不均匀沉降的可能性越大，沉降后所产生的倾斜距离越大，故建造在在软弱地基上的建筑物其沉降缝的宽度应适当增加。

9.3.3　沉降缝的构造

沉降缝设置时，须对建筑物各单元的基础部分加以断开，如果有地下室，则地下室也应设置沉降缝，因此基础部分沉降缝的构造做法与伸缩缝区别较大。至于墙体、楼地面（楼盖）和屋面（屋盖）部分，三种变形缝的构造方法基本相同，因此不作赘述。

基础沉降缝的构造做法通常有两种，即双基础方案和挑梁基础方案。

（1）双基础方案（图 9.8）。建筑物沉降缝两侧各设有承重墙，墙下有各自的基础，每个单元都有封闭连续的基础和纵横墙。这种做法的优点时建筑物整体刚度大；缺点则是基础处于偏心受力状态，且发生沉降时存在相互影响。

（2）悬挑基础方案（图 9.9）。为使沉降缝缝两侧的单元能自由沉降又互不影响，经常将缝的一侧做成挑梁基础。缝两侧如需设置双墙，则在挑梁端部增设横梁，将墙支撑在其上。当缝隙两侧基础埋深相差较大以及新建筑与原建筑毗连时，一般多采用此种方案。

当建筑物的地下室出现变形缝时，为使设缝部位具有良好的防水效果，必须做好相应的防水构造。具体的防水构造措施是：在地下室结构施工时，在变形缝处预埋止水带。止水带根据材料的不同有橡胶止水带、塑料止水带和金属止水带，如图 9.10 所示，其构造做法分内埋式和可卸式两种。

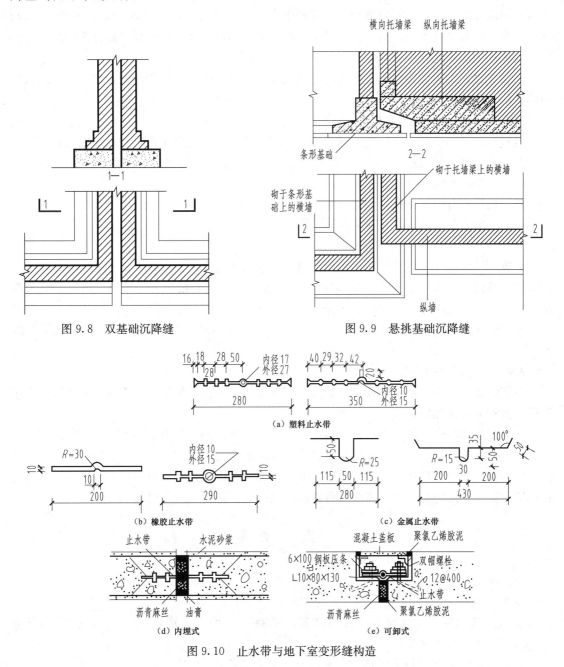

图 9.8 双基础沉降缝   图 9.9 悬挑基础沉降缝

图 9.10 止水带与地下室变形缝构造

9.4 防 震 缝

9.4.1 防震缝的基本概念

在地震多发地区，建筑物的基本构造和概念设计必须充分考虑抗震设防的要求。当建筑物体型比较复杂或各部分的结构刚度、高度及竖向荷载相差悬殊时，为了防止建筑物各部分在地震发生时由于整体刚度不同、变形差异过大导致的相互拉扯、撞击而发生破坏，应在变形敏感部位设置变形缝，将建筑物分割成若干个结构单元，力求做到每个单元的体型规则、布局均衡、结构形式单一。这种变形缝可以有效减小地震作用下建筑物各部分之间的相互作用，故被称为防震缝。

简而言之，防震缝将体型复杂的建筑物划分为体型简单、刚度均匀的独立单元，以减少地震荷载对建筑物的破坏作用。

9.4.2　防震缝的设置要求

强烈地震对建筑物会产生极大的影响或损坏，因此在抗震设防烈度（描述地震对建筑物产生的破坏程度的物理量）为 7～9 度地区内，凡属下列情况之一时宜设置防震缝：

（1）建筑物不同部分的立面高差超过 6m。

（2）建筑物有错层，且楼板的高差较大。

（3）房屋各部分的刚度、质量截然不同。

（4）建筑平面布置复杂且有较多的突出部分。

防震缝的两侧均应设置墙体，缝宽应根据烈度和房屋高度确定，一般采用 50～100mm。在多层钢筋混凝土框架建筑中，建筑物高度不超过 15m 时，缝宽为 70mm；当建筑物高度超过 15m 时，一般按抗震设防烈度成比例增大缝宽。

一般情况下，防震缝仅在基础以上设置。当与沉降缝合并设置时，基础也须设缝断开。

9.4.3　防震缝的构造

防震缝旨在预防水平地震波对建筑物的破坏作用而设置，尽管与伸缩缝、沉降缝的作用不同，但构造基本相同，故不再赘述。

如果防震缝恰好设置在承重墙或结构柱处，则缝两侧应布置成"双墙"或"双柱"，也允许以墙和框架相结合的方法设置防震缝。一般防震缝的宽度较伸缩缝和沉降缝要大，盖缝的防护措施尤其要处理好。一般外缝口用镀锌铁皮、铝板或橡胶条覆盖；内缝用木板、金属板遮缝。寒冷地区的外缝口还需用具有弹性的软质泡沫塑料等保温材料填塞。

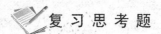 复 习 思 考 题

一、填空题

1. 变形缝分为_____、_____、_____三种形式。

2. 沉降缝的宽度与地基的性质和建筑物的高度有关，地基越_____，建筑高度越_____，缝宽度就越大。

3. _____从基础以上的墙体、楼板到屋顶全部断开。

二、选择题

1. 下列关于变形缝的构造措施表述中，（　　）是不正确的。

　　A. 当建筑物的长度或高度超过一定限度时，要设伸缩缝

　　B. 当建筑物竖向高度相差悬殊时，应设伸缩缝

　　C. 在沉降缝处应将基础以上的墙体、楼板全部分开，基础可不分开

D. 抗震缝可与温度缝合二为一，宽度按抗震缝宽取值

2. 15m 高框架结构房屋，必须设防震缝时，其最小宽度为（　　）。

    A. 50mm   B. 60mm   C. 70mm   D. 80mm

3. 伸缩缝是为了预防（　　）对建筑物的不利影响而设置的。

    A. 地基不均匀沉降   B. 地震作用

    C. 温度变化   D. 结构各部分的刚度变化较大

三、名词解释

1. 变形缝。

2. 温度缝。

3. 沉降缝。

4. 防震缝。

四、思考题

1. 观察你周围的建筑物，它们有没有设置变形缝？这些变形缝设置在什么位置？为什么要设置在这些位置？

2. 试根据图 9.11 所示绘制变形缝材料做法并填空。

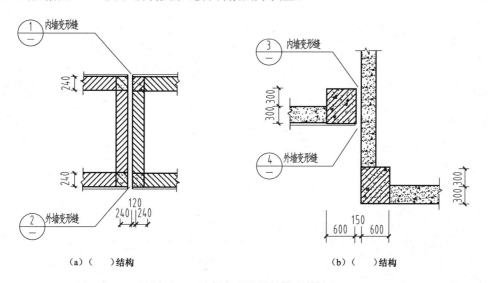

图 9.11　绘制变形缝材料做法并填空

参 考 文 献

[1] 郑贵超，赵庆双．建筑构造与识图［M］．北京：北京大学出版社，2009．

[2] 樊振和．建筑构造原理与设计［M］．天津：天津大学出版社，2004．

[3] 夏广政，吕小彪，黄艳雁．建筑构造与识图［M］．武汉：武汉大学出版社，2011．

[4] 孙鲁，甘佩兰．建筑构造学习指导与练习［M］．北京：高等教育出版社，2007．

[5] 中华人民共和国住房和城乡建设部．GB/T 50001—2010　房屋建筑制图统一标准［S］．北京：中国建筑工业出版社，2011．

[6] 中华人民共和国住房和城乡建设部．GB/T 50103—2010　总图制图标准［S］．北京：中国建筑工业出版社，2011．

[7] 中华人民共和国住房和城乡建设部．GB/T 50104—2010　建筑制图标准［S］．北京：中国建筑工业出版社，2011．

普通高等教育"十二五"规划教材（高职高专教育）

建筑构造与识图

（某宿舍楼施工图工程实例）

中国电力出版社
CHINA ELECTRIC POWER PRESS

		工程名称	xx职业学院校区扩建工程		
		工程号	11-01012		
		子项名称	宿舍		
图纸目录		子项号	01012-02		
		修改版次		共1页 第1页	

序 号	图 号	图　　　　名	图幅	备 注
1	建施-00	图纸目录	A4	
2	建施-01	建筑施工图设计说明　工 程 做 法 表	A1	
3	建施-02	节 能 设 计 专 篇	A2	
4	建施-03	1#,2#宿舍楼架空层平面图	A1	
5	建施-04	1#,2#宿舍楼一层平面图	A1	
6	建施-05	1#,2#宿舍楼二层平面图	A1	
7	建施-06	1#,2#宿舍楼三层平面图	A1	
8	建施-07	1#,2#宿舍楼四层平面图	A1	
9	建施-08	1#,2#宿舍楼五层平面图	A1	
10	建施-09	1#,2#宿舍楼六层平面图	A1	
11	建施-10	1#,2#宿舍楼屋顶层平面图	A1	
12	建施-11	1#,2#宿舍 Ⓗ~Ⓐ 立面　1#,2#宿舍 Ⓐ~Ⓗ 立面	A1	
13	建施-12	1#,2#宿舍 ①~⑭ 立面　1#,2#宿舍 ⑭~① 立面	A1	
14	建施-13	1#,2#宿舍1-1剖面	A1	
15	建施-14	1#楼梯详图	A1	
16	建施-15	2#楼梯详图	A1	
17	建施-16	卫生间详图　门窗表　门窗详图	A1	
18	建施-17	节点详图	A1	

专　业		盖	
专业负责			
制　表		章	
日　期			

1

建筑施工图设计说明　　　　工 程 做 法 表

一、主要设计依据

1. 上级主管部门的批文（关于xx职业学院校区扩建工程初步设计的批复?浙发改设计[2011]xx号。
2. 当地规划部门的批文、建筑红线及规划要求。
3. 现行国家主要有关标准及规范。
4. 建设单位提供的设计任务书。

二、设计范围

1. 本工程施工内容不包括特殊装修构造、景观设计、高级二次精装修及智能化设计的内容，但当其他具备有资质的设计单位参予设计涉及本工程消防及建筑安全等问题时，其设计图纸必须取得我院协调认可。

三、工程概况

1. 工程名称：xx职业学院校区一扩建工程。
2. 建设单位：xx职业学院。
3. 建设地点：杭州市萧山区。
4. 占地面积：每栋976.8m²。
5. 总建筑面积：5552.05m²。
6. 建筑层数：6层。
7. 建筑高度：21.73m。
8. 建筑设计使用年限：50年。
9. 耐火等级：二级。
10. 抗震设防烈度6度。
11. 屋面防水等级Ⅱ级。
12. 结构类型：框架结构。

四、总图建筑定位及竖向设计

1. 建筑定位坐标采用城市坐标体系。
2. 本工程室内外±0.000（绝对高程标高7.600m（黄海系统）。

五、尺寸标注

1. 所有尺寸均以图示标注为准，不应在图上度量。
2. 总平面图示尺寸、标高及余尺寸以米为单位。
3. 单体建筑设计中，标高以米为单位，其余尺寸以毫米为单位。
4. 除图中注明外，建筑平、剖、立面所注标高为建筑完成面标高，屋面为结构面标高。
5. 门窗所注尺寸为门窗洞口尺寸。

六、墙体

1. 本工程图中墙体材料外墙选用烧结页岩多孔砖，砌体墙选用加气混凝土砌块，除卫生间部分及布柜部分墙厚为120，其余均为240。
2. 墙体用M 7.5 砂浆砌筑或按墙体材料施工说明施工。
3. 若采用半砖墙砌体时每隔500mm配置2Φ6钢筋与相邻砖墙伸入墙体内长度不应小于1000mm拉结。
4. 不同墙体材料的连接处均应按结构构造要求设置，详见结构图，砌体时应注意相互搭接不能留通缝，遇框架结构体墙连接处与不同墙体材料的相接处，做粉刷时应加钉不小于300mm宽的钢丝网。
5. 当墙长大于5m，或大门门洞两边应设置柱或楼板拉结或加构造柱，当墙高大于4m时应在墙高的中部加设圈梁或钢筋混凝土配筋带。
6. 门洞侧壁墙宽度小于240mm时用素砼浇筑。
7. 砌体与混凝土墙体交接处必须采用钢丝网拉接。

七、门窗

1. 本工程的铝合金窗立樘均位于墙体的中心线（图纸另有注明者除外）。
2. 防火门立樘位置及开启方向均详侧墙体粉刷刷面后平，弹簧门立樘居中心，门窗的用料及油漆五金件详见门窗图及内装修设计。
3. 本图标注的门窗除个别有防火门及明确固定空间外及对户内门和户内门，主体门窗除本工程不制作的属精装修区域的门窗详本本设计规格尺寸及下具体门窗施工。所有门窗应按各有关技术指标标准及有关技术指标检查院确后定货。
4. 在本设计图上所列尺寸为门窗洞口尺寸，门窗的实际尺寸应根据外墙饰面材料的厚度及安装刷成所留缝隙由供应厂家提供。
5. 外门窗的气密性等级要求应满足《建筑外窗空气渗透性能分级及其检测方法》GB7107的规定，建筑物1.2层的外窗及阳台门的气密性等级不应小于六级，以满足建筑节能的要求。
6. 门楼做法图中注明外墙洞洞均为120mm，砼均为240mm，凡属开间中设防火门窗或明确固定门窗在平面中不再另标注定位尺寸。
7. 窗台高度低于900mm时，加设950mm高护栏，900mm高度以下玻璃均为钢化玻璃，但对于精装修范围由设计另行提供安全措施。
8. 寝室门为成品防盗门可以180度开启。

八、留孔、预留、砖砌风管及管道井的处理

1. 本工程凡预留孔位于钢筋混凝土构件上者，其位置尺寸及标高均详见结构施工图。凡在砖墙上的预留洞孔均见建施图。
2. 凡预埋在建筑上墙或砌体中的木砖均采用沥青浸透的防腐处理，设备安装及管道敷设及吊顶所需的预埋件作同步建筑施工同步进行。
3. 本工程的预留孔预件件在施工时与各专业图纸切实进行，且应在施工时加固固定的措施，避免走动。一般不允许事后开，必须时应与设计单位事先商讨，经同意后方可实施。

九、防水、防潮

1. 本工程屋面详细构造做法见本设计说明。
2. 在采用柔性防水材料部位时，其节点构造详见建筑大样图，在转角部位均应设置卷材附加层。当卷材上面设计不需要保护层时，施工期间应保证不受人为损坏。
3. 除图纸特别注明者外，本工程凡卫生间等遇有水的房间，楼地面完成面均比同层地面降低30mm。
4. 凡上述各房间及平台设有地漏者，地面均应向地漏方向做出不小于0.5%的排水坡。
5. 凡上述各房间内砖墙，遇水的墙体部位，用C20混凝土做厚度120，高度为150mm的墙裙，并在其墙板面上增设防水涂料层，以防渗水。
6. 卷材防水屋面基层若高跨低的连接点，如女儿墙、立墙等的连接处，以及基层的转角处水泥口、槽沟、天沟等，均应做成圆弧。
7. 高低跨卷材屋面若高跨屋面为有组织排水时，水漏管下应加设钢筋混凝土水簸箕。

十、粉刷、油漆、涂料

1. 本工程内墙粉刷除另有材料做法细表或由甲方另行委托进行精装修的部位外，均采用1:1:6水泥?石灰、砂制成的混合砂浆打底，纸筋灰罩面，再用细纸浆光面，乳胶漆两次。涂刷罩面由甲方确定其品种和色调。
2. 凡内墙阳角或内门大头角，柱面阳角均应用1:2水泥砂浆做墙保护角，其高度大于1800mm或同门洞高度。
3. 外墙面挑檐部位应均做滴水线或成品滴水槽板。
4. 凡混凝土表面光抹，必须对基层面先清毛或采用1:0.5水泥砂浆水渗粘结处理后再刷抹面。
5. 本工程选用的油漆、涂料及其他饰面材料均应由本院有关设计人员共同看样订色后再订货施工，工程选用的油漆、涂料及饰面料应立均符合环保要求色产品。
6. 凡露明铁件均应采用防锈漆二度以上为防锈。其单面漆品种及色调均由甲方要求施工。
7. 凡露明的雨水管应选用与外墙色调相同或最接近的产品或按图纸注明的要求施工。
8. 配电箱：消火栓；水表箱等均应用墙上留洞一般洞深与墙厚相等，背面均做钢板网粉刷，钢板网四周大于孔洞100mm。特殊情况另见详图。
9. 卫生间地面和墙面需做防渗和受潮墙缝墙填光处理，内墙瓷砖应贴至顶棚，寝室内过道靠卫生间的侧面贴瓷砖1100，楼梯间及走廊墙面贴瓷砖1100，瓷砖色与过道内钢材制包边，室内其他墙面采用乳胶漆，外立面采用真石漆（颜色同现有建筑）。阳台及未封闭室外区域的墙面采用外墙涂料。

十一、消防设计

1. 防火分区：本工程标准层每层一个防火分区，楼梯间为单独的防火分区，面积大小均符合防火规范要求。
2. 安全疏散：本工程每层有两条通室外的疏散楼梯。
3. 防火门同墙：本工程内与相接墙同防火门同墙。
4. 安全疏散距离：每个宿舍门至疏散口的距离均符合防火规范中的要求。
5. 防火材料：本工程以±0.000以上的墙体采用页岩多孔烧结块，梁、板、柱、楼梯间均为钢筋混凝土现浇。

十二、建筑节能

1. 节能设计依据
《公共建筑节能设计标准》（GB50189-2005）。
2. 建筑节能措施
(1)建筑外门窗，幕墙的气密性等级不应低于《建筑外窗气密性能分级及其检测方法》（GB/T7107-2002）规定的Ⅲ级。
(2)屋面采聚苯板面为难燃，自熄性。
(3)外墙、架空层的楼板保温层外侧的玻璃纤维网格布具有良好的耐碱、抗裂性能。
(4)选用丙稀酸酸胶类或其它具有良好弹性的水溶性外墙涂料涂料，不得使用外墙油漆涂料。

十三、室外工程

1. 散水、排水明沟、踏步、墙身做法，建筑注明仅供参考，正式实施见景观工艺设计。
2. 道路、庭院道路、花池（台）、水池、地面独立排气孔，采光井等的设计，建筑注明仅表示位置，详细实施见环艺设计。

十四、其他

1. 本工程外墙装修的幕墙、铝合金窗（门）、采光天窗等必须有相应资质的单位设计。
2. 本说明书中未详部分见建施图，本工程图纸未尽之处按国家现行施工及验收规范进行处理。

十五、深化设计标段延伸出要求

深化设计标段内容包括以本施工为基础的另行委托的分项阶段，包括幕墙、铝合金门窗、水槽、储物柜、环艺工程、环境外部、亮灯工程等。

1. 环艺工程和建筑亮灯工程由专业部门（具备相应资质）进行设计，有关的水电设计均应由环艺提出要求后进行实施，环艺的种植区应满足相应的填土及土质要求。
2. 上述各分项包括电梯工程相关的与主体结构施工，均须在统筹协调的前提下进行，不可忽视深化标段的的出图确认，预埋、修改配合必要环节，以免造成返工损失。

分类	编号	名称	做法说明	厚度	使用部位
屋面		保温屋面	40厚 C20细石混凝土保护层压实抹平(内配φ6@250双向钢筋) 10厚保温层等级矽浆隔离层 3厚SBS改性卷材防水层 20厚1:3水泥浆找平层 最薄30厚LC5.0轻集料混凝土2%找坡层 40厚细石混凝土 现浇钢筋混凝土结构板		标高13.200处屋顶及楼梯间屋顶
楼面	楼1	地砖	10厚地砖，用聚合物水泥砂浆镶砌 12厚聚合物水泥砂浆找平层 聚合物水泥浆一道 现浇钢筋混凝土楼板	30	用于门厅、走廊、寝室储藏及值班室、学习室、心理咨询室、钢化室、值班室
	楼2	细面花岗岩砖楼面	20厚细面花岗石板，水泥浆镶砌 20厚1:3水泥砂浆结合层，表面撒素水泥粉 水泥浆一道，内掺建筑胶 现浇钢筋混凝土楼板	40	用于楼梯面
	楼3	防滑地砖楼面	8~10厚防滑地砖，干水泥擦缝 20厚1:3水泥砂浆结合层，表面撒素水泥粉 水泥浆一道，内掺建筑胶 现浇钢筋混凝土楼板	30	用于卫生间、阳台
地面	地1	混凝土地面	150厚c25混凝土，内配单4.6钢筋网@150x150，随打随平，内掺抗裂剂 300厚碎石垫层 石灰实头素，0.95?地基承载力特征值fak.120kPa 夯实土	450	用于架空层
	地2	地砖地面	10厚地砖，用聚合物水泥砂浆镶砌 4厚聚合水泥砂浆结合层 20厚1:3水泥砂浆找平层 聚合水泥浆一道 80厚C15混凝土垫层 夯实土	110	用于入口大厅，配送室，值班室
顶棚	棚1	涂料粉刷	喷白色乳胶漆一底二面 2厚1:1白水泥老粉腻水找平 钢筋混凝土底刷素水泥浆一道	20	用于架空层、宿舍内顶
	棚2	铝扣板天棚			用于卫生间
	棚3	纸面石膏板天棚			用于大厅及楼梯间走道
	棚4	矽纤板天棚			
外墙	外墙1	真石漆	真石漆 5厚抗裂砂浆(玻纤网) 30厚聚苯泡沫板 基面剂 240厚烧结页岩多孔砖 20厚混合砂浆		颜色参照建筑立面详图和彩色效果图
内墙	内墙1	乳胶漆	白水乳胶漆一底二面 满刮腻子两遍 8厚1:0.3:3水泥石灰膏草面抹光 12厚1:1.6水泥石灰砂浆分层打底 内墙面	20	用于室内装饰时以上部分内墙
	内墙2	刷涂料墙面	阳台护白色高弹外墙涂料一底一度，150厚缸砖踢脚 架空层刷聚苯板涂料一度（白色），150厚墙踢脚 8厚1:2.5水泥砂浆内掺5%防水剂，分层起浆 12厚1:2.5水泥砂浆打底扫毛，划毛扫毛 内墙面	20	用于架空层、阳台
	内墙3	卫生间墙面	瓷砖饰面 5厚1:2.5聚合水泥砂浆防水层扫毛顶 15厚1:2.5胶水泥砂浆掺5%防水剂，刮浆 12厚1:2.5水泥砂浆打底扫毛，刮毛 加气混凝土砌块		用于卫生间、储藏间
台阶	台阶1	花岗岩台阶	30厚花岗岩步石和踏脚 30厚1:3干硬性水泥砂浆结合层，上撒素水泥 素水泥浆一道，内掺建筑胶 素土夯实，碾压，压实 钢筋混凝土踏板及钢筋混凝土基础素面黑JCTA-400，一层室外走廊	70	用于各层有花池、台阶、室外楼梯及风雨走道
踢脚	踢1	缸砖踢脚	内墙面 12厚1:3水泥砂浆打底扫毛 6厚1:2水泥砂浆草面，压实光 150厚高级缸砖饰面，干水泥擦缝		用于所有楼层镶嵌块

2

节能设计专篇

一、工程概况：

√1.1.	项目名称：浙江同济科技职业学院校区扩建工程—宿舍楼	√1.2.	建设单位：浙江同济科技职业学院
√1.3.	建设地点：浙江省杭州市萧山区	√1.4.	建筑类型：居住建筑
√1.5.	建筑层数：地上6层	√1.6.	节能建筑面积：5180.46 m²
√1.7.	建筑体积：16059.42 m³ 建筑外表面积：5234.73 m²		

二、主要依据规范和标准

√2.1. 《民用建筑热工设计规范》 (GB50176-93)
√2.2. 《夏热冬冷地区居住建筑节能设计标准》 (JG134-2010)
√2.3. 《建筑外门窗气密、水密、抗风压性能分级及检测方法》 (GB/T7106-2008)
√2.4. 公安部、住建部《民用建筑外保温系统及外墙装饰防火暂行规定》(公通字〔2009〕46号)
√2.5. 《关于进一步明确民用建筑外保温材料消防监督管理有关要求的通知》(公通字2011-65号)
√2.6. 国家和地方政府其他相关节能设计，节能产品，节能材料的规定。

三、建筑专业节能设计

√3.1. 建筑节能目标：达到国家节能设计标准 JGJ134-2010 所要求的节能要求。
√3.2. 建筑布局：建筑物主要朝向为正南向
√3.3. 体形系数：0.33
√3.4. 屋面节能设计构造做法：
√3.4.1. 屋面1：上人保温屋面（也用于有保温露台）
　●40厚C20细石混凝土保护层压实抹平
　（内配 ∅6@250双向钢筋）
　●石油沥青油毡一层
　●4厚SBS改性卷材防水层
　●20厚1：3水泥砂浆
　●40厚挤塑聚苯板
　●20厚1：3水泥砂浆找平层
　●最薄30厚 LC5.0 轻集料混凝土 2% 找坡层
　●现浇钢筋混凝土屋面板
√3.5. 外墙节能设计构造做法：
√3.5.1. 涂料外墙面：●真石漆
　（有保温）●5厚抗裂砂浆（玻纤网）
　●25厚挤塑聚苯板
　●界面剂
　●240厚烧结页岩多孔砖
　●20厚混合砂浆
√3.6. 分户墙节能设计构造做法：
√3.6.1. 普通内墙面：●加气混凝土砌块
　●专用界面剂一道，2厚聚合物专用砂浆
　●14厚1：1：6水泥石灰砂浆打底扫毛或划出纹道
　●6厚1：0.5：3水泥石灰混合砂浆找平
√3.7. 楼面节能设计构造做法：
√3.7.1. 楼地面：●10厚地砖，用聚合物水泥砂浆填砌。
　●4 厚聚合物水泥砂浆结合层
　●12厚聚合物水泥砂浆找平层
　●聚合物水泥浆一道
　●现浇钢筋混凝土结构板

三、（续）

√3.8. 外门窗节能设计：
√3.8.1. 外窗物理性能指标：抗风压性能4级、气密性能6级、水密性能3级、隔声性能3级、采光性能3级、保温性能7级。
√3.8.2. 外门窗采用断热铝合金普通中空玻璃窗（5+6A+5）
　传热系数 K=3.5，综合遮阳系数=0.84
√3.8.3. 门窗必须由具有相应设计、制作、安装资质的专业单位承接，保证质量。

四、其他

√4.1. 建设单位和施工单位必须严格按上述节能设计要求在施工中落实。
√4.2. 所有外门窗，玻璃幕墙必须由具有相应设计，制作，安装资质的专业单位承接，保证质量。
√4.3. 中空玻璃必须由专业厂家生产，各项参数符合上述节能指标要求。
√4.4. 所有节能材料，产品必须经省级及以上相关部门鉴定，并附鉴定证书，质保单，使用说明，各项化学物理指标，产品合格证及当地建筑节能管理机构登记的意见书。
√4.5. 设备节能部分详各专业图纸。

四、节能设计表

工程名称：浙江同济科技职业学院校区扩建工程—宿舍楼　　结构类型：框架结构　　层数：六层　　建筑面积：5552.05m²

项目 部位	传热系数限值K [W/(m².K)]	遮阳系数限值SC	实际窗墙比	节能做法的平均传热系数K	节能做法遮阳系数SC	节能材料及构造做法	备注（是否符合节能设计）
屋顶一	≤1.0			0.64		详计算报告书	满足
外墙（东南西北及非透明幕墙）	≤1.5			0.18		详计算报告书	满足
底层等与空气接触部分的楼板底	≤1.5			0.46		详计算报告书	满足
外窗（含透明玻璃等幕墙） 东	≤4.7	0.4	0.05	3.5	0.67	详计算报告书	满足
外窗（含透明玻璃等幕墙） 南	≤2.8	0.4	0.41	3.5	0.53	详计算报告书	满足
外窗（含透明玻璃等幕墙） 西	≤4.7	0.4	0.09	3.5	0.69	详计算报告书	满足
外窗（含透明玻璃等幕墙） 北	≤2.8	0.4	0.45	3.5	0.53	详计算报告书	满足
屋顶透明部分							
地面热阻R						详计算报告书	满足

3

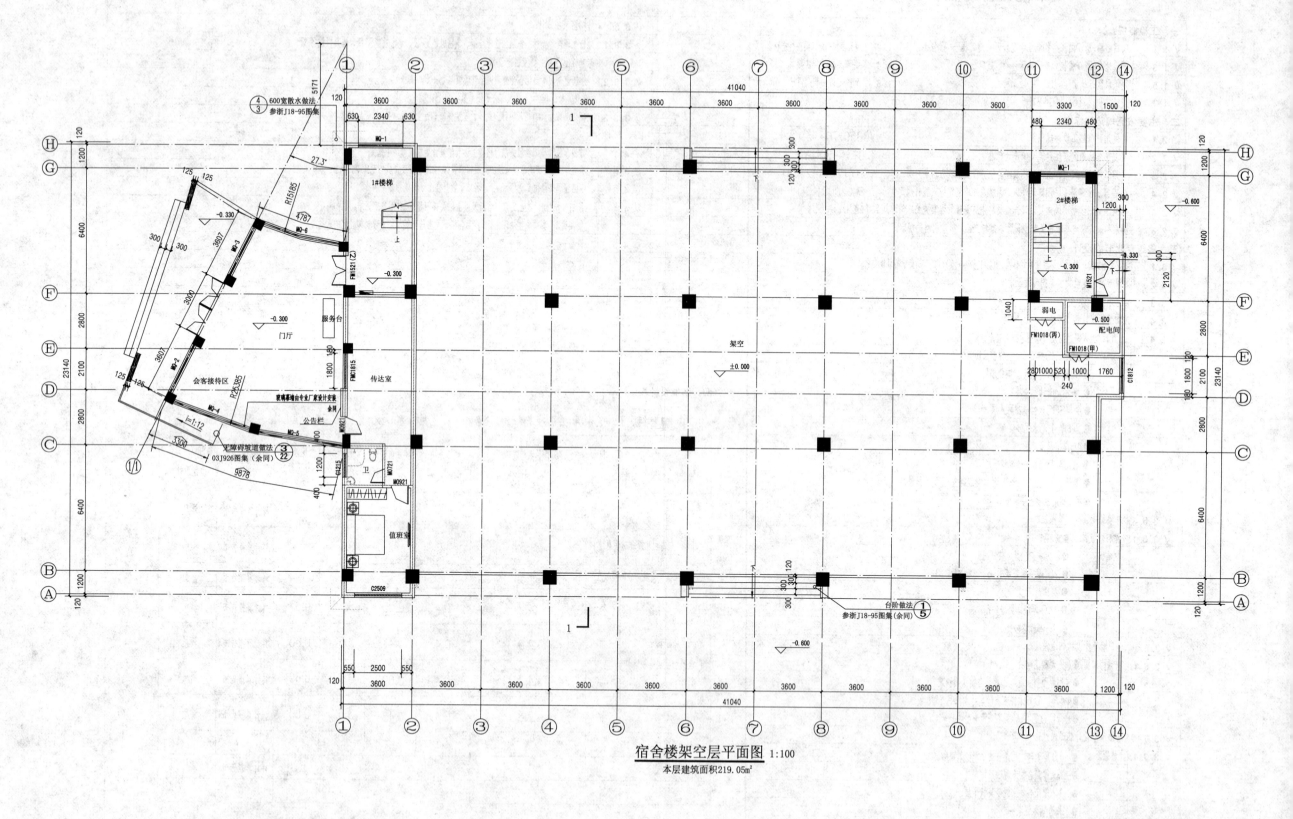

宿舍楼架空层平面图 1:100

本层建筑面积219.05㎡

4

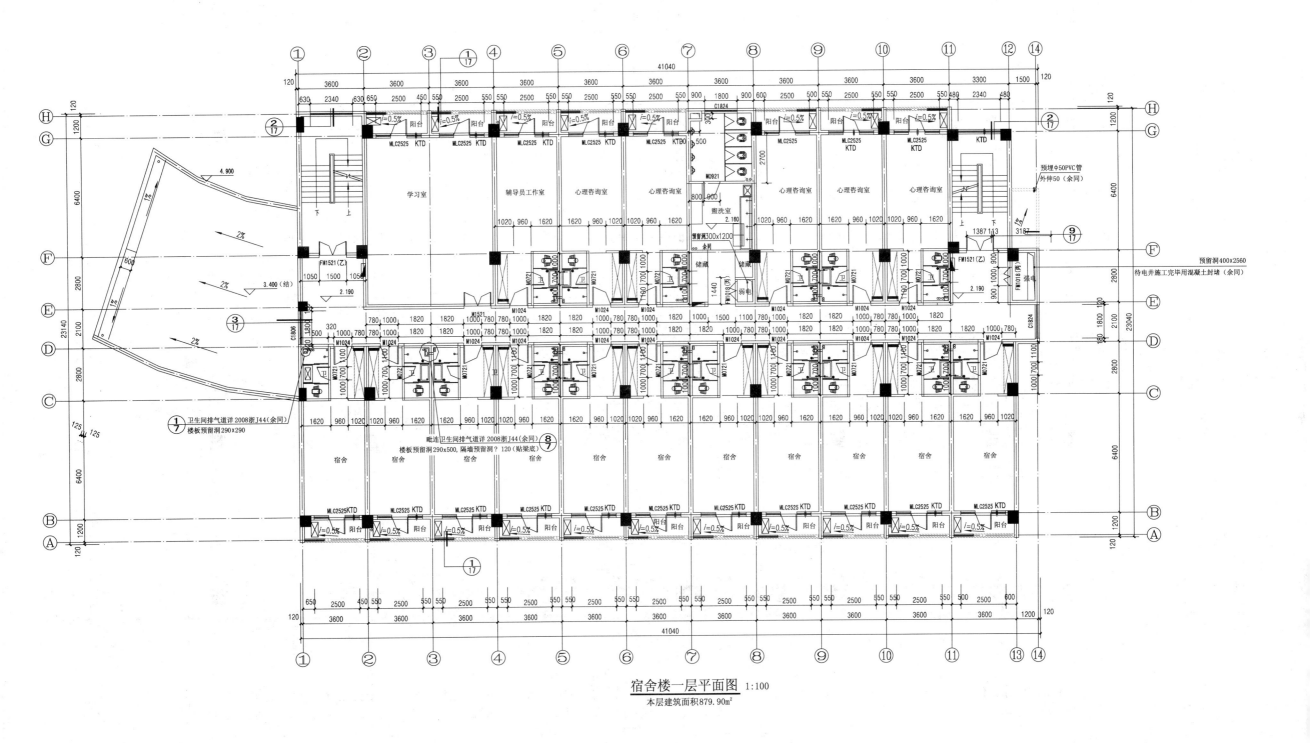

宿舍楼一层平面图 1:100
本层建筑面积879.90m²

5

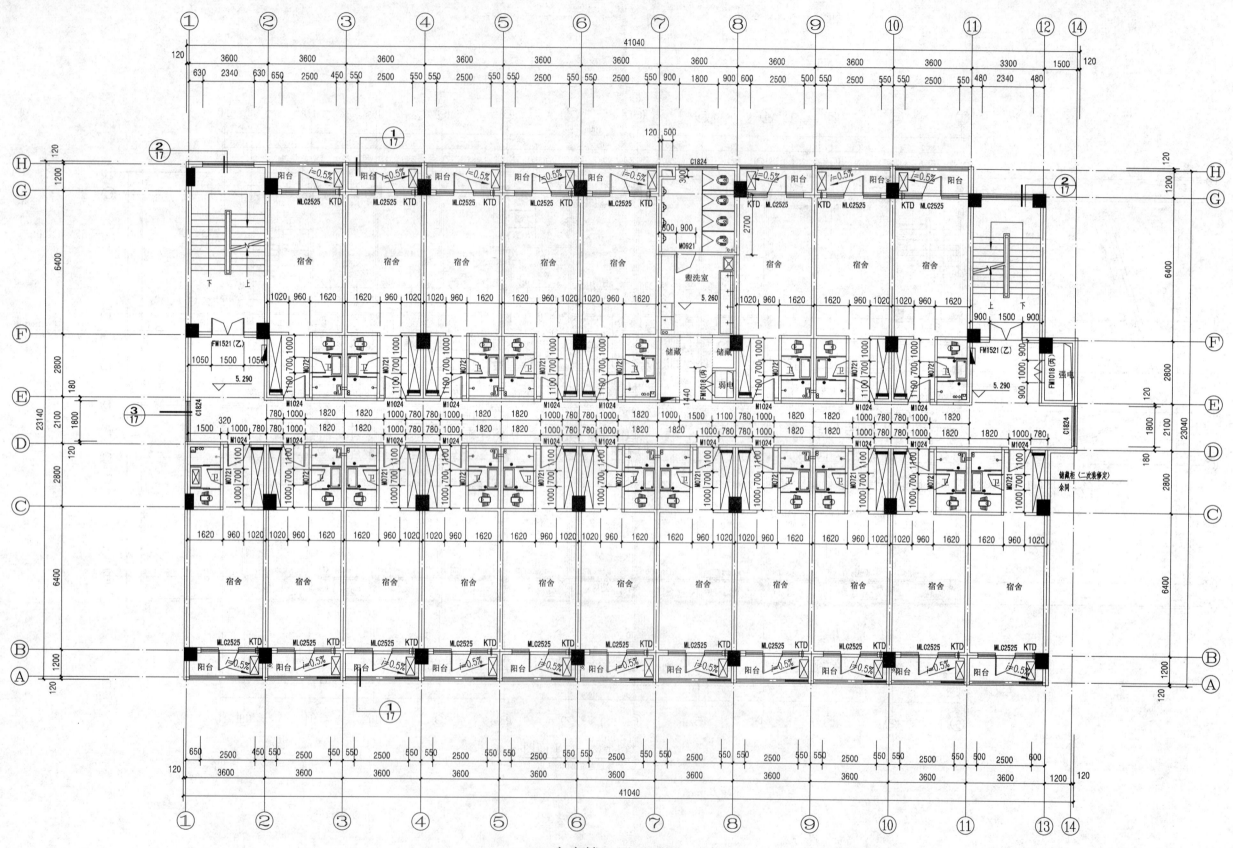

1#, 2#宿舍楼二层平面图 1:100
本层建筑面积879.90m²

6

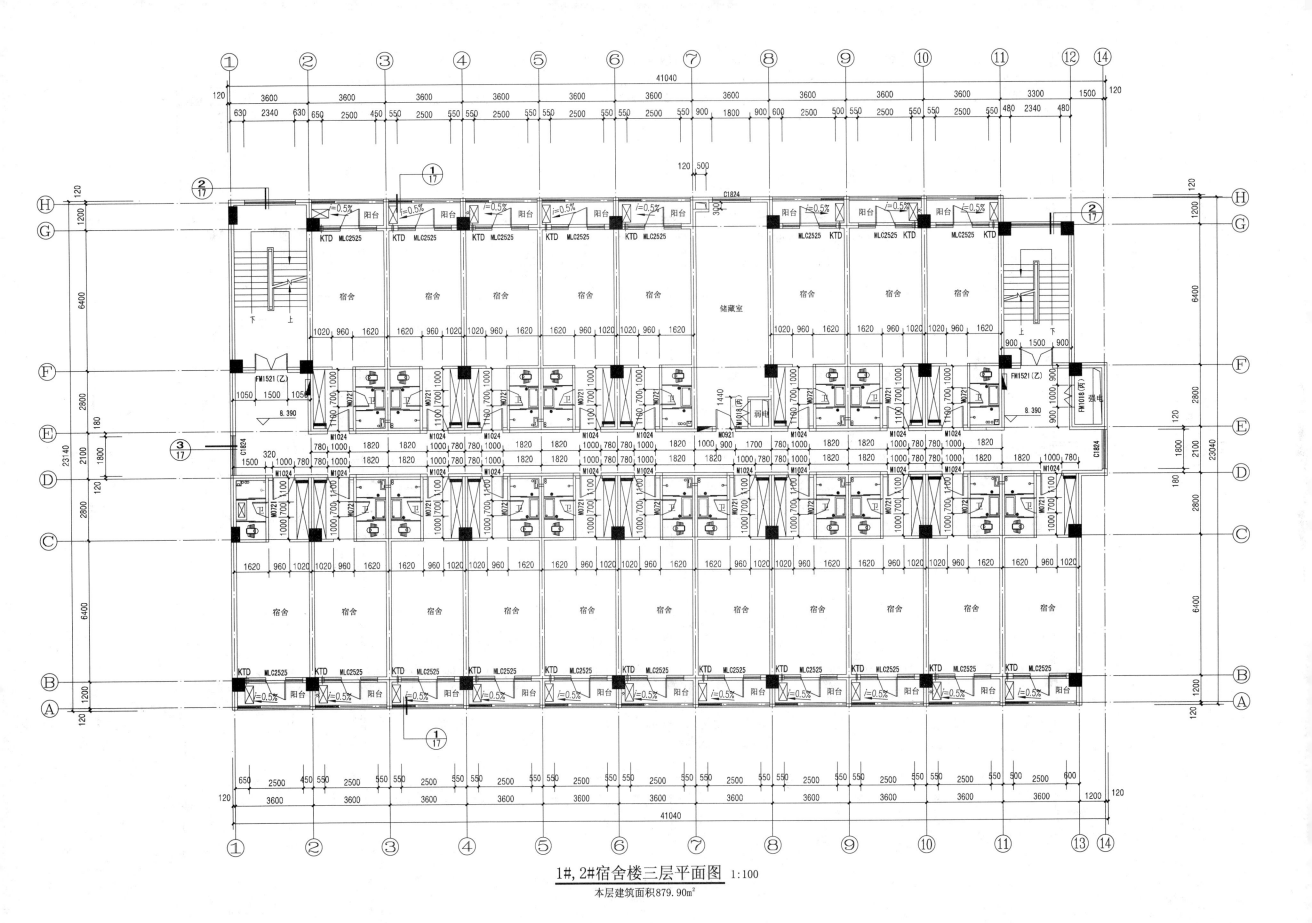

1#, 2#宿舍楼三层平面图 1:100

本层建筑面积879.90m²

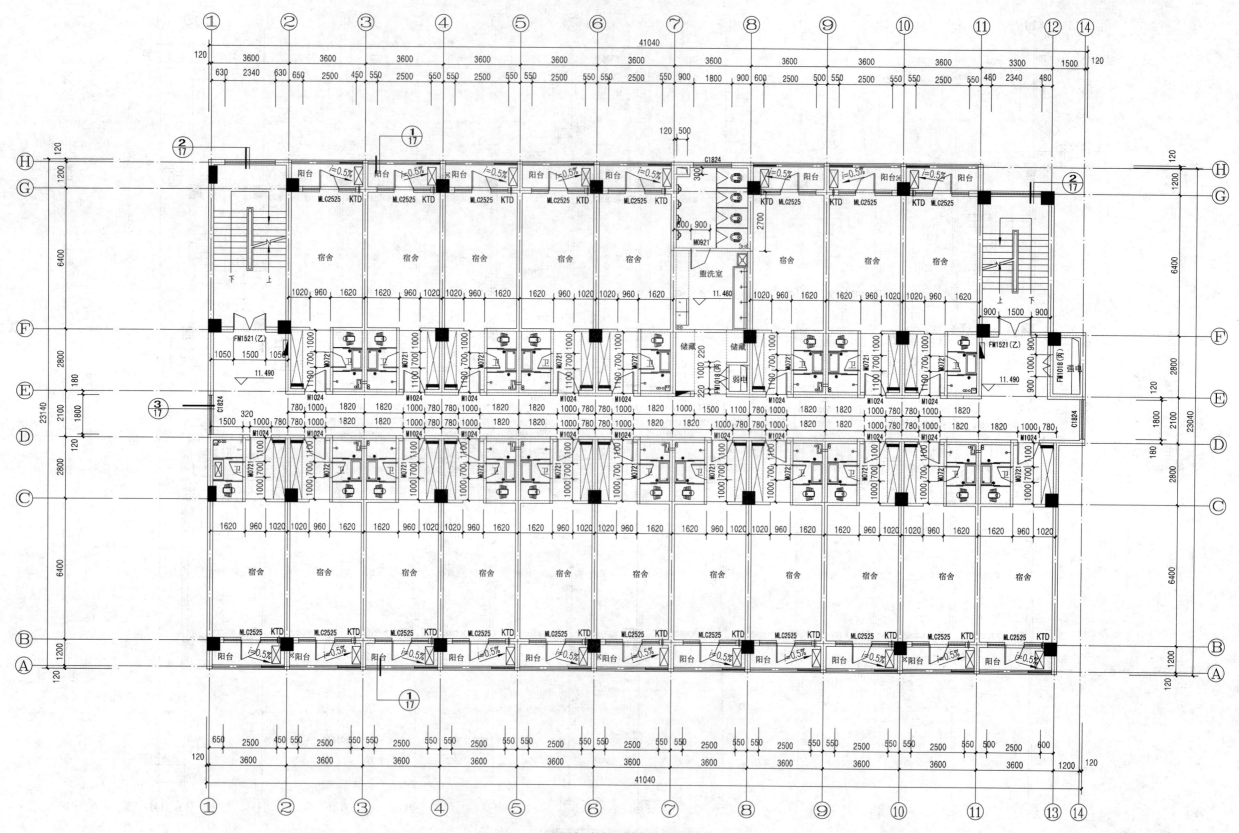

1#，2#宿舍楼四层平面图 1:100

本层建筑面积879.90m²

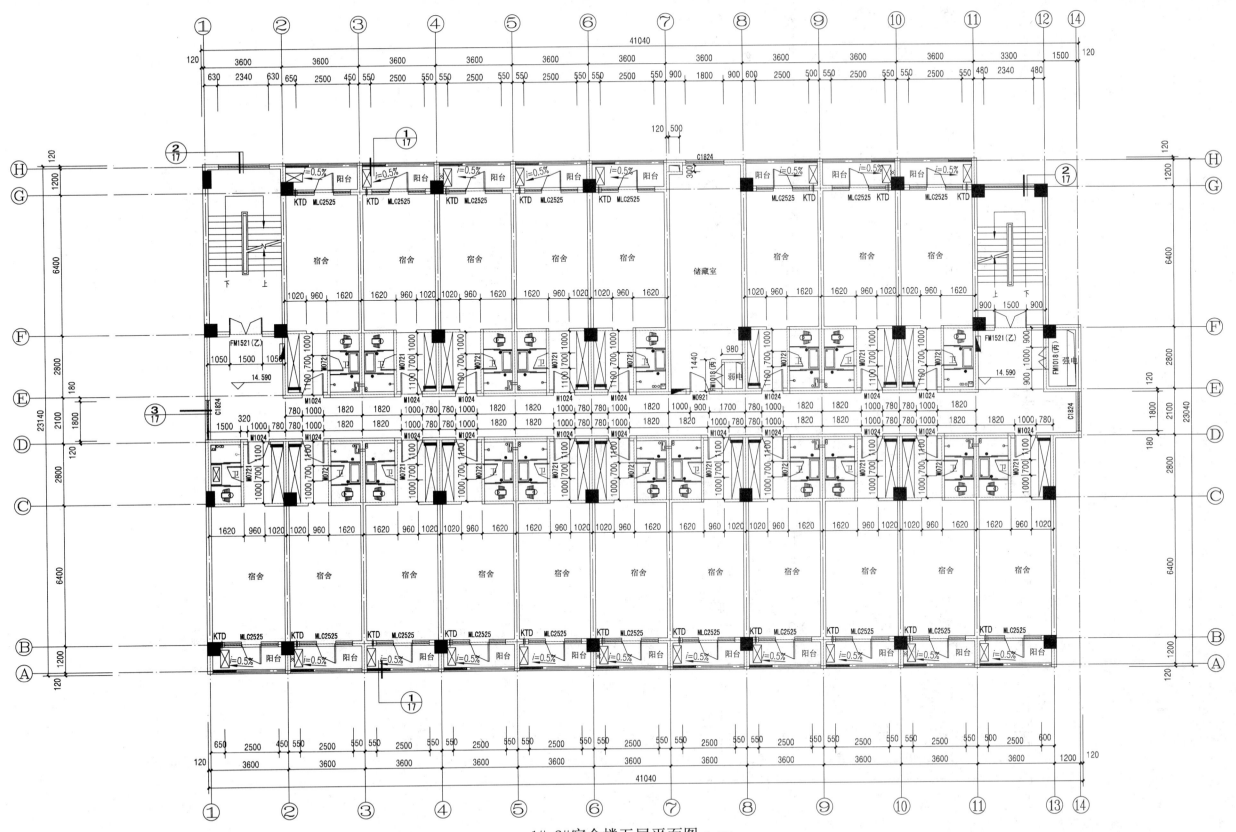

1#，2#宿舍楼五层平面图 1:100

本层建筑面积879.90m²

9

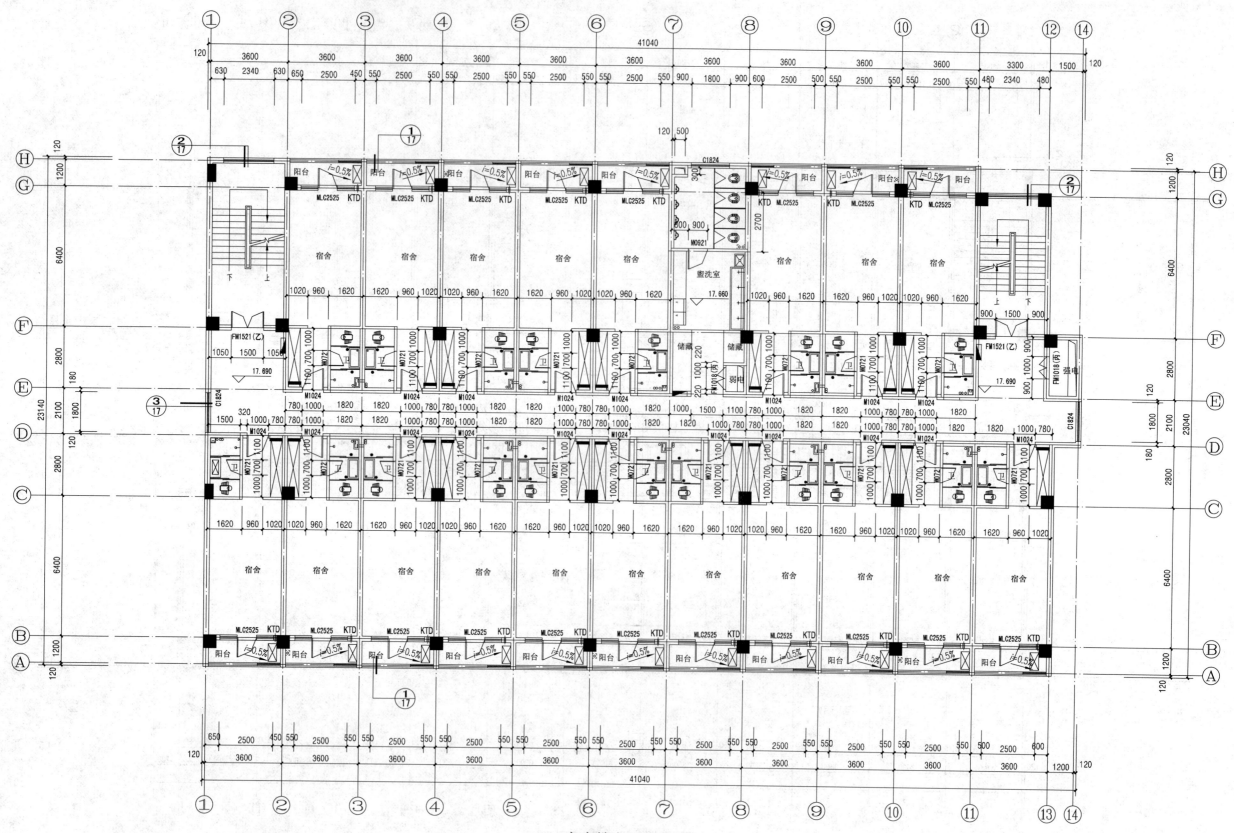

1#，2#宿舍楼六层平面图 1:100

本层建筑面积879.90m²

10

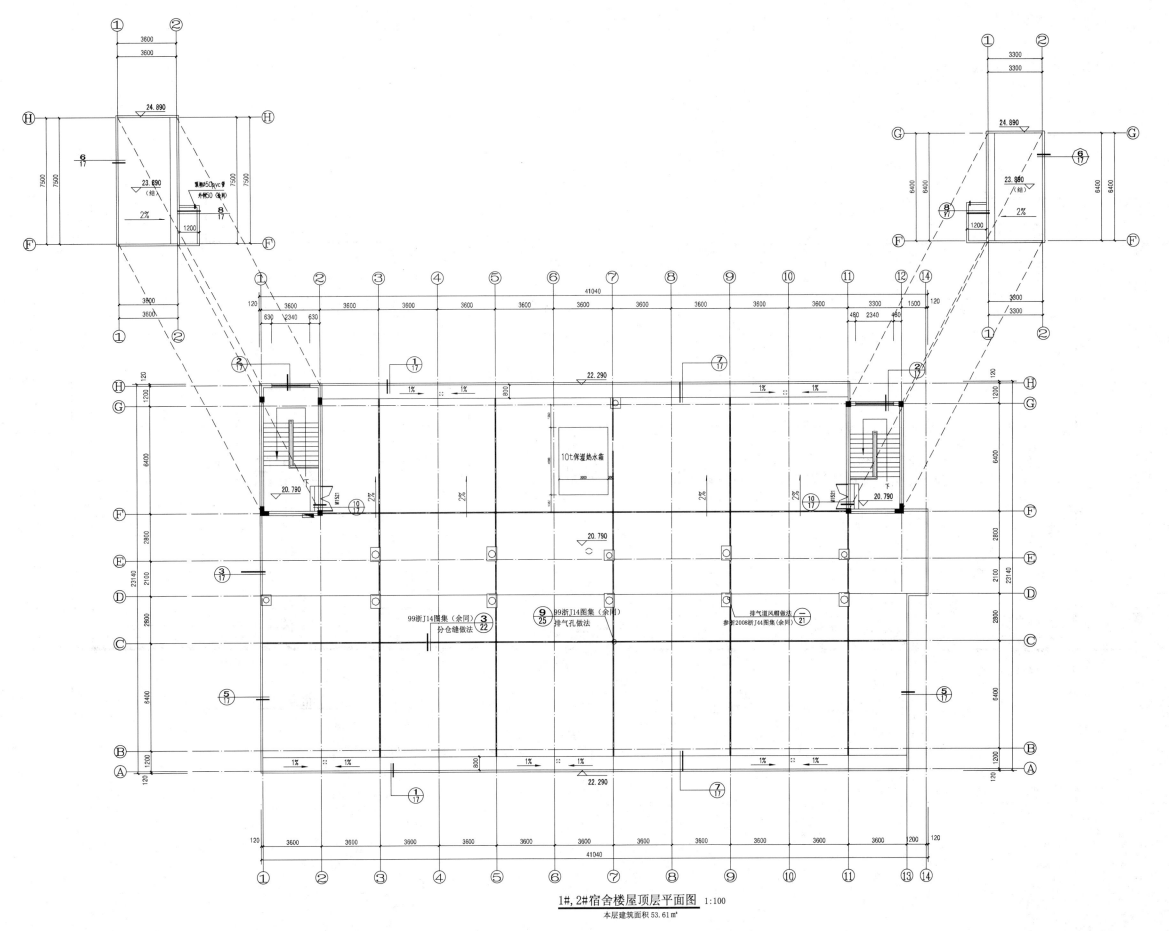

1#，2#宿舍楼屋顶层平面图 1:100
本层建筑面积 53.61㎡

11

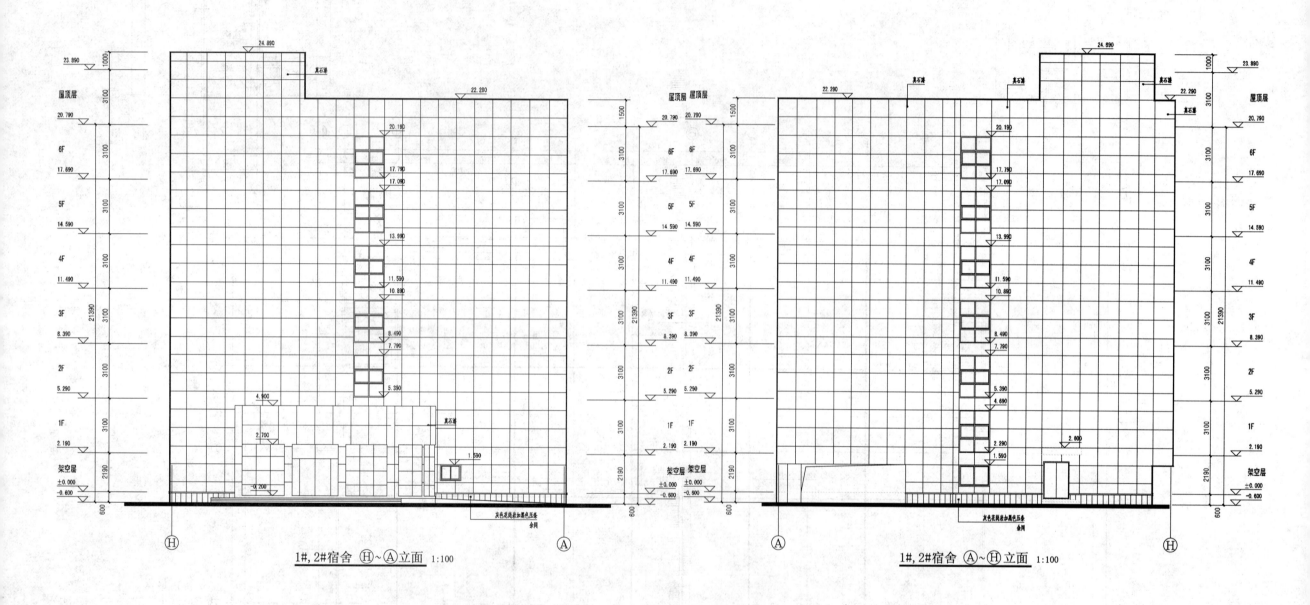

1#,2#宿舍 Ⓗ~Ⓐ立面 1:100

1#,2#宿舍 Ⓐ~Ⓗ立面 1:100

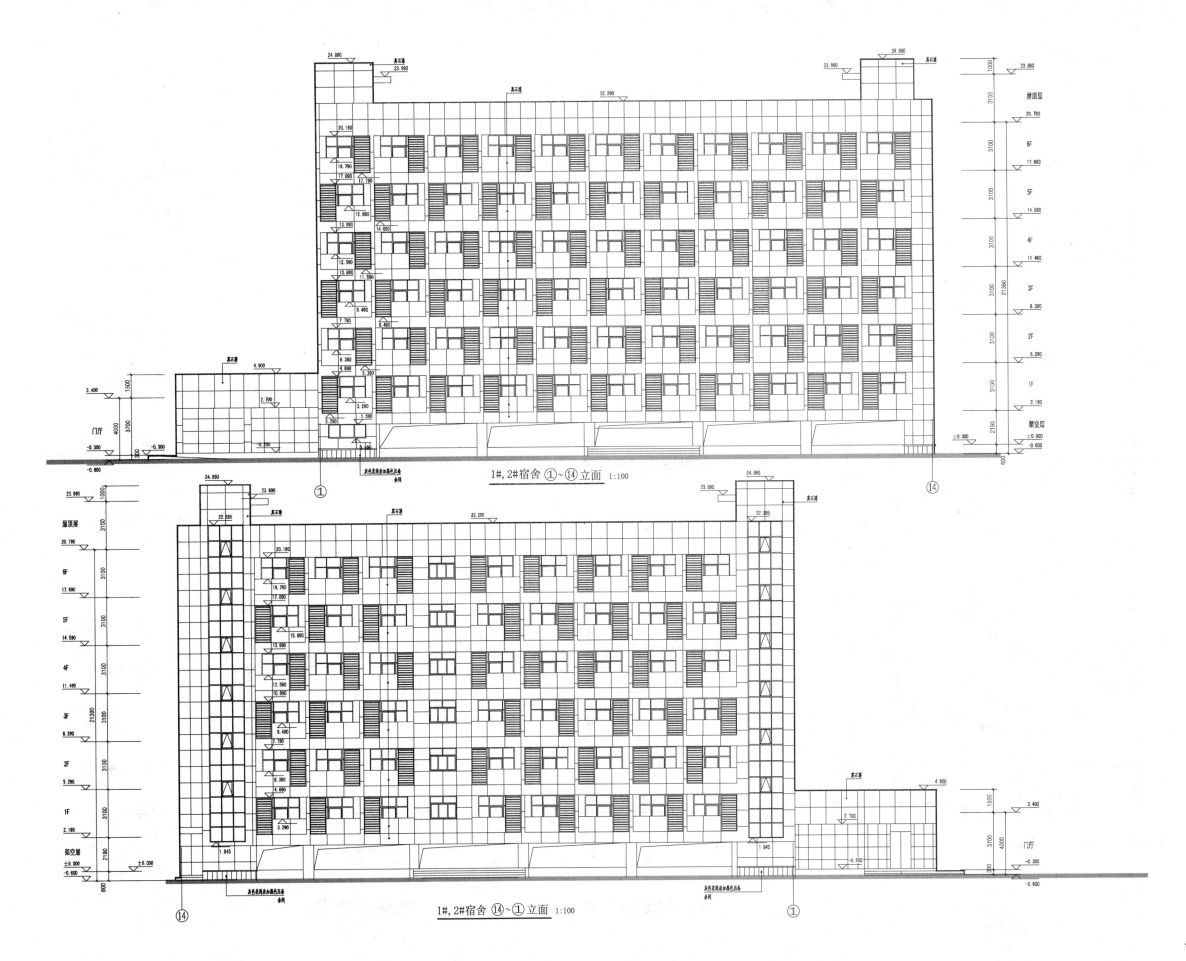

1#,2#宿舍 ①~⑭立面 1:100

1#,2#宿舍 ⑭~①立面 1:100

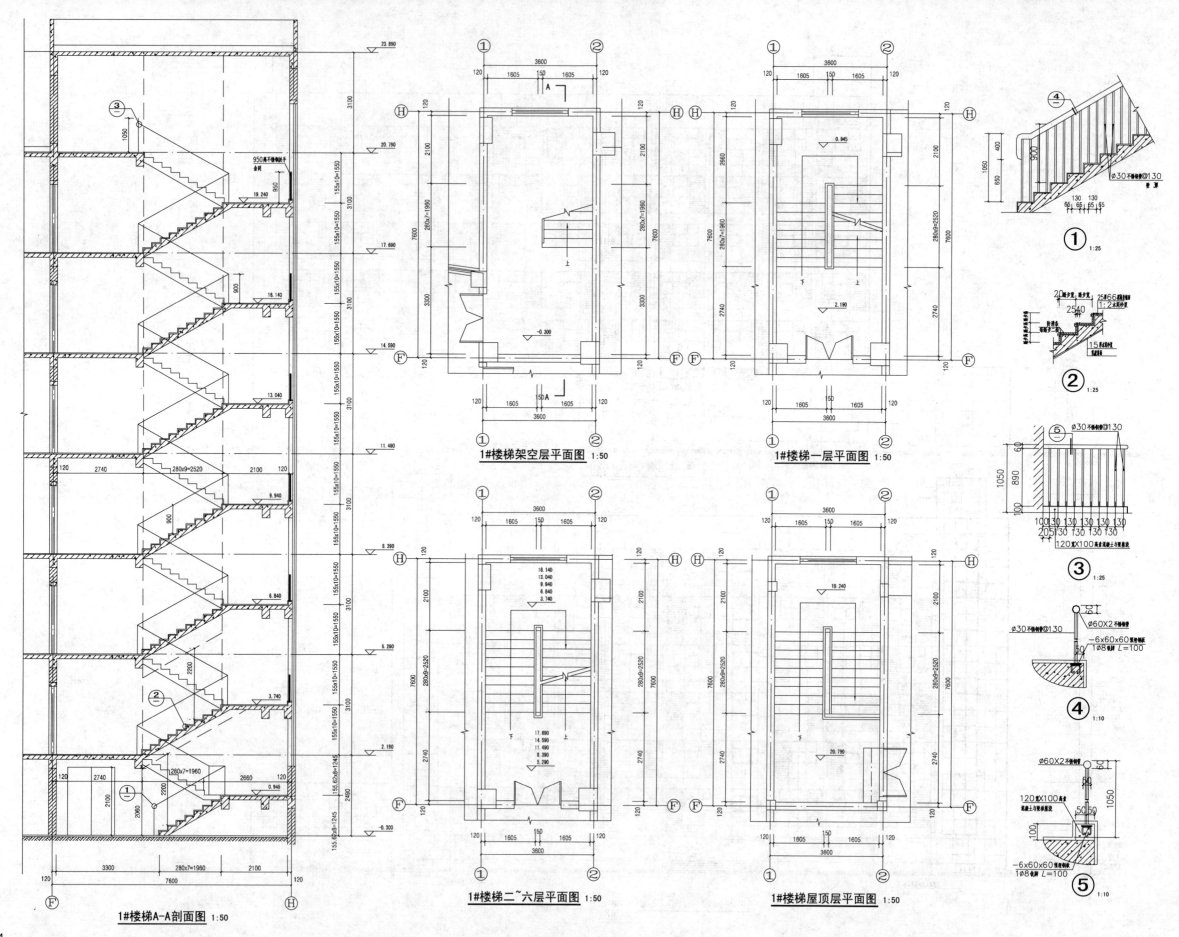

1#楼梯A-A剖面图 1:50

1#楼梯架空层平面图 1:50

1#楼梯一层平面图 1:50

1#楼梯二～六层平面图 1:50

1#楼梯屋顶层平面图 1:50

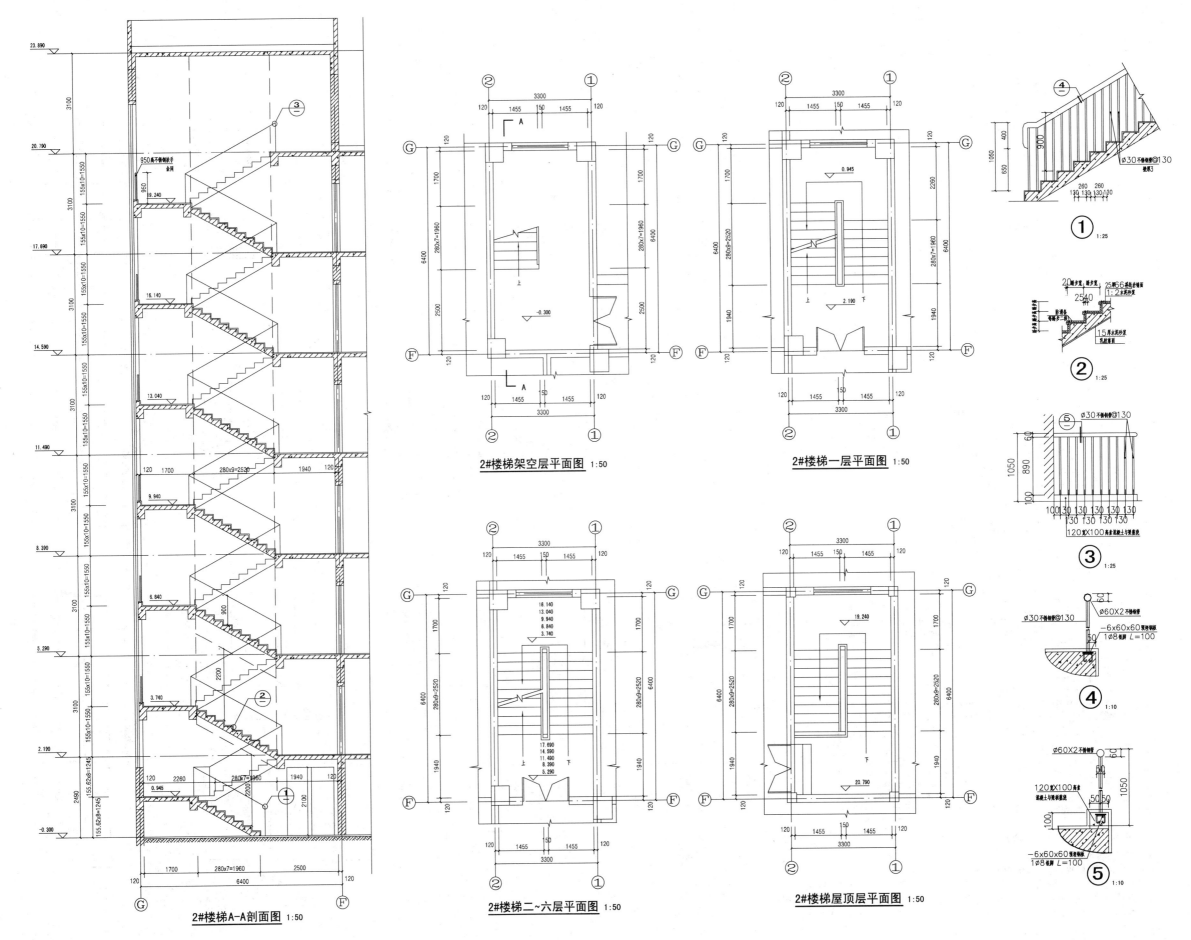

2#楼梯A-A剖面图 1:50

2#楼梯架空层平面图 1:50

2#楼梯一层平面图 1:50

2#楼梯二~六层平面图 1:50

2#楼梯屋顶层平面图 1:50

① 1:25

② 1:25

③ 1:25

④ 1:10

⑤ 1:10

15

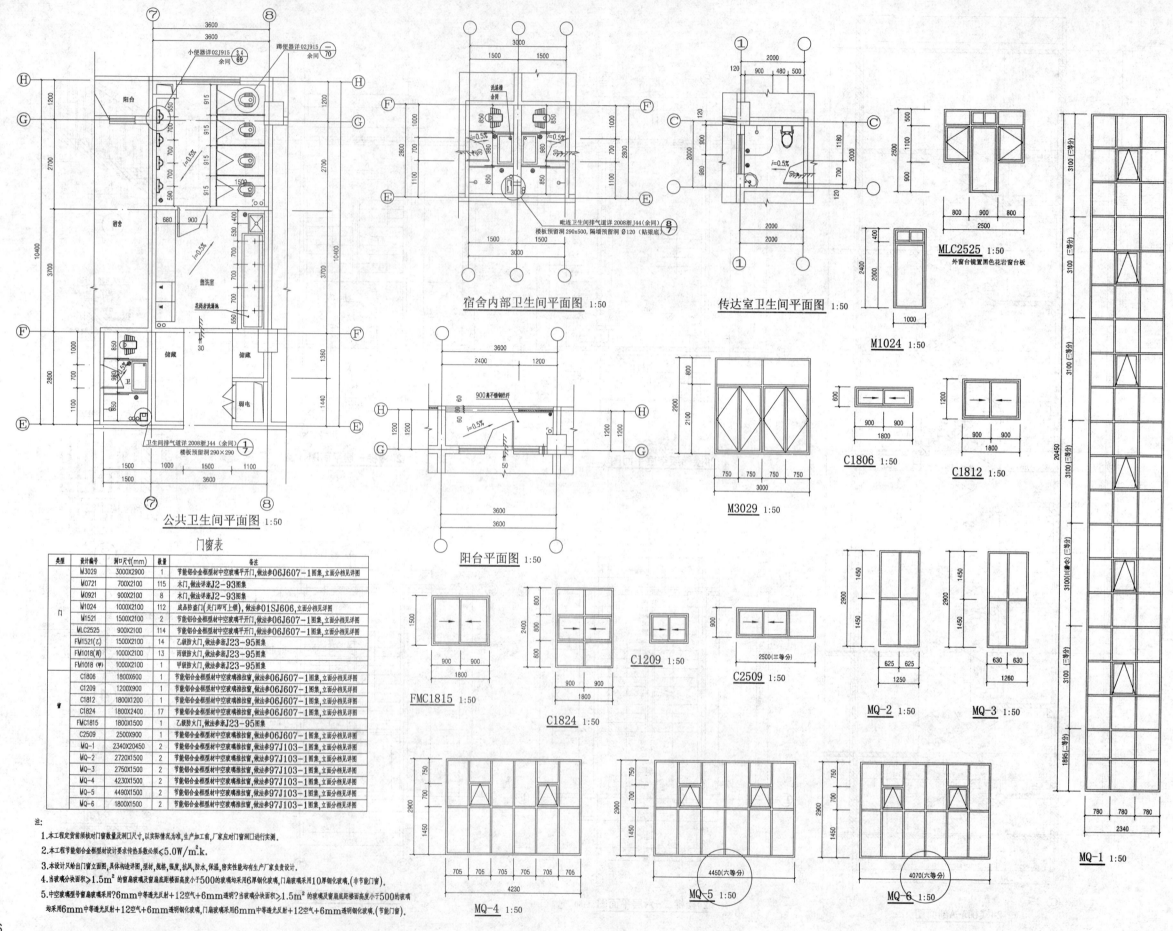

公共卫生间平面图 1:50

宿舍内部卫生间平面图 1:50

传达室卫生间平面图 1:50

阳台平面图 1:50

门窗表

类型	设计编号	洞口尺寸(mm)	数量	备注
门	M3029	3000X2900	1	节能铝合金框型材中空玻璃平开门,做法参06J607-1图集,立面分格见详图
	M0721	700X2100	115	木门,做法详浙J2-93图集
	M0921	900X2100	8	木门,做法详浙J2-93图集
	M1024	1000X2100	112	成品防盗门(关门即可锁),做法参01SJ606,立面分格见详图
	M1521	1500X2100	2	节能铝合金框型材中空玻璃平开门,做法参06J607-1图集,立面分格见详图
	MLC2525	900X2100	114	节能铝合金框型材中空玻璃平开门,做法参06J607-1图集,立面分格见详图
	FM1521(乙)	1500X2100	14	乙级防火门,做法参浙J23-95图集
	FM1018(丙)	1000X2100	13	丙级防火门,做法参浙J23-95图集
	FM1018(甲)	1000X2100	1	甲级防火门,做法参浙J23-95图集
窗	C1806	1800X600	1	节能铝合金框型材中空玻璃推拉窗,做法参06J607-1图集,立面分格见详图
	C1209	1200X900	1	节能铝合金框型材中空玻璃推拉窗,做法参06J607-1图集,立面分格见详图
	C1812	1800X1200	1	节能铝合金框型材中空玻璃推拉窗,做法参06J607-1图集,立面分格见详图
	C1824	1800X2400	17	节能铝合金框型材中空玻璃推拉窗,做法参06J607-1图集,立面分格见详图
	FMC1815	1800X1500	1	乙级防火窗,做法参浙J23-95图集
	C2509	2500X900	1	节能铝合金框型材中空玻璃推拉窗,做法参06J607-1图集,立面分格见详图
	MQ-1	2340X20450	2	节能铝合金框型材中空玻璃推拉窗,做法参97J103-1图集,立面分格见详图
	MQ-2	2720X1500	2	节能铝合金框型材中空玻璃推拉窗,做法参97J103-1图集,立面分格见详图
	MQ-3	2750X1500	2	节能铝合金框型材中空玻璃推拉窗,做法参97J103-1图集,立面分格见详图
	MQ-4	4230X1500	2	节能铝合金框型材中空玻璃推拉窗,做法参97J103-1图集,立面分格见详图
	MQ-5	4490X1500	2	节能铝合金框型材中空玻璃推拉窗,做法参97J103-1图集,立面分格见详图
	MQ-6	1800X1500	2	节能铝合金框型材中空玻璃推拉窗,做法参97J103-1图集,立面分格见详图

注:
1.本工程定货前须核对门窗数量及洞口尺寸,以实际情况为准,生产加工前,厂家应对门窗洞口进行实测。
2.本工程节能铝合金框型材设计要求传热系数必须≤5.0W/m²·k。
3.本设计只给出门窗立面图,具体构造详图、型材、规格、强度、抗风、防水、保温、密实性能均有生产厂家负责设计。
4.当玻璃分块面积≥1.5m²的窗扇玻璃及窗扇底边距楼面高度小于500的玻璃采用6厚钢化玻璃,门扇玻璃采用10厚钢化玻璃,(非节能门窗)。
5.中空玻璃型号窗扇玻璃采用?6mm中等透光反射+12空气+6mm透明,当玻璃分块面积≥1.5m²的玻璃及窗扇底边距楼面高度小于500的玻璃采用6mm中等透光反射+12空气+6mm透明钢化玻璃,窗扇采用6mm中等透光反射+12空气+6mm透明钢化玻璃,门扇玻璃采用6mm中等透光反射+12空气+6mm透明钢化玻璃。(节能门窗)。

MLC2525 1:50
外窗台镜置黑色花岗岩窗台板

M1024 1:50

M3029 1:50

C1806 1:50

C1812 1:50

FMC1815 1:50

C1824 1:50

C1209 1:50

C2509 1:50

MQ-2 1:50

MQ-3 1:50

MQ-4 1:50

MQ-5 1:50

MQ-6 1:50

MQ-1 1:50

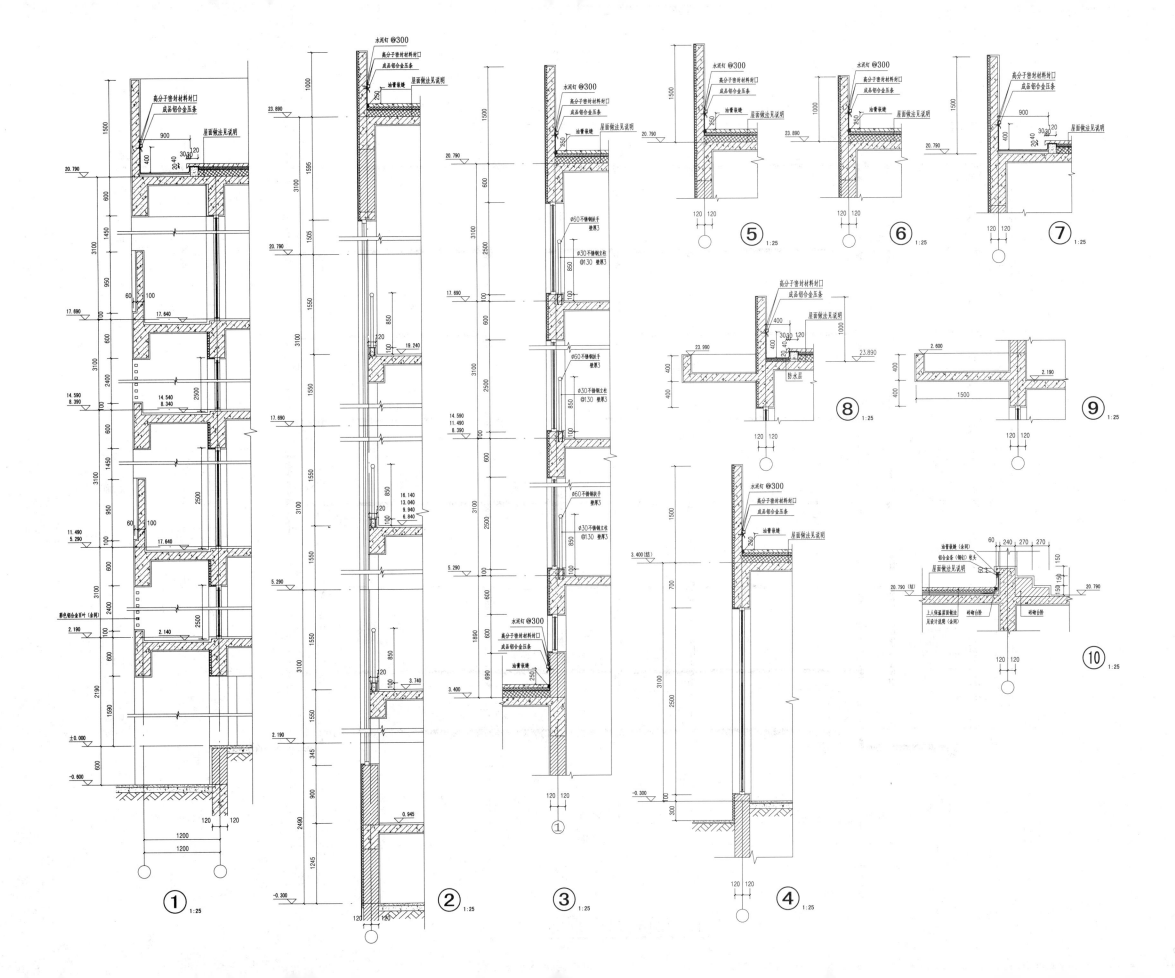

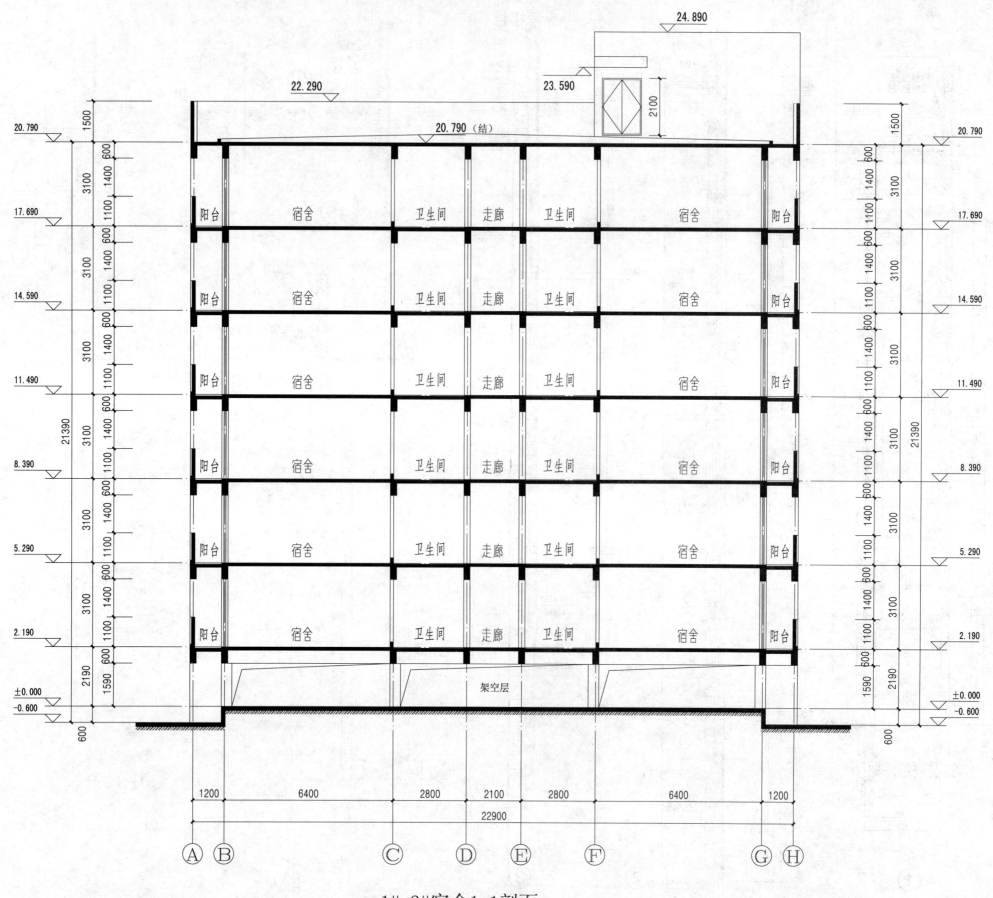

1#, 2#宿舍1-1剖面 1:100

		工程名称	xx职业学院校区扩建工程		
		工程号	11-01012		
		子项名称	宿舍楼		
图纸目录		子项号	01010-02		
		修改版次		共 1 页　第 1 页	

序　号	图　号	图　　　　　名	图幅	备　注
1	结施-00	图纸目录	A4	
2	结通-01	结构设计总说明（一）	A1	
3	结通-02	结构设计总说明（二）	A1	
4	结通-03	结构设计总说明（三）	A1	
5	结通-04	结构设计总说明（四）	A1	
6	结施-01	桩基础设计说明及承台详图	A2	
7	结施-02	宿舍楼桩位平面布置图	A0	
8	结施-03	宿舍楼承台平面布置图	A0	
9	结施-04	宿舍楼基础~标高2.160柱平面布置图	A0	
10	结施-05	宿舍楼标高2.160~8.360柱平面布置图	A1	
11	结施-06	宿舍楼标高8.360~屋顶柱平面布置图	A1	
12	结施-07	宿舍楼一层结构平面布置图	A0	
13	结施-08	宿舍楼一层梁平法施工图	A0	
14	结施-09	宿舍楼二、四、六层结构平面布置图	A1	
15	结施-10	宿舍楼二、四、六层梁平法施工图	A1	
16	结施-11	宿舍楼三、五层结构平面布置图	A1	
17	结施-12	宿舍楼三、五层梁平法施工图	A1	
18	结施-13	宿舍楼屋顶层结构平面布置图	A1	
19	结施-14	宿舍楼屋顶层梁平法施工图	A1	
20	结施-15	1#楼梯详图	A1	
21	结施-16	2#楼梯详图	A1	

专　业	结构		
专业负责		盖	
制　表		章	
日　期	2013.05		

结构设计总说明（一）

一、工程概况和总则

1. 该项目位于杭州市位于萧山区。拟建建由1幢宿舍、
   1幢辅助用房、2幢教学楼和2幢实训楼组成，其概况如表1。

表1

楼号	层数	层高	檐口高度	结构类型	抗震等级	基础类型	设置缝
附属楼	3	一、二层4.5米；三层3.6米	13.200米	框架结构	四级	桩基础	基础
宿舍楼	6	架空层2.19米；一～六层3.1米	21.090米	框架结构	四级	桩基础	基础
1#教学楼	5	一～五层3.9米	19.950米	框架结构	四级	桩基础	基础
2#教学楼	3	一～三层3.9米	12.150米	框架结构	四级	桩基础	基础
配电房(实训C区)	1	一层6.0米；二层3.80米	9.800米	框架结构	四级	桩基础	基础
实训楼(D区)	1	一层12.0米	12.000米	框架结构	四级	桩基础	基础
实训楼(A区)	3	一层4.5米；二～三层4.00米	12.500米	框架结构	四级	桩基础	基础
实训楼(B区)	1	一层12.0米	12.000米	框架结构	四级	桩基础	基础

2. 计量单位(除注明外)：1) 长度：mm；2) 角度：度，度；3) 标高：m；4) 强度：N/mm²。
3. 本工程在设计中考虑的环境类别，钢筋混凝土结构设计使用年限为50年，设计基准周期为50年。钢结构设计使用年限为25年，设计基准周期25年。
4. 本设计中没考虑冬季、雨季的施工措施。施工中应严格按照国家现行各项规范及施工有关规定进行。施工单位应自行采取施工中有关冬季、雨季的施工措施。施工单位应自行采取相应措施。
5. 本建筑应按使用说明中注明的使用功能，未经技术鉴定或设计许可，不得改变建筑的用途或使用环境。
6. 凡预留凹洞、预埋件均应按照结构施工图并配合其他工种图纸进行施工，未经结构专业许可，严禁擅自凿洞、事后堵洞。
7. 本工程平面整体表示方法所采用的标准图集为：国家建筑标准设计图集《混凝土结构施工平面整体表示方法制图规则
   和构造详图(现浇混凝土框架、剪力墙、梁、板)》(11G101-1)，《混凝土结构施工图平面整体表示方法制图规则
   和构造详图(现浇混凝土板式楼梯)》(11G101-2)，《混凝土结构施工图平面整体表示方法制图规则和构造详图
   (独立基础、条形基础、筏形基础及桩基承台)》(11G101-3)，《蒸压加气混凝土砌块砌筑与抗裂砂浆》
   (JC890-2001)。
8. 本工程结构安全等级为二级，结构重要性系数取为1.0；砌体结构施工质量控制等级：B级。
9. 建筑物耐火等级为二级。
10. 本工程的混凝土结构的环境类别：一、室内正常环境为一类。二、室内潮湿(如室内水池、水渠、卫生间)为二a类。
11. 结构施工图中除特别注明外，均以本总说明为准。
12. 结构施工图中遇特别说明外，均以本总说明为准。本说明未尽详尽的部分，应按照国家及本省现行的有关施工和验
    收规范、规范执行。

二、设计依据

1. 50年一遇的基本风压：0.45kN/m²；地面粗糙度B类，风载体型系数1.3。
   50年一遇的基本雪压：0.45kN/m²。
2. 本工程所在地区的抗震设防烈度为6度，按抗震设计，设计地震分组为第Ⅲ类。
3. 本工程根据浙江xx勘察研究院有限公司2013年3月提供的《xx职业学院扩建(一期)岩土工程勘察
   报告》(详勘)(工程编号：2013-00x)进行设计。
4. 建设单位提出的与结构有关的符合有关规范的书面要求。
5. 本工程施工按初步设计审查、批复文件及国家有关规范规程、规定及主管部门施工文件进行设计。
6. 结构整体分析采用中国建筑科学研究院PKPM系列软件SATWE、JCCAD(版本号：10版2012.6)计算。
7. 本专业设计所执行的中华人民共和国现行国家和地方标准、规范规程主要是：
   《工程结构可靠度设计统一标准》GB50153-2008；《建筑结构设计统一标准》GB50068-2001；
   《建筑工程抗震设防分类标准》GB50223-2008；《混凝土结构设计规范》GB50010-2010；
   《建筑结构荷载规范》GB50009-2012；《建筑地基基础设计规范》GB50007-2011；
   《建筑桩基技术规范》JGJ94-2008；《地下工程防水技术规范》GB50108-2008；
   《砌体结构设计规范》GB50003-2011；《多孔砖砌体结构技术规范》JGJ 137-2001；
   《建筑抗震设计规范》50016-2006；《砌体结构设计规范》(JGJ 194-2006)；
   《混凝土耐久性设计规范》GB/T 50476-2008；《浙江省建筑地基基础设计规范》(DB33/1001-2003)；
   《全国民用建筑工程设计技术措施(结构)》2009；《钢结构设计规范》GB50017-2003；
   《冷弯薄壁型钢结构技术规程》(GBJ50018-2002)；《门式刚架轻型房屋钢结构技术规程》(CECS 102:2002)；
   《预应力混凝土结构设计规程》(CECS：24-90)。
   浙江省《蒸压粉煤灰加气混凝土砌块应用技术规程》(DB33/T1027-2006)；
   国家建筑标准设计图集《混凝土结构施工图平面整体表示方法制图规则和构造详图》(11G101-1)及11G101-2、
   11G101-3、08G101-5；规范、规则、规定。
8. 本专业工程质量验收依据：
   《建筑地基基础工程施工质量验收规范》GB50202-2002；《建筑变形测量规范》JGJ8-2007；
   《地下防水工程质量验收规范》GB50208-2002；《混凝土结构工程施工质量验收规范》GB50204-2002(2011年版)；
   《钢结构工程施工质量验收规范》GB50205-2001。
   其他现行国家和地方有关施工标准、验收规范。
9. 本工程主要使用活荷载及楼面附加荷载(除注明外)：按《建筑结构荷载规范》GB50009-2012取值，具体数值
   (标准值)如表2所示。屋面有可能积水，按积水的可能深度确定屋面活荷载
   分布。卫生间处楼面荷载按隔墙等效均布荷载取用，按室内最不利布置，未经设计单位同意，不得任意升高使用功能。
   不得在楼层和板上增设建筑图中未标注的隔墙和重物。

三、地基及基础工程

1. 本工程地基基础设计等级为丙级；建筑桩基设计等级为丙级。
2. 根据本工程岩土工程勘察报告，拟建场地自上而下各土层的工程地质特征如下：
   (1) 第①层：素填土，层厚0.40米～0.70米，层底标高5.7～5.98米；
   (2) 第②层：粉质粘土，灰黄色，层厚2.90米～3.40米，层底标高5.14～5.48米；
   (3) 第③-1层：粉质粘土，灰色，层厚2.40米～4.80米，层底标高2.40～4.80米；
   (4) 第③-2层：粉质粘土，灰色，层厚2.80米～4.80米，层底标高-2.68～-0.29米；
   (5) 第④层：粘土，灰色，层厚4.20米～8.25米，层底标高-6.26～-4.84米；
   (6) 第⑤层：淤泥质粉质粘土，层厚13.30～16.60米，层底标高-13.39～-9.67米；
   (7) 第⑥层：粉质粘土，夹粉砂，灰绿色，层厚10.00～13.90米，层底标高-27.73～-26.13米；
   (8) 第⑧-1层：粉质粘土，灰绿色，层厚1.00～2.50米，层底标高-38.17～-36.82米；
   (9) 第⑨-1层：粉砂，灰色，层厚0.20～1.70米，层底标高-40.06～-38.14米；
   (10) 第⑨-2层：圆砾，灰色，层厚40.76～38.90米。
   本工程所在地地下水丰富。地下水对混凝土结构均有微腐蚀性，对钢筋混凝土结构中的钢筋在长期浸水情况下有微腐蚀性。
   在干湿交替情况下对钢筋混凝土中的钢筋有弱腐蚀性。

3. 本工程采用桩基，在桩正式施工前应进行试桩，若试桩结果未达到，桩基础图则不得用实际施工。桩的设计、施工、
   测试等具体要求及参数详见基础设计说明。桩基施工单位应做好施工组织设计，合理安排施工，减少挖桩桩挤土对邻
   近建筑及地下管线的不利影响，挖桩前应做好安全措施。

4. 基坑开挖及围护要求：
   (1) 基坑开挖前，施工单位应提供基坑开挖施工组织设计，选定开挖机械、开挖程序、机械和运输车辆行驶路线、地面
       和基坑排水措施，雨季台风汛期施工等措施。施工组织设计须经公司有关单位认可，方可施工。
   (2) 基础的上部结构施工须严格按照开挖程序进行，严禁超挖。当开挖影响范围内必须取得可靠排障措施，当邻近建筑可能受基坑开挖
       影响时，应详细观察记录，并做好记录。
   (3) 本场地地下水位较高，施工中应采取有效措施降低地下水至施工面以下1m，保证正常施工，同时应防止因降低
       地下水位而导致建筑路及地面沉降而产生的不利影响。
   (4) 机械挖土时应按相关地基基础设计规范有关规定分层进行，严禁挖土机械碰撞柱身及在工程桩上设置支撑。坑
       底应保留不少于300mm土层(当为桩基时，应为桩顶标高以上300mm土层)用人工开挖，每根桩机挖机应停在
       1：2坡度以外处。
   (5) 挖出土方宜当场运走，每挖土方应当就近运出，不应堆放在坑边，应尽量减少坑边的地面堆载，基坑堆载应严格控制在
       10kN/m²以下。
   (6) 基坑超挖后坑内有薄浆时应将余浆清除干净，换以粗砂、碎石或碎黄色粘土分层回填，分层厚度宜为300mm，并
       经夯实。基坑开挖验收后，应立即进行垫层和基础施工，防止太阳暴晒和雨水浸泡破坏或扰动土原状结构。
   (7) 底层墙柱内应预埋钢筋和接地钢材，其位置数量及做法详见电施工图纸，焊接工作应由经验丰富的电工进
       行，不得损伤结构钢筋。
   (8) 基础周边回填，必须换除柔土，清除合水严较多的浮土和建筑垃圾，回填土应选用碎砂砾石，压实性较好的素土
       回填(填方材料须符合现行的国家标准的有关规定)，每层填土厚度一般不大于300mm，要求对称均匀分层夯实，
       压实系数不小于0.94。
3. 除上述规定外，尚应遵守有关结构设计图中有关技术要求。
4. 除上述规定外，尚应遵守有关结构设计图中有关技术要求。
5. 本工程在施工期间和使用阶段应进行建筑物的沉降观测。施工单位应配合做好沉降观测工作，创造观测条件，及时向
   设计单位提供数据。施工一层观测一次，并应以实测资料作为工程验收的依据之一。沉降观测控制要求请有关规
   范执行，建筑物施工某在工程验收时移交设计单位一份为妥。建筑物沉降观测量<=100mm(具体施工图纸另有说
   明)，从其说明。

四、材料选用及要求

1. 混凝土：
   (1) 本工程采用重要结构混凝土强度等级详见各单体。
   (2) 混凝土对砂石料、掺合料和添加剂的选用应严格标准，确保混凝土的强度、耐久性和施工要求的工作性。根据
       结构混凝土所在位置按本说明第一10条规定的结构环境类别，混凝土耐久性应满足第5.1.(7)规定。
   (3) 大梁上部可采用清水木模板或定性保温模板。模板拆模制时间不宜小于7天。模板拆除时梁砼强度须达14天。
   (4) 构造柱、过梁、压顶梁、柱帽及卫生间防水翻边、砼采用注明者采用C20，随施工时同相应楼层梁板砼。
   (5) 混凝土垫层：100毫厚C15碎石混凝土，再往其上浇筑100厚C15混凝土垫层。凡地基从构中须升外侧均应升100mm。
       施工时必须保证其强度达到75%以上，并应充分扬润。

表2

楼面用途	教室	留宿	阳台	走道	教学楼(门厅)	门厅	厨房	卫生间	商业用房	变配电室(设备用房)	办公用房	上人屋面	非上人屋面
活荷载(kN/m²)	2.5	2.0	2.5	2.5	3.5	2.5	4.0	2.5	3.5	4.0	2.0	2.0	0.5
楼面附加荷载(kN/m²)	1.5	1.5	1.5	1.5	1.5	1.5	1.5	1.5	1.5	1.5	1.5	4.6	3.6

楼面用途	电梯机房	液压货梯区域	机房/CAD制图室	施工实测机房室	监控机房室	目标化生产室	自动化办公	灵动机系数区实验室	汽车电瓶充电区
活荷载(kN/m²)	7.0	7.0	2.0	2.0	2.0	2.0	2.0	4.0	4.0
楼面附加荷载(kN/m²)	1.5	1.5	1.5	1.5	1.5	1.5	1.5	1.5	1.5

1. 钢筋栏杆顶部、挑檐的施工或检修集中荷载为1.0kN，楼梯、阳台和上人屋面等栏杆顶部水平推力1.0kN/m。
2. 以上各楼面附加荷载均为楼整层自重计算(顶棚粉刷+地面做法)及有(有找坡及防水层时另计)，使用
   施工及装修时，不得使用荷载越载。
3. 下沉梁镶上回填(≤300mm)采用填充轻质混凝土(容重<14kN/m³)。
4. 当下层楼板混凝土未达到设计强度时，如上部梁、板的支撑不得直接支撑于本层楼面。

(6) 耐久性要求：结构混凝土材料的耐久性基本要求应符合表3的规定。

表3

环境类别	最大水胶比	最低混凝土强度等级	最大氯离子含量(%)	最大碱含量(kg/m³)
一	0.60	C20	0.3	不限制
二a	0.55	C25	0.2	3.0
二b	0.50	C30	0.15	3.0

注：a. 氯离子含量系占胶凝材料总量的百分比。
   b. 预应力构件混凝土中的最大氯离子含量为0.06%；最低混凝土强度等级应按表中规定提高两个等级。
   c. 当使用非活性掺合料时，对混凝土中的碱含量可适当放宽。

(7) 梁柱含箍力墙柱及与梁、钢接层及梁等节点钢筋密过密的部位，采用同强度等级的细石混凝土振捣密实。
(8) C35和C35以上混凝土，应采用碎石骨料，不得采用卵石代替；细石用其细砂小石子代用。
(9) 除灌注单体提供试块混凝报告外，击应满足有随机无损检查要求以，以确保混凝土的施工质量及强度等级无质不
(10) 混凝土预拌(商品)混凝土，在浇注采用混凝土要求塌落度外，应严格控制水胶比。

2. 钢筋：
   (1) Φ表示HPB300钢筋(I级钢筋，fy=270N/mm²)；Φ表示HRB335钢筋(II级钢筋，fy=300N/mm²)；Φ表示HRB400钢筋
       (III级钢筋，fy=360N/mm²)。预应力砼采用其高强钢筋及钢绞线。
       钢筋及钢筋预应力混凝土结构所用钢筋，钢丝，钢绞线应符合《混凝土结构工程施工质量验收规范》
       GB50204-2002(2011年版)及国家其他规范。
   (2) 当采用进口钢筋代替时，应有全国有关规范的有关规定。
   (3) 受力钢筋严格的锚固位置应采用HPB300级(I级)、HRB335级(II级)或HRB400级(III级)。严禁采用冷加工钢筋。吊环应采
       用HPB300(I级)钢筋，严禁使用冷加工钢筋。吊环埋入混凝土的深度不应小于35d，并加弯钩，应绑扎在钢筋
       骨架上。图中未注明，吊钩直径为Φ20的HPB300钢筋。
   (4) 框架、斜撑构件(含楼梯)中纵向受力钢筋的抗拉强度实测值与屈服强度实测值的比值不应小于1.25，且屈服强度
       测量实际强度标准值的比值不应大于1.30，钢筋在最大拉力下应不小于9%。钢筋的强度标准值具有不
       少于95%的保证率。梁、柱、支撑及剪力墙连接构件中，其受力钢筋满足以上要求。当采用现行国家标准
       《钢筋混凝土用钢第2部分：热轧带肋钢筋》GB1499.2中牌号带E的热轧带肋钢筋时，其强度和弹性模量应按
       《混凝土结构设计规范》GB50010-2010第4.2中有关钢筋类别的规定采用。
   (5) 纵向受力普通钢筋的基本锚固长abE(抗震)及aE(抗震设计)见国标图集《混凝土结构施工图平面整体
       表示方法制图规则和构造详图》11G101-1第53页。
   (6) 框架梁抗震箍、剪力墙区及水平部分钢筋接头等构造要求详见标准图集11G101-1要求执行。除注明外，受力
       钢筋d≥25时，宜采用机械连接。用于电气施工的接地钢筋从柱顶至基础全部焊接。
   a. 受力钢筋接头位置应相互错开。受力钢筋的接头位置应位于梁端、柱端箍加密区。
   b. 受力钢筋的接头应避开在位置接头的位置应位于上错开。当采用机械连接时，同一区段内纵向受拉
      钢筋接头面积不应大于钢筋总面积的25%(受拉区)和50%(受压区)。当采用焊接接头时，在同一焊接接头中心
      长度为钢筋直径35倍且不小于500mm区段范围内，有接头的钢筋面积不大于钢筋总面积的50%，且同一根
      钢筋不得有两个接头。当采用机械接头时，在同一机械连接头中心为钢筋直径的35倍区段范围内，有
      接头的钢筋面积不应大于钢筋总面积的50%，且同一根钢筋不得有两个接头。
   c. 在纵向受力钢筋搭接长度范围内箍筋间距不大于100mm和5倍的纵筋直径，其直径不应小于搭接钢筋较大直径
      的0.25倍。
   d. 框细钢筋搭接时，根据被钢筋截面计算该长面积百分率，按相应箍接长度计算搭接长度。
   e. 剪力墙横向及墙柱纵向钢筋的接头位置应错开，且应满足箍筋最小配筋率、最大配筋率及钢筋间距等要求。
   f. 梁主筋搭接位置：下部钢筋在支座处连接，上部钢筋在1/3跨连接。
   g. 现浇混凝土楼板受力钢筋的接头不得在跨中连接，应在支座处连接，板顶钢筋在跨连接且通长钢筋不得在支座处连接。应在
      跨的1/3范围内连接。
   h. 梁(墙)主筋搭接连接或锚固板伸入支座的锚固长度：一般为1/2梁宽或墙宽，且不小于5d。梁与框架
      (墙)搭接(搭接边处)梁主筋伸入支座的锚固长度及架梁延搁置长度要求，板应搭接。
   i. 所有梁、剪力墙箍筋和拉筋的末端应做不小于135°等弯钩，弯钩端末钩长度为10d。见11G101-1
      第56页封闭箍筋和拉筋弯钩构造，拉筋同时钩住纵筋和箍筋。
   (7) 施工中任何钢筋替换须注意受力钢筋设计值相等，并应满足最小配筋率、最大配筋率及钢筋间距等要求足构
       造要求，并经设计同意后方可更换。
   (8) 严禁采用假冒钢材。
   (9) 轴心受压和小偏心受压构件(如框架柱和框架的拉杆)的纵向受力钢筋不得采用绑扎搭接接头，当受拉钢筋的直径d>25mm
       及受压钢筋的直径d≥28mm时，不宜采用绑扎搭接接头。
   (10) 基础底板接头宜采用按标准图集11G101-3执行。
   (11) 纵向受力的普通钢筋及预应力钢筋其混凝土保护层厚度(钢筋外边缘至混凝土表面的距离)不应小于钢筋的公称
        直径，且应符合表4要求。当板、柱中纵向受力钢筋的混凝土保护层厚度大于40mm时，在保护层内应增配细钢筋网
        片防裂，规格按施工经验确定。

表4 纵向受力钢筋混凝土保护层最小厚度(mm)

环境类别	板墙壳 C25	板墙壳 C30~C45	板墙壳 >C50	梁 C25	梁 C30~C45	梁 >C50	柱 C25	柱 C30~C45	柱 >C50
一类环境	20	15	15	25	20	20	25	20	20
二类环境 a		20	20		25	25		25	25
二类环境 b		25	20		35	35		35	35
三类环境		30	30		40	40		40	40

结构设计总说明(二)

注:1.基础中纵向受力钢筋的保护层厚度不应小于40mm;当无垫层时不应小于70mm.

2.a.室内正常环境为一类; b.室内潮湿(如室内水池、水箱、卫生间)为二a;地下部分:为二b类.

3.地下室承台:下部为50mm,上部为 20mm;基础梁:上部为25mm,下部、侧面为 40mm.(当为桩基的承台底部时,保护层由桩顶伸入承台深度决定.)

地下室墙: 外墙外侧为 35mm,外墙内侧及内墙为 20mm;(地下室墙外侧建筑采用柔性防水,墙体与土壤不直接接触);地下室顶板有覆土时:下部15mm,上部30mm.

(12) 钢板和型钢采用:Q235等级B(C,D)的碳素结构钢;Q345等级B(C,D,E)的低合金高强度结构钢.

(13) 所有外露铁件均应除锈涂红丹两道,刷防锈漆两度(颜色另定).

(14) 焊条:电弧焊所采用的焊条,其性能应符合现行国家标准《碳钢焊条》GB5117或《低合金钢焊条》GB5118的规定,其型号应根据设计确定,若设计无规定时,可按表5 选用(当不同强度钢材连接时,可采用与低强度钢材相适应的焊接材料):

表 5　　电弧焊接头型式

钢筋级别	帮条焊 搭接焊	坡口焊 熔槽帮条焊 预埋件穿孔塞焊	窄间隙焊	钢筋与钢板搭接焊 预埋件T型角焊
Φ	E4303	E4303	E4316E4315	E4303
Φ	E4303	E5003	E5016E5015	E4303
Φ	E5003	E5503	E6016E6015	E5003

(15) 楼梯梯板板底筋应通长设置,不允许出现接头(搭接或焊接).

3. 填充墙体:

(1) 外墙(防潮层以下)地下室内分隔墙: 采用240厚强度等级MU10蒸压灰砂砖,M10水泥砂浆砌筑, 容重不大于18 kN/m³(不含双面普通粉刷层各20mm);

外墙(防潮层以上): 采用烧结页岩多孔砖,M7.5混合砂浆砌筑, 砖容重不大于14 kN/m³(不含双面普通粉刷层各20mm及外墙保温和干挂).

内隔墙(卫生间、厨房、楼梯间墙): 采用烧结页岩多孔砖,M7.5混合砂浆砌筑, 砖容重不大于14 kN/m³(不含双面普通粉刷层各20mm及外墙保温和干挂).

内隔墙(卫生间、厨房、楼梯间墙除外): 轻质砂加气混凝土砌块,强度级别A3.5,密度级别B05.砌筑采用专用粘结剂,砌块容重不大于7 kN/m³.

(2) 砌体材料应有检验合格证明,其出釜停放期,不应小于28天,不宜小于45天.

(3) 砌体施工质量控制等级为 B级.

(4) 填充墙应按照《砌体填充墙结构构造》06SG614—1造要求施工.

4. 节能:

保温材料与主体结构的连接应保证其安全性、耐久性.连接要求应符合《全国民用建筑工程设计技术措施节能专篇 结构》中的相关规定.

五. 结构构造及施工要求

本工程采用图集《混凝土结构施工图平面整体表示方法制图规则和构造详图》规定的制图规则和标准构造,其中含11G101—1、11G101—2、11G101—3并应配合本页修改说明使用.

1. 现浇板结构(除具体施工图中有特别规定者外)

(1) 双向板的板底筋中,短筋放在底层,长向筋置于短向筋上;板面筋中短向筋放在上层,长向筋置于短向筋下.楼、屋面板板面支座负筋应每隔1000加设 Φ10骑马凳或成品马凳,施工时严禁踩踏,以确保板面负筋的有效高度.板配筋图中,平面图中标示的支座面筋长度为钢筋的水平投影长度;坡屋面板面钢筋在平面图中所标示长度值为水平投影长度,钢筋开料长度须按坡度换算,板面筋的表示方法如图一所示.

(2) 浴厕、阳台及外廊走道的结构面标高比相邻楼板结构面标高低30mm及以上、且此处梁为框架梁(编号:KLx)时,按图二构造大样施工;当此处梁为楼面次梁时,按图三构造大样施工.当两侧房间高差小于30mm时板面钢筋不断,板筋可弯折后伸入另一侧板上部,如图三.

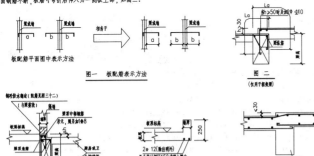

板配筋平面图中表示方法

图一 板配筋表示方法

图 二

(仅用于框架梁)

厨房、卫生间缺口梁截面大样

(仅用于楼面次梁)

卫生间降板处洞口挡水大样

洞中板钢筋不截断,管道敷设就位后,再用细石混凝土浇筑洞口

降板处大样

两侧房间高差小于30mm时

图三 卫生间梁板构造

(3) 楼层外挑板(包括屋檐外挑板、建筑饰线压顶外挑板)外转角处若无注明配筋构造时须附加面钢筋,如图四、五所示.

图 四

图 五

(4) 坡屋面无梁折板构造做法详图六图示和附注.

(5) 楼面板局部升降时的做法详见11G101—1中第99~100页.楼板设置洞口时,其洞口配筋构造按图七或按国家标准图集11G101—1中第101~102页要求执行.上下水管道及设备孔洞必须按各专业施工图要求图予留,不得后凿,以免降低板的承载能力.管道竖井除通风竖井外,在楼层标高处均设置楼板,厚度同相邻楼板且≥ 100mm.施工时先予设钢筋网片,待管道安装后用高一级混凝土浇筑.

屋面凸型折板配筋构造图

屋面凹型折板配筋构造图

图六 屋面无梁折板钢筋构造

图 七 楼板预留洞口加强筋构造

(6) 板上砌隔墙时,除图中注明者外,板内底部加强筋:当板跨L≤1500时2Φ12;当板跨1500<L<2500时2Φ14;当板跨L≥2500时3Φ14.锚入两端支座.

(7) 各层端跨楼、屋面板的外墙端角处增加附加防裂板面钢筋, 在1/4短跨范围内,配置双向面筋,间距200,直径与原板面负筋相同,钢筋与原板支座面筋间隔放置.做法见图八:

图 八 端跨板的端角加筋构造

(8) 跨度>3.6m的内跨板在板角处应按图九要求配置板角板面附加加强筋,图中Dn为板短跨净跨度.当为多跨板时,Dn取相邻板中较大的短跨净跨度.

(9) 异形板的阴角角部应在板面配置附加斜向构造钢筋(图中有注明做法的除外),做法见图十.

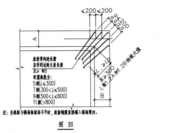

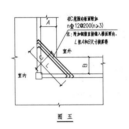

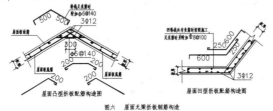

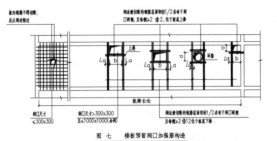

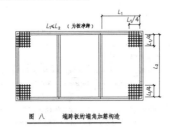

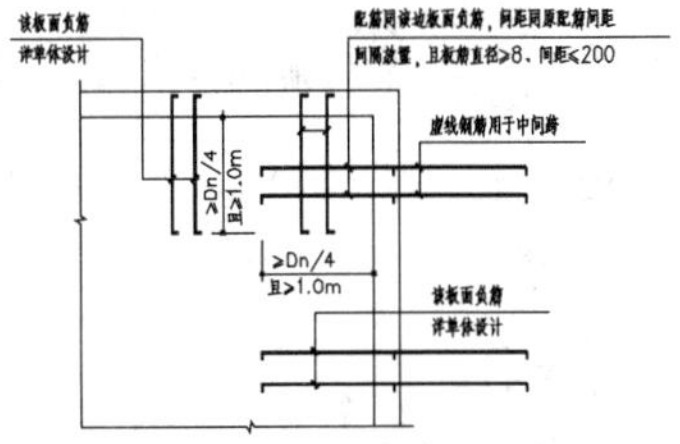

图 九 板角板面加强筋

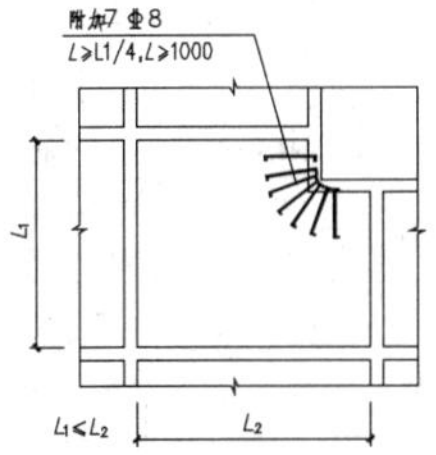

图 十 异形板阴角角部加筋配筋图

(10) 跨度不小于3.0m的单向或双向屋面板(双向板为短跨) 和跨度不小于4.2m的单向或双向楼面板,其跨中上层未设钢筋者,均设置双向抗温度、抗收缩钢筋网,该钢筋网与四周支座负弯矩钢筋搭接1.2La,La按温度钢筋直径计算.

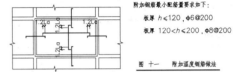

附加钢筋最小配筋量要求如下:

板厚 $h\leqslant120$,Φ6@200

板厚 $120<h\leqslant200$,Φ8@200

图 十一 附加温度钢筋做法

(11) 现浇板支座面筋的分布钢筋及单向板的分布钢筋,除图中注明者外,楼面、屋面及外露构件均为 6@200. Φ

(12) 外露现浇挑檐板、女儿墙及通长阳台板,每隔12m应设置温度缝,缝宽20mm(钢筋可不切断),可用胶合板、油膏嵌缝或沥青麻丝填充.

(13) 板跨度大于或等于4米时,跨中按 L/300起拱;悬臂端一律上翘L/150 .其中L为净跨(挑出净长度).起拱高度不小于20mm.支模时其余要求按<<砼结构工程施工及验收规范>>规定.

(14) 电气埋管应置于板的中部,电气埋管的上下混凝土净厚度应≥30mm,板内电气埋管处板面加强筋如图十二.

(15) 梯板与剪力墙紧靠时,剪力墙内应设拉筋与梯板连接详见图十三.

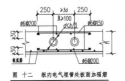

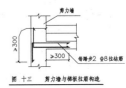

图 十二 板内电气埋管处板面加强筋

图 十三 剪力墙与梯板拉筋构造

(16) 有人防要求的地下室顶板、底板、外墙均设拉结筋,直径 Φ6,间距不超过 500.

2. 楼面主、次梁、框架柱构造措施

(1) 楼面主、次梁、悬挑梁配筋构造要求按图集《11G101—1》相关大样和本工程详图施工.

悬挑梁底筋未注明者,当悬挑长度Lo≤1500时为2Φ12,当1500<Lo<2500时为2Φ14;当Lo≥2500时为2Φ16.

(2) 楼面主、次梁平面外与剪力墙墙底连接时,梁纵筋应满足锚固要求.

主梁内在次梁作用处,箍筋应贯通布置,凡未在次梁两侧注明箍筋者,均在次梁两侧各设3组箍筋,箍筋肢数、直

(3) 径同梁箍筋,间距50mm.次梁吊筋在梁配筋图中表示.附加箍筋、附加吊筋构造详国家标准图集《11G101—1》第86、87页施工.

(4) 施工时应注意次梁的位置,应将次梁钢筋置于主梁筋之上;当主次梁同高时,次梁的下部纵向钢筋应置于主梁下部纵向钢筋之上.

(5) 次梁底比主梁底低或悬挑端部次梁比悬挑梁低时吊柱的做法大样,见图十四、图十五、图十六.

图 十四 次梁底比主梁底低时吊柱做法

图 十五 悬挑端部次梁比悬挑梁低时吊柱做法

图 十六 主梁梁高小于次梁梁高时附加横向钢筋大样

(6) 凡水平穿梁洞口,均应预埋钢套管,孔洞大小及位置应满足图十七的要求,洞的位置应在梁跨中的.孔洞加强措施,除注明外按以下要求:直径D≤h/10并且<100时,可不作加强;D≤h/3且≤300时,孔洞加强详图十七;其它情况见具体部位具体处理措施.

图 十七 穿梁管洞洞边加强构造

(7) 梁跨度大于或等于4米时,跨中按 L/300起拱;悬臂端一律上翘L/150 .其中L为净跨(挑出净长度).起拱高度不小于20mm.支模时其余要求按<<砼结构工程施工及验收规范>>规定.

(8) 梁腹板高度hw≥450时,梁侧面应设置纵向构造钢筋和拉筋,纵向构造钢筋间距不大于200.梁侧面纵向构造钢筋和拉筋详国家标准图集《11G101—1》第87页施工.侧面纵向构造钢筋按如下要求选用:当梁宽≤300时,为Φ10;当梁

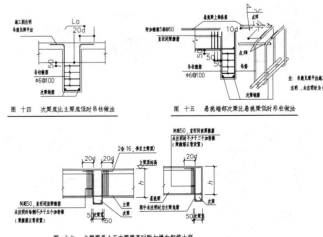

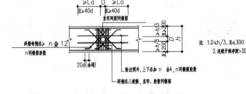

300＜梁宽＜500时，为⌀12；当梁宽＜300时，拉筋为⌀6；当梁宽＞300时，拉筋为⌀8；其间距为非加密区箍筋间距的两倍，当设有多排拉筋时，上下两排拉筋竖向错开布置。

(9) 梁侧筋间距要求按国家标准图集《11G101-1》第56页施工。

(10) 当梁下部有悬挑大于1200的悬挑板时，梁下部必须设置沿梁跨度方向通长的附加竖向吊筋，吊筋应伸入梁和板中锚固。吊筋伸入梁和板内的锚固长度弯折不宜小于20d，d为吊筋直径。见图十八。

图十八 梁下部悬挑板配筋吊筋

图十九 梁柱混凝土节点构造

(11) 柱(剪力墙)混凝土强度等级高于梁楼层板时，梁柱节点处的混凝土按图十九施工，在混凝土初凝前即浇筑梁板混凝土，并加强混凝土的振捣和养护。

(12) 当框架梁一端交于框架柱，一端交于楼面梁时，框架柱的纵筋构造同框架结构的梁、柱节点构造，楼面梁端纵筋按楼面梁纵筋构造，图中的锚固区在相邻框架柱一墙段中。

(13) 井字梁主筋布置原则：长跨方向梁主筋在短跨梁主筋上部，在相交处每侧均增加3组吊筋，箍筋肢数，直径间距50mm。

(14) 框架梁柱纵筋，不应与预埋件焊接相连。

(15) 框架梁水平加腋按国家标准图集《11G101-1》第83页施工

(16) 屋面梁顶标高随屋面坡度变化，施工以屋面骨线或槽口为控制标高(图二十)。

(17) 坡屋面因折坡(垂直)及水平折梁应按图二十一构造施工，加腋应在纵筋锚固长度内加腋，加腋长度同时不得小于梁高。

(18) 折梁详图见图二十一及二十三所示。

(19) 上翻梁与墙支座梁有高差时纵向钢筋构造见图二十三；上托T形柱的钢筋增强构造见图二十四。

(20) 梁、板上设置的钢筋混凝土防水座应与梁、板整体浇筑，其高度及宽度见建筑施工图，其配筋参图二十五。

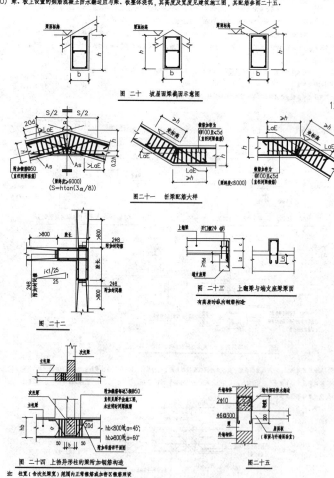

图二十 坡屋面梁截面示意图

图二十一 折梁配筋大样

图二十二

图二十三 上托梁与墙支座梁截面

图二十四 上托异形柱的梁用加钢筋构造

图二十五

注：梁(含次抗梁宽)范围内的正常箍筋应加密箍筋构造

(21) 当梁与柱一端皮不平时，应按梁外侧的纵向钢筋偏心做弯折，梁纵筋(11G101-1)第28页第4.2.3条条文选梁内侧纵筋的搭接。

(22) 与柱相交的风向或三向框架梁高度相同时，主要受力方向梁的钢筋直通伸入柱内锚固(如跨度较大时，应、垂直荷载较大的梁)，其余框架柱纵筋插入梁内。梁的侧面支座纵筋按次梁的设计位置。

(23) 当凡屋面与梁结构，梁按持水方向的位置及大小预留出水洞，不得占音。

---

(24) 为防止倒塌与雷击，在外沿框架柱中予埋水平侧箍成环形，并与柱墙中予埋引下线焊接相连，具体位置做法详见电施工图纸。

(25) 不伸入支座的下部纵向钢筋断点位置参见《11G101-1》第87页。

(26) 框架柱纵向箍筋、锚筋的构造要求见《11G101-1》相应标准图施工。

(27) 梁与柱筋箍筋构造按《11G101-1》第61页施工，梁在立柱两侧均按梁箍梁加密区设置。

(28) 框架节点核心区内应设置梁纵筋平直段，并至远端同框架梁加密箍筋。

(29) 框架柱基础的预留插筋，直径同柱上层底架筋。

(30) 柱纵筋加密要求见图集《11G101-1中规定全高加密的，还需在楼梯间有层高架梁部位通长加密。

(31) 框架角柱锚筋应全高加密。

(32) 梁、柱、墙未注明心尺寸者，均按轴线中布置外；除注明外，框架梁、柱和墙的构造均采用国家标准《11G101-1》中标准详图施工。

3. 后砌填充墙构件构造措施：(后砌填充墙包括剪力墙上结构留洞填充墙)

(1) 填充墙平面位置和厚度见建筑施工图，不得改变或缺损。

(2) 当首层填充墙下无基础梁或基础构架时，基础详见图集二十六。

(3) 填充墙应架框架柱中，当不明砌块墙体，设2⌀6拉筋，拉筋齐填充墙全长贯通。楼梯间、人流通道的填充墙应双面钢丝网砂浆保护加固，建施图中有做法说明。墙长大于8m或墙高超过2倍时，设置中部不大于3米的构造柱连通，截面为墙×240，配筋4⌀12、⌀6@200。填充墙过高4m时，墙体半高或顶应沿墙与柱连接区沿高全长贯通的钢筋混凝土水平带。水平带高度详180，宽度同墙，配筋4⌀12、⌀6@200。

(4) 填充墙的构造柱设置应于梁详图的构造柱要求，除注明外还应在楼梯间四角、砖砌电梯井四角(无砼墙或框架柱时)、外墙不同材料交接处。入户门两侧(门侧无钢筋砼柱或钢筋砼墙时)、砖砌女儿墙(栏板)转角处。悬挑梁端、大洞口(≥2000mm)两侧、沿墙长3m(内隔墙门窗洞口可适当调整)应设置构造柱。除注明外，构造柱截面均为墙×240，纵筋4⌀12，箍筋⌀6@200；墙高＞4m时，主筋改为⌀14。构造柱上下端楼层内600高度范围内，箍筋加密间距到减⌀100。在主体柱或构造柱相对位置，均从主体结构中予留同等数量的短筋埋入及伸出长度应为500mm，以便与构造柱纵筋搭接。详见图二十八。

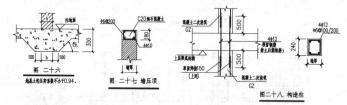

图二十六

图二十七 墙压顶

图二十八 构造柱

(5) 填充墙在主体结构施工完毕后，由于下两次逐层砌筑，防止压下层墙体受基梁的挤压，填充墙平面位置按建筑图为准。

(6) 填充砌体直接近梁底、板底处时，应留有一定的空隙，填充砌体砌筑完并间隔不少于15天后，方可将其补砌筑，补砌时，应斜砌纸装予下部砌体作为补料，对天窗或墙隙，用M10水泥砂浆，填实填塞。填充砌体完成后不应少于30天后再进行压实。有关做法及梁底面的砌体必须加实，做法详见图二十七。对于长度大于5.0m的填充墙，应按标准图集《砌体填充结构06SG614-1》第21页设置连接件柱圈或拉筋设。

(7) 屋面女儿墙或栏板当采用砌体结构时，应采用实心砖砌筑，砂浆的强度等级不低于M7.5，并且应设置间距不大于3m的构造柱(构造柱详图二十八)和钢筋混凝土压顶，做法详图。

(8) 大于1.5m的窗洞在窗台处砖墙顶应增加混凝土压顶，压顶高度h=120mm，宽度同墙，配筋3⌀8，⌀6@200(单体中已注明配筋压顶做法的按单体要求)，压顶应座两侧柱(构造柱)，压顶纵筋应座两侧柱(构造柱)内锚固。如窗洞两侧无柱(构造柱)时，锚入两侧内各300mm。

(9) 构件处的墙体应采用严格的防火、防潮、防暴顶措施。在砌体结构处应于砌体与框架柱、混凝土交接处和墙体上埋设线槽加贴钢片(外墙应选用镀锌钢丝网)，两侧宽度不小于300mm，楼梯间四周、走廊两侧的填充墙采用钢丝网砂浆保护加强。

(10) 门窗洞顶无梁通过处时，应设墙内过梁，过梁箍筋应在下表(单体中已注明梁做法的按单体要求)，过梁伸入两墙内每侧不少于250，且应在过梁上下两面各两⌀8的水平灰缝内通长设置焊接钢筋网片，网片规格为2⌀6，⌀6@300。当门窗洞口位于剪力墙(框架柱)上时，应将梁纵筋(座入剪力墙或框架柱内不小于钢筋锚固值后)，其做法详见图二十九，门洞边与钢筋砼柱或砖砌支座底之间≤250或370以下时，将在过梁纵筋加长，过梁纵筋应座两侧柱(构造柱)内锚固。当洞顶与框架梁(或板)的距离小于过梁砼高度时，梁(或板)应整体浇筑，加图三十。

洞口尺寸	过梁截面(B×H)	过梁纵筋	过梁箍筋
洞宽＜1000	墙厚×120	上2⌀12 下2⌀12	⌀6@200
1500＞洞宽＞1000	墙厚×180	上2⌀12 下3⌀12	⌀6@150
2400＞洞宽＞1500	墙厚×240	上2⌀12 下3⌀14	⌀6@150
3000＞洞宽＞2400	墙厚×300	上2⌀12 下3⌀16	⌀8@150
4000＞洞宽＞3000	墙厚×350	上2⌀12 下3⌀18	⌀8@150

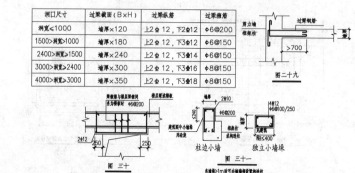

图三十

图三十一 柱边小墙、独立小墙墙

---

(11) 柱边小墙段和独立小墙墙按图三十一施工。

(12) 当填充墙长大于7.5m且墙体净高大于3m，或墙厚≥150mm且墙体净高度大于4m时应沿全长贯通钢筋混凝土圈梁。作法为：内墙门顶上设一道，单件时，外墙窗台及窗顶处各一道。内墙圈梁厚度同墙厚120mm。外墙圈梁宽度见墙剖面图，高度为180mm。圈梁宽度b＜240mm时，配筋上下各2⌀12，箍筋⌀6@200；b＞240mm时，配筋上下各2⌀14，箍筋⌀6@200。圈梁座时应在洞口上方予留浇要求截面2⌀8钢筋。

(13) 在电梯井顶部的四壁，除钢筋混凝土剪力墙外，应沿高度方向设置水平圈梁，截面为墙×300，配筋4⌀14，⌀6@200，位置和预留应按电梯厂家建筑技术要求施工。

4. 其他框架柱和剪力墙的抗震和施工要求详见图集《11G101-1》。

六、施工要求

1. 施工前首先应审各专业图纸，作好施工组织设计，若各专业之间有矛盾，请通知设计院。结构施工图应与各专业施工图配合使用，如发现问题或与图纸有矛盾、请及时向设计院提出。

2. 严格控制现浇板的厚度及板内钢筋保护层的厚度。阳台、雨篷、空调板等悬挑现浇板的负弯矩钢筋的下面，应设置间距不大于500mm的钢筋保护支座，在浇筑混凝土时避免钢筋的移位。

3. 在浇筑混凝土时，必须采取可靠的施工平台、走道等有效措施，并且在施工中应指专人护钢筋，确保钢筋位置的正确。

4. 施工悬挑构件时，应有可靠措施确保悬挑位置的准确、待强度达到100%后方可拆模。

5. 柱件件时与雨篷、吊顶、卫生洁具及各类卡支架的连接须固定，施工时应避免开柱钢筋的主筋，以免影响受力构件的强度。

6. 预留在现浇砼楼板内的线管予留应放置在板中部，应绑扎牢固定位，不得乱顶或板底处多于，交叉管线处不得多于两层。

7. 现浇梁、板、柱、墙均应有效养护。

8. 在施工中，应采用设计所要求的材料，不得随意替(代)换。

9. 混凝土后浇带留置应在结构受力较小且便于施工的位置。

七、施工监测

1. 结构主体施工，砌体墙体之前，应进行中间验收。未经中间验收或验收不合格，不得进行下一道工序施工。结构施工中的缺陷，未经设计单位同意，不得用水泥砂浆修补。

2. 监测工作必须由具有相应工程监测资质单位承担，并由建设单位委托进行。

3. 监测内容：

(1) 建筑物垂直度观测(剪力墙、柱、电梯井、模板等检测)

(2) 建筑物沉降观测 沉降观测点的位置设置详见各单体施工平面图。施工前应予埋沉降水准基点，并按设计要求及《建筑地基基础设计规范(GB50007-2002)》规范进行施工期间沉降观测。水准基点必须稳定可靠，在一个观测区内，水准点不应少于三个。观测精度采用Ⅱ级水准观测级。水准测量应采用闭合法。应精密仪器和钢尺，固定测量工具、测量人员，观测时应严格按级仪器。沉降观测的理论见图三十二。沉降观测点设置为0.500标高。本工程采用同期间隔予以观测。在主体砌筑层墙筑完后予观测时，第一次观测待现浇架安装完后观测，之后主期每施工一层予观测一次，三个月后每三个月观测一次，一年后二至三年四个月观测次，至结构竣止为止，两年内每年观测二至三次，三年后每年观测一次。每次沉降观测后应计算当次沉降的高程(本次观测量和平均沉降量)并及时通知设计。沉降观测应依照《建筑变形测量规范》JGJ8-2007进行。

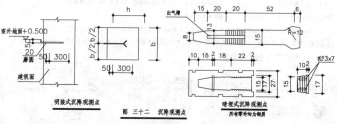

图三十二 沉降观测

明装式沉降观测点

墙埋式沉降观测点

(3) 监测单位应随工程进度情况，即向设计等有关单位提供监测情况资料。

八、其他

1. 幕墙包括建筑外墙玻璃幕窗，石材干挂幕墙、商标、广告牌等必须在上部结构施工前由有资质的单位进行设计，幕墙设计单位必须与上部结构设计单位配合，提供支点的反力作于上部结构的验算。

2. 主体结构施工之际，幕墙设计单位必须确定幕墙施工位置，做好幕墙或网点预留件。并及时向土建施工单位切合冷备，幕墙先预埋好幕墙或同地与主体结构连接的予埋件。严禁事后凿洞，也不应采用膨胀螺栓。

3. 所有预埋混凝土结构的防雷措施，位置均按机电专业施工、土建配合施工，电气电气专业施工的柱上(详见具体设计)做防雷接地电阻定点测，具体做法参见电气施工图纸，柱内两根竖向钢筋作为防雷引下线，从上至下予焊连接，并与基础接地网连接。焊接要求满足单面焊10d以外，不应小于100mm，两根竖向钢筋上墙墙出柱顶150mm，与屋顶避雷带连接。

4. 本结构施工应与建筑、水电、给排水、通风空调、动力等专业的施工密切配合，及时埋设各类管线及备具，核对于予留洞予留件位置等准确，避免日后打凿主体结构。

5. 电梯、电扶预顶预件，预留孔。大型钢结构、装饰钢件作应委托厂家设计、安装，应预先配合土建施工，并经设计认可。

6. 墙上不得随意开洞或穿管，开洞及予埋软件应严格按设计要求实施，经检验合格后方可浇，予留孔洞不得后凿，不得随意开凿或穿孔。

7. 管道埋地下于室外给水管或雨水及穿墙根给排水管接点处中注明接给排水标准图集S312中S3采用Ⅱ型刚性防水套管之，群管穿墙处已有详图者外可按图集三十三，洞口尺寸tL×H有关工作之，电缆管穿墙除详图已有注明者外可按图集三十三施工。

12.

结构设计总说明(四)

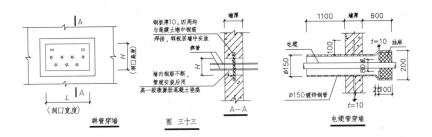

群管穿墙　　**图 三十三**　　**电缆管穿墙**

8. 电梯定货必须符合本图所提供的电梯井道尺寸、门洞尺寸以及建筑图纸的电梯机房设计。门洞边的预留孔洞、电梯机房楼板、检修吊钩等,需待电梯定货后,经核实无误后方能施工。同时应加强井道四周承重墙垂直校核,务使偏差控制在电梯安装的允许范围以内。

9. 水池及变配电室内为现浇的直爬梯做法见图三十四。

10. 外墙石材幕墙采用槽式预埋件和螺栓式连接固定,且需符合规范JGJ145-2004的要求。

11. 本《结构设计总说明》适用于本工程的结构设计施工图,与结构施工图互为补充,施工图中其要求高于本说明要求的,以施工图为准;低于本说明的以本说明为准,并应同时遵守现行国家施工及验收规范的有关规定。本工程图纸须与其它专业图纸同时对照使用,不得单独使用本专业图纸。

12. 在施工过程中若发现图中有不妥之处,请及时与设计院联系。

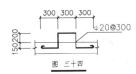

图 三十四

九. 钢结构部分

1. 材料选用及要求

(1) 钢框架梁及其它连接件均采用Q235B钢,其质量标准应符合《普通碳素结构钢技术条件》(GB700-88);钢材应具有抗拉强度,伸长率,屈服点和硫,磷含量的合格保证,应具有碳含量的合格保证。

(2) 焊条:采用《低合金钢焊条》(GB/T 5118),《碳钢焊条》(GB/T5117)。
焊丝:采用《焊接用钢丝》(GB1300-77)。

(3) 檩条:采用Q235冷弯薄壁型钢,其质量标准符合《通用冷弯开口型钢》(GB6723-2008)。

(4) 屋面板:详建筑施工图。

(5) 紧固件:
a. 高强螺栓应符合符合现行国家标准《钢结构用高强度大六角头螺栓》(GB/T1228)、《钢结构用高强度大六角头螺母》(GB/T 1229)、《钢结构用高强度垫圈》(GB/T 1230)、《钢结构用高强度大六角头螺栓、大六角螺母、垫圈技术条件》(GB/T 1231)、《钢结构用扭剪型高强螺栓连接副》(GB/T 3632-2008)的规定,要求提供质保单,并抽取高强螺栓进行抗滑试验。

b. 普通螺栓应符合现行国家标准《A级、B级六角头螺栓、六角螺母、平垫圈的规格、尺寸与技术条件》(GBT5780)、《六角头螺栓》(GB/T5782)的规定。

c. 高强螺栓采用10.9级摩擦型高强度螺栓,每个高强度螺栓的预拉力P分别为:
　M20: P=155kN　M22: P=190kN　M24: P=225kN　M27: P=290kN
在高强度螺栓连接的范围内采用喷砂处理,构件的接触面抗滑移系数为0.45。

2. 钢结构制作,安装及验收:

(1) 钢结构制作安装及验收应符合《钢结构工程施工质量验收规范》(GB50205-2001),本图中各构件必须放大样加以核对,尺寸无误后再行下料加工,出厂前进行预装配检查。

(2) 框架梁、柱对接焊接时,翼缘与腹板应错开200以上。

(3) 构件制作完毕进行表面除锈处理,除锈等级为Sa2级,及时在表面刷防锈漆底灰面蓝色调合漆二度。防腐措施详建施。

(4) 室内地面标高以下部分的金属表面涂刷厚2%水泥重量的NaNO₂的水泥砂浆,再用C30混凝土包至室内地面以上150,厚度50。

(5) 本工程中焊缝除另有说明外,均采用连续焊缝。尺寸同较薄构件厚,但不得小于4mm,所有焊缝等级为二级。本工程中钢梁翼缘、腹板与腹板的连接采用全熔透对接焊缝,坡口形式应符合现行国家标准《气焊、手工电弧焊及气体保护焊焊缝坡口的基本形式与尺寸》(GB/T 985)的规定。所有对接焊缝应焊透并经过100%的超声波方法检验。

(6) 钢结构安装前,应对建筑物的定位轴线、基础轴线和标高等进行检查,并应进行基础检测和办理交接验收。

(7) 构件安装就位后,应及时系牢支撑及其它连系构件,以保证结构的稳定。

(8) 构件吊装时应采取适当措施,防止产生过大弯扭变形,同时应垫好绳扣与构件的接触部位,以防刮伤构件。

(9) 高强螺栓的拧紧顺序应合理,以保证每个螺栓均匀受力,拧紧后,应在连接板缝、螺栓头、螺母和垫板周围涂快干防锈。

(10) 钢结构耐火等级为二级,应选用厚涂型钢结构防火涂料。

桩 基 础 设 计 说 明 及 承 台 详 图

钻孔灌注桩说明

1. 本工程根据浙江xx勘察研究院有限公司2013年3月提供的《xx职业学院扩建(一期)岩土工程勘察报告》(详勘)设计.

2. 本工程 ±0.000 相当于黄海高程 6.400 米.

3. 本工程采用钻孔灌注桩,有效桩长 L 约为 47.0 米.采用浙江省建筑标准设计结构标准图集《钻孔灌注桩》,图集号: 2004浙G23. 桩基设计等级为丙级.桩顶以下 5d 范围的桩身螺旋式箍筋加密间距250改为100,图集中的桩主筋由二级钢改为三级钢,根数不变. 桩伸入承台内50mm,桩顶纵筋在承台内的锚固长度不小于 La 及 35d.

4. 图中'⊕'表示直径为Φ600的钻孔灌注桩,为抗压桩;以 9-2 层作为桩基持力层.单桩竖向抗压承载力特征值为1900KN, 成桩以桩进入持力层深度控制为主,桩端进入持力层不小于 2.0 米,总数为78根,型号为 ZKZ-600-L-L(B2)-C30.

   图中'⊕'表示直径为Φ800的钻孔灌注桩,为抗压桩;以 9-2 层作为桩基持力层.单桩竖向抗压承载力特征值为2900KN, 成桩以桩进入持力层深度控制为主,桩端进入持力层不小于 2.0 米,总数为44根,型号为 ZKZ-800-L-L(B2)-C30.

5. 桩身钢筋应采用焊接,桩身钢筋混凝土保护层厚度为50mm,桩底沉渣(桩端锥体1/2高度起算)小于 50mm,桩身混凝土 灌注充盈系数大于 1.13~1.18.

6. 本工程桩在施工前应进行试桩,以确定其施工工艺.

7. 桩施工完成后应作桩身完整性及单桩竖向承载力检测,桩身完整性检测按浙江省标准《基桩低应变动测技术规程》DBJ10-4-98执行; 单桩竖向承载力检测采用单桩竖向抗压静载荷试验,数量为总桩数的1%,且不少于 3根,静载桩数量:直径d=600,3根;直径d=800,3根.

   图中'⊕'试桩的竖向抗压极限承载力要求略大于 3800kN,桩型号不变.

   图中'⊕'试桩的竖向抗压极限承载力要求略大于 5800kN,桩型号不变.

8. 施工时应仔细核对勘察报告.若发现与地质报告情况差异较大时,应及时通知勘察和设计单位进行分析处理.施工应符合当地相关规范或规程的要求.

9. 在试桩钻孔过程中必须经常测定护壁泥浆的比重、含砂率、粘度和pH值,至少每进入10m深度测定一次.泥浆比重应根据穿越的土层控制,泥浆 含砂率应小于6%;泥浆粘度为18~20s,pH值为7~9.

10. 在钻孔深度达到设计要求后,应进行反循环清底,孔底沉渣厚度不得大于50mm.在测得孔底沉渣厚度符合要求后半小时内必须灌注水下混凝土.

11. 桩顶标高详平面.桩顶混凝土超灌长度:1500mm.基础(承台、地梁、底板)的混凝土强度等级为C30.

12. 施工具体要求见相关规范和《钻孔灌注桩》(2004 G23).未尽事宜须遵守本工程采用图集和相关规范或规程.

13. 桩基承台底部筋的构造按图集《混凝土结构施工图平面整体表示方法制图规则和构造详图(独立基础、条形基础、筏形基础及桩基承台)》(11G101-3).

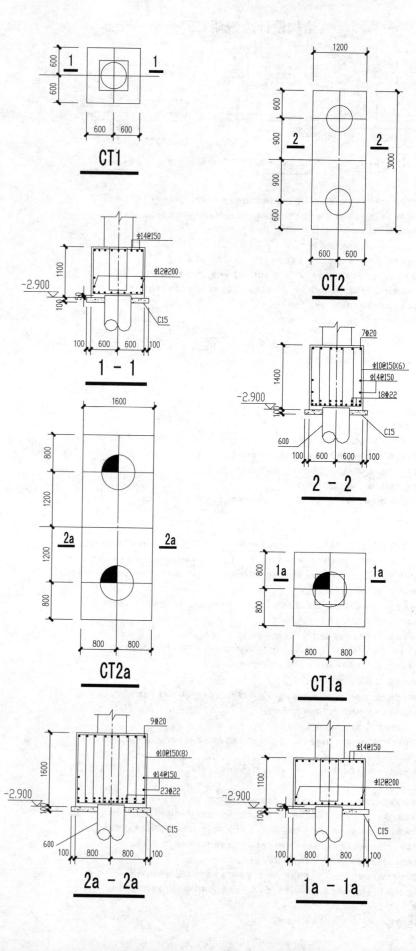

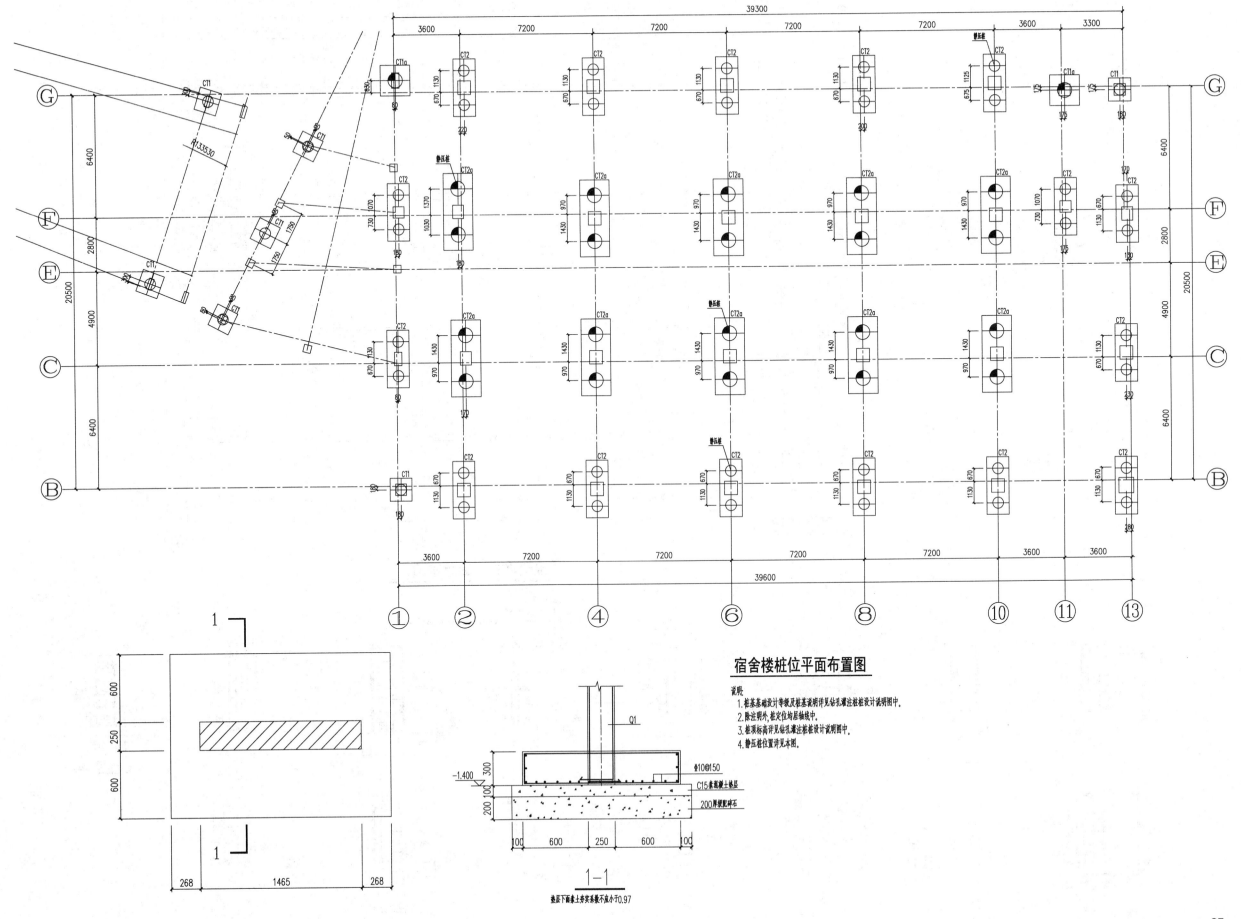

宿舍楼桩位平面布置图

说明
1. 桩基基础设计等级及桩基说明详见钻孔灌注桩设计说明图中。
2. 除注明外，桩定位均居轴线中。
3. 楼顶标高详见钻孔灌注桩设计说明图中。
4. 静压桩位置详见本图。

1—1

垫层下面素土夯实系数不应小于0.97

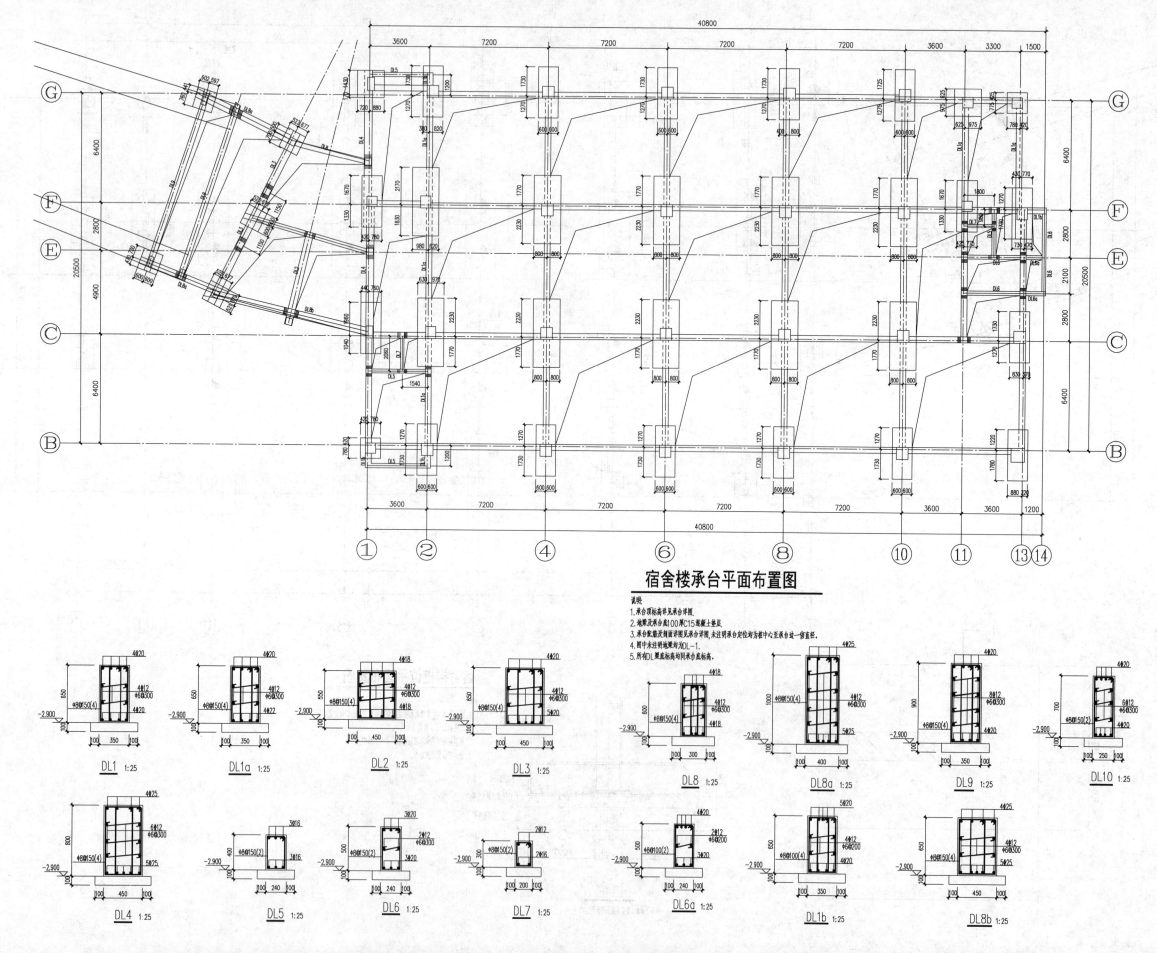

宿舍楼承台平面布置图

说明:
1. 承台顶标高详见承台详图。
2. 地梁及承台底100厚C15混凝土垫层。
3. 承台配筋及剖面详图见承台详图,未注明承台定位均为桩中心至承台边一倍直径。
4. 图中未注明地梁均为DL-1。
5. 所有DL梁底标高均同承台底标高。

DL1 1:25
DL1a 1:25
DL2 1:25
DL3 1:25
DL8 1:25
DL8a 1:25
DL9 1:25
DL10 1:25

DL4 1:25
DL5 1:25
DL6 1:25
DL7 1:25
DL6a 1:25
DL1b 1:25
DL8b 1:25

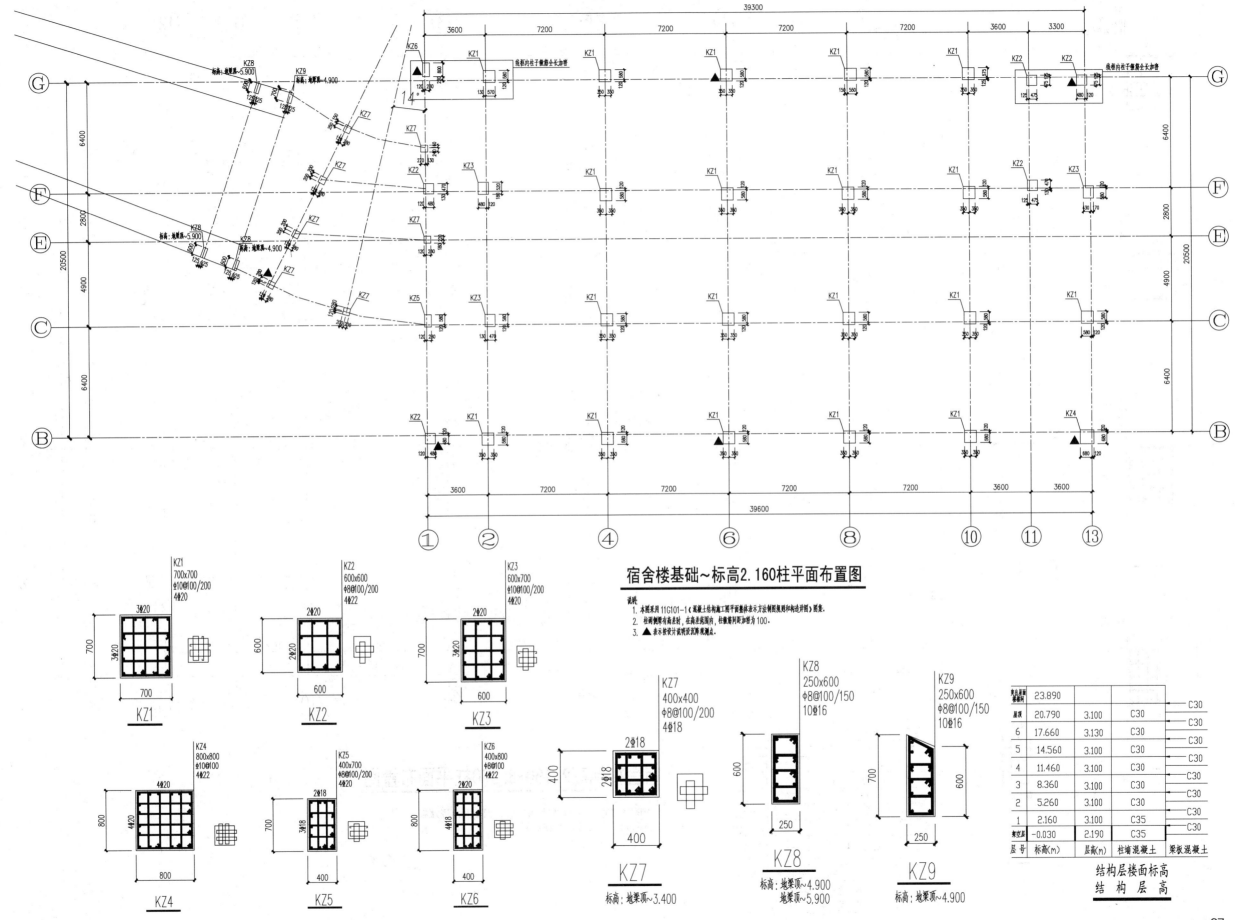

宿舍楼基础~标高2.160柱平面布置图

说明:
1. 本图采用11G101-1《混凝土结构施工图平面整体表示方法制图规则和构造详图》图集。
2. 柱两侧梁有高差时,在高差处范围内,柱箍筋间距加密为100。
3. ▲表示按设计要求设沉降观测点。

KZ1
700x700
Φ10@100/200
4Φ20

KZ2
600x600
Φ8@100/200
4Φ22

KZ3
600x700
Φ10@100/200
4Φ20

KZ4
800x800
Φ10@100
4Φ22

KZ5
400x700
Φ8@100/200
4Φ20

KZ6
400x800
Φ8@100
4Φ22

KZ7
400x400
Φ8@100/200
4Φ18

KZ8
250x600
Φ8@100/150
10Φ16

KZ9
250x600
Φ8@100/150
10Φ16

层号	标高(m)	层高(m)	柱墙混凝土	梁板混凝土
塔顶	23.890			
屋顶	20.790	3.100	C30	C30
6	17.660	3.130	C30	C30
5	14.560	3.100	C30	C30
4	11.460	3.100	C30	C30
3	8.360	3.100	C30	C30
2	5.260	3.100	C30	C30
1	2.160	3.100	C35	C30
架空层	-0.030	2.190	C35	C30

结构层楼面标高
结构层层高

KZ7 标高:地梁顶~3.400
KZ8 标高:地梁顶~5.900
KZ9 标高:地梁顶~4.900

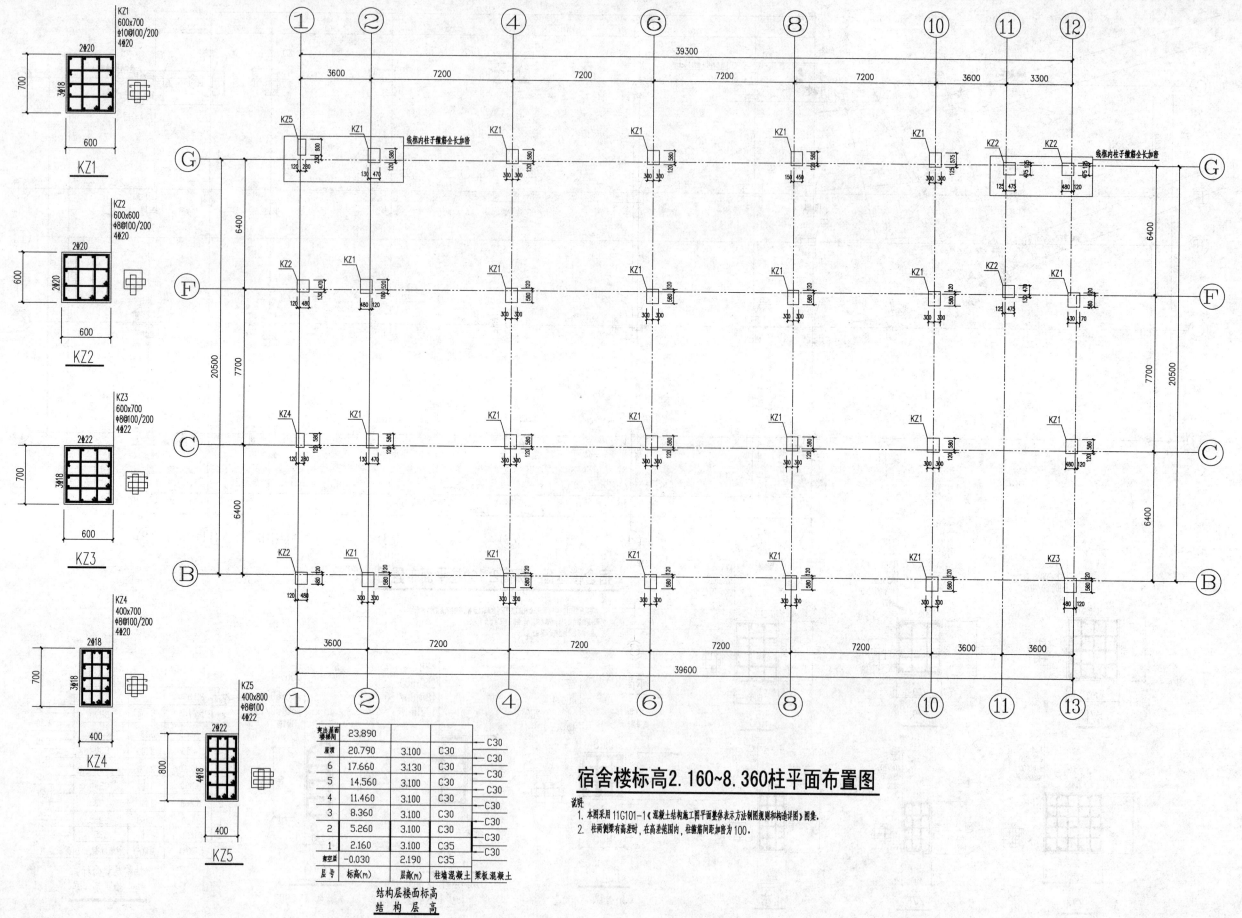

宿舍楼标高2.160~8.360柱平面布置图

说明:
1. 本图采用11G101-1《混凝土结构施工图平面整体表示方法制图规则和构造详图》图集。
2. 柱两侧梁有高差时,在高差范围内,柱箍筋间距加密为100。

突出屋面楼梯间	23.890			
屋顶	20.790	3.100	C30	C30
6	17.660	3.130	C30	C30
5	14.560	3.100	C30	C30
4	11.460	3.100	C30	C30
3	8.360	3.100	C30	C30
2	5.260	3.100	C30	C30
1	2.160	3.100	C35	C30
架空层	-0.030	2.190	C35	C30
层号	标高(m)	层高(m)	柱墙混凝土	梁板混凝土

结构层楼面标高
结 构 层 高

KZ1
600×700
Φ10@100/200
4Φ20

KZ1

KZ2
600×600
Φ8@100/200
4Φ20

KZ2

KZ3
600×700
Φ8@100/200
4Φ22

KZ3

KZ4
400×700
Φ8@100/200
4Φ20

KZ4

KZ5
400×800
Φ8@100
4Φ22

KZ5

28

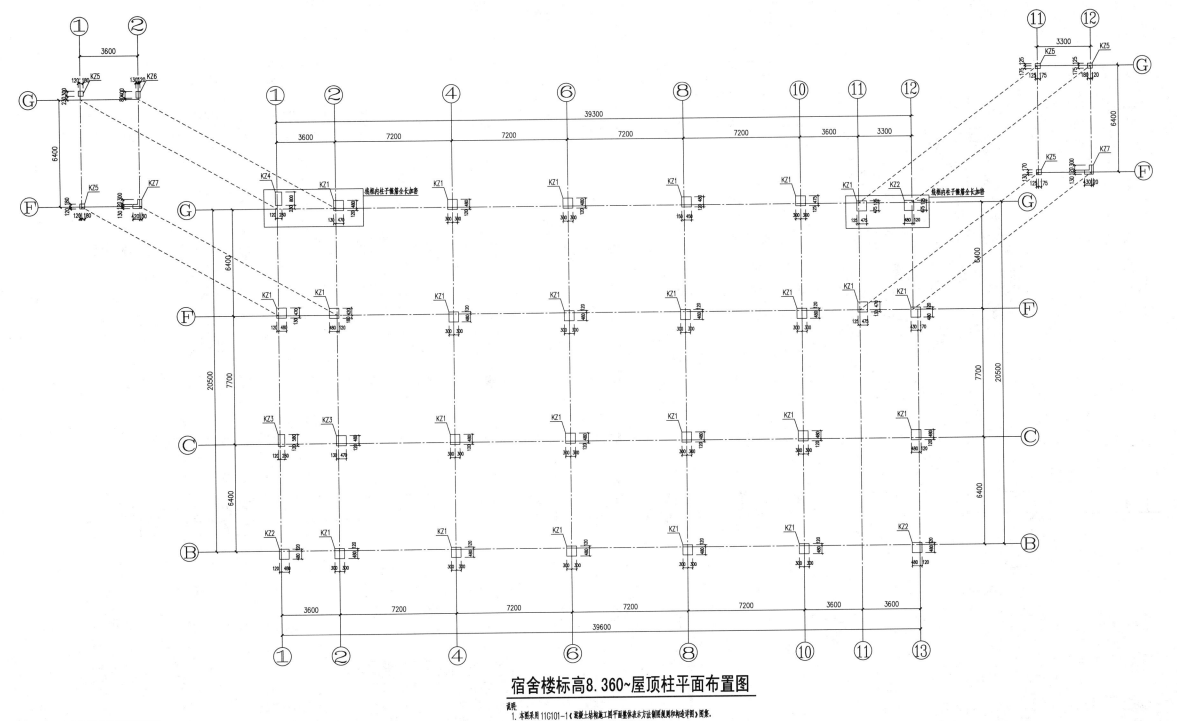

宿舍楼标高8.360~屋顶柱平面布置图

说明：
1. 本图采用11G101-1《混凝土结构施工图平面整体表示方法制图规则和构造详图》图集。
2. 柱两侧梁有高差时，在高差范围内，柱箍筋间距加密为100。

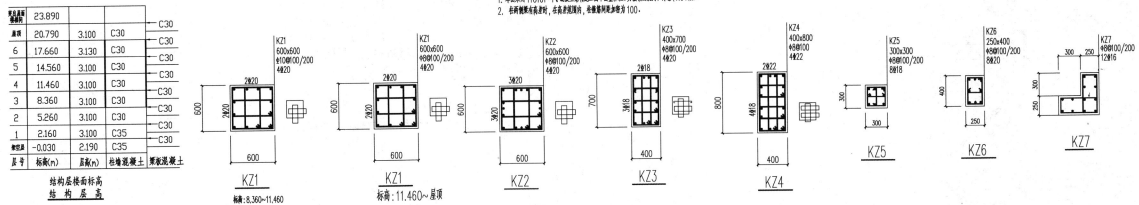

结构层楼面标高 结构层数	23.890			
层顶	20.790	3.100	C30	C30
6	17.660	3.130	C30	C30
5	14.560	3.100	C30	C30
4	11.460	3.100	C30	C30
3	8.360	3.100	C30	C30
2	5.260	3.100	C30	C30
1	2.160	3.100	C35	C30
架空层	-0.030	2.190	C35	C30
层号	标高(m)	层高(m)	柱墙混凝土	梁板混凝土

结构层楼面标高
结构层高

KZ1
600x600
Φ8@100/200
4Φ20

KZ1
标高：8.360~11.460

KZ1
600x600
Φ8@100/200
4Φ20

KZ1
标高：11.460~屋顶

KZ2
600x600
Φ8@100/200
4Φ20

KZ2

KZ3
400x700
Φ8@100/200
4Φ20

KZ3

KZ4
400x800
Φ8@100
4Φ22

KZ4

KZ5
300x300
Φ8@100/200
8Φ20

KZ5

KZ6
250x400
Φ8@100/200
8Φ20

KZ6

KZ7
Φ8@100/200
12Φ16

KZ7

29

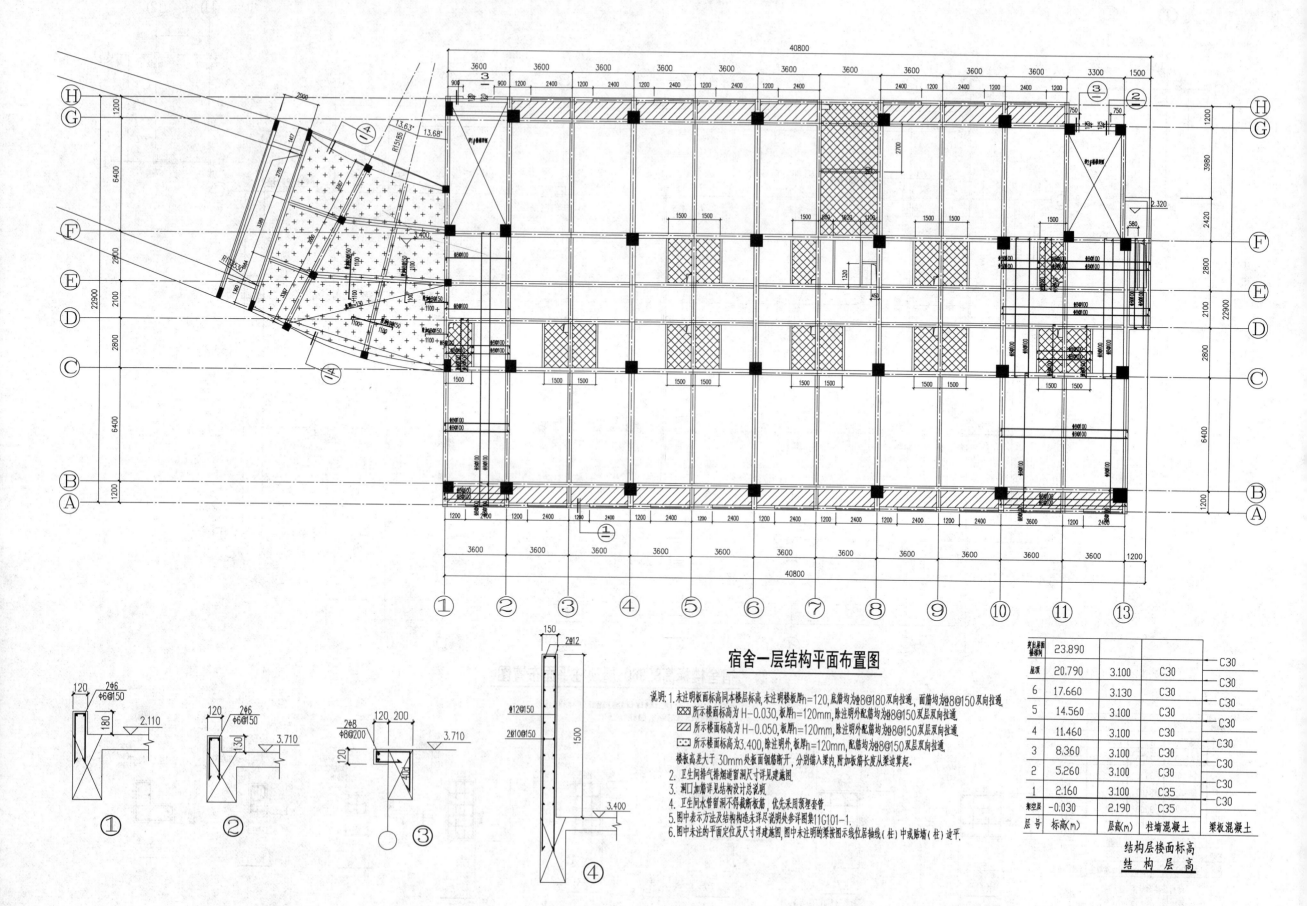

宿舍一层结构平面布置图

说明：1.未注明板面标高同本楼层标高,未注明楼板厚h=120,底筋均为Φ8@180双向拉通、面筋均为Φ8@150双向拉通
　　　▨▨所示楼面标高为H-0.030,板厚h=120mm,除注明外配筋均为Φ8@150双层双向拉通
　　　▨▨所示楼面标高为H-0.050,板厚h=120mm,除注明外配筋均为Φ8@150双层双向拉通
　　　▨▨所示楼面标高为3.400,除注明外,板厚h=120mm,配筋均为Φ8@150双层双向拉通
　　　楼板标高差大于30mm处板面钢筋断开,分别锚入梁内,附加板筋长度从梁边起。
2.卫生间排气排烟通道留洞尺寸详见建施图
3.洞口加筋详见结构设计总说明
4.卫生间水管留洞不得截断板筋,优先采用预埋套管。
5.图中表示方法及结构构造未详尽说明处参见图集11G101-1。
6.图中未注的平面定位及尺寸详建施图,图中未注明的梁定位无线位居轴线(柱)中或贴墙(柱)边平。

结构层屋面楼面标高	23.890			
层号	标高(m)	层高(m)	柱墙混凝土	梁板混凝土
屋顶	20.790	3.100	C30	C30
6	17.660	3.130	C30	C30
5	14.560	3.100	C30	C30
4	11.460	3.100	C30	C30
3	8.360	3.100	C30	C30
2	5.260	3.100	C30	C30
1	2.160	3.100	C35	C30
架空层	-0.030	2.190	C35	C30

结构层楼面标高
结构层高

30

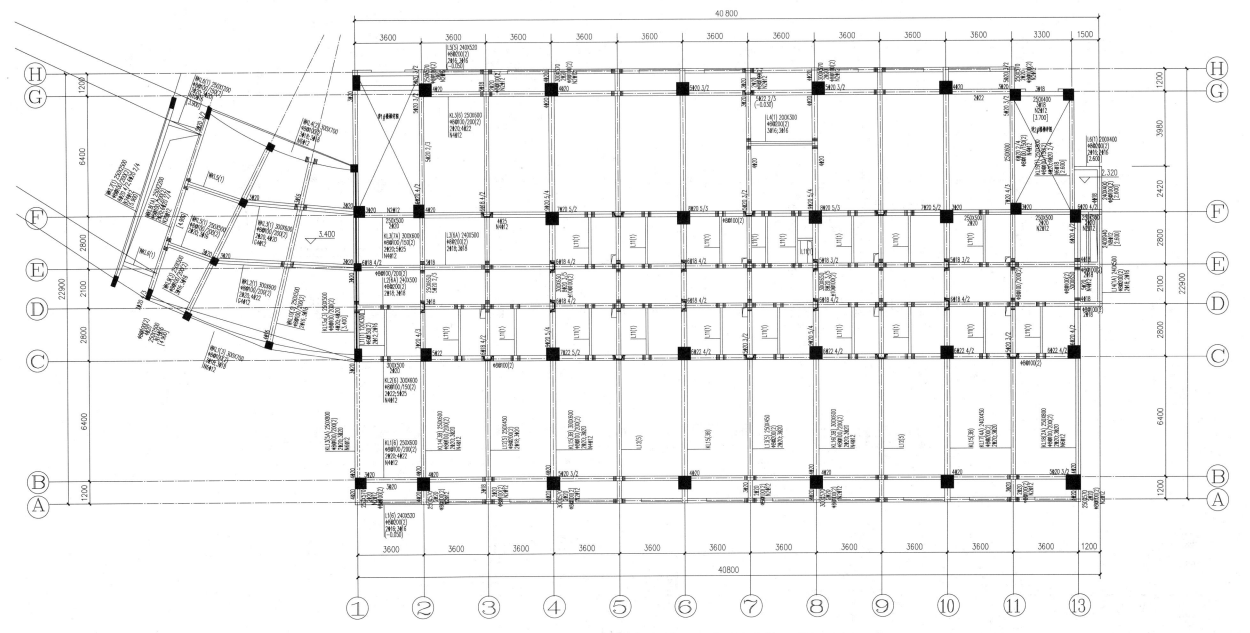

宿舍楼一层梁平法施工图

说明: 1. 本图采用11G101-1《混凝土结构施工图平面整体表示方法制图规则和构造详图》图集。
2. 主梁在次梁搁置处附加三道箍筋，间距@50附加箍筋的直径同梁箍筋的直径；未注吊筋为2Φ16。
3. 梁位置详见本层结构平面布置图。
4. 未注梁顶标高同所属板面标高，两侧板面有高差时，梁顶标高随高板面标高。
5. [ ]内值为梁顶相对±0.000标高；( )内值为梁顶相对楼层结构标高。
6. 未注小梁截面尺寸为200x300，上下两板2Φ16，箍筋加Φ6@150。

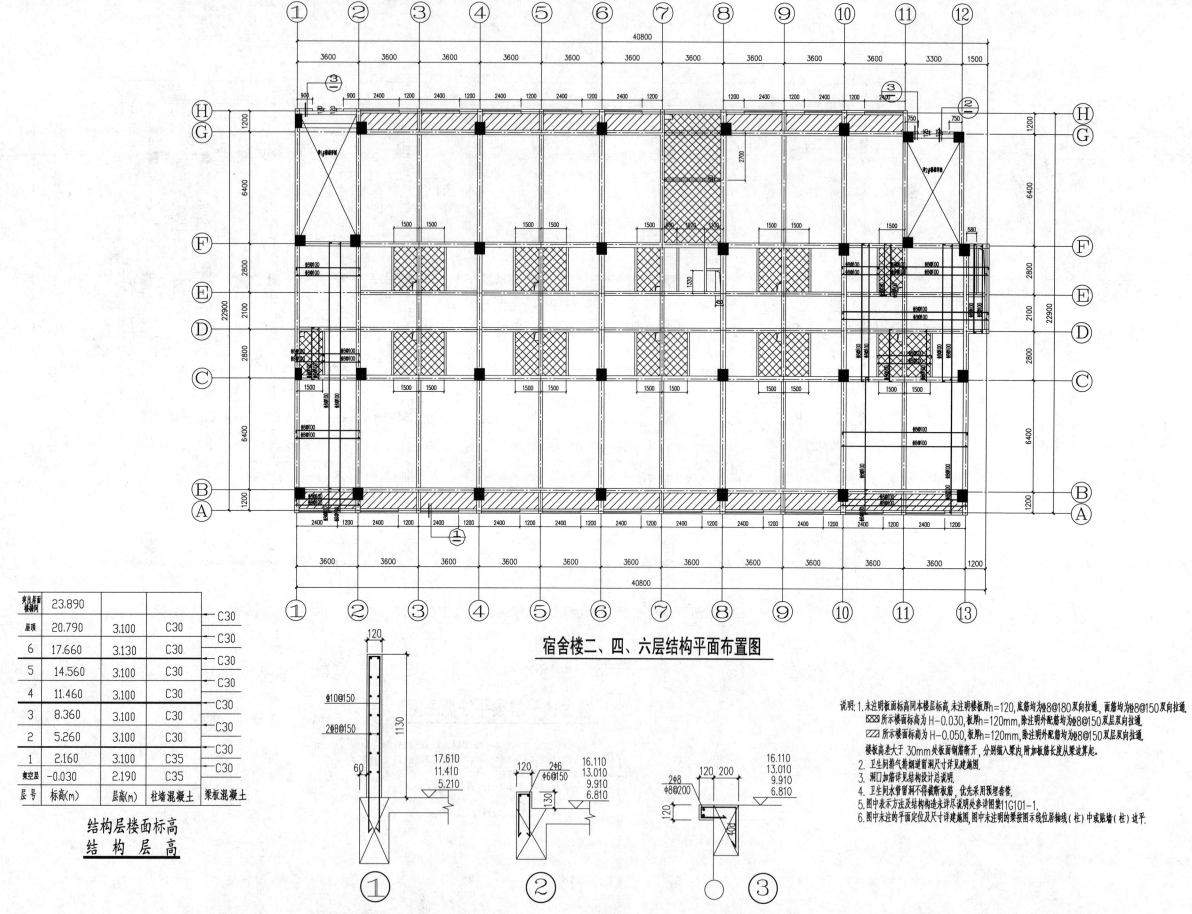

宿舍楼二、四、六层结构平面布置图

突出屋面楼梯间	23.890			─C30
屋顶	20.790	3.100	C30	─C30
6	17.660	3.130	C30	─C30
5	14.560	3.100	C30	─C30
4	11.460	3.100	C30	─C30
3	8.360	3.100	C30	─C30
2	5.260	3.100	C30	─C30
1	2.160	3.100	C35	─C30
架空层	-0.030	2.190	C35	─C30
层号	标高(m)	层高(m)	柱墙混凝土	梁板混凝土

结构层楼面标高
结构层高

说明：1.未注明板面面标高同本楼层标高,未注明楼板厚h=120,底筋均为Φ8@180双向拉通,面筋均为Φ8@150双层双向拉通
所示楼面标高为H-0.030,板厚h=120mm,除注明外配筋均为Φ8@150双层双向拉通
所示楼面标高为H-0.050,板厚h=120mm,除注明外配筋均为Φ8@150双层双向拉通
楼板高差大于30mm处板面钢筋断开,分别锚入梁内,附加板筋长度从梁边算起。
2.卫生间排气楼烟道留洞尺寸详见建施图。
3.洞口加筋见结构设计总说明。
4.卫生间水管留洞不得截断板筋,优先采用预埋套管。
5.图中表示方法及结构构造未详尽说明处参详图集11G101-1。
6.图中未注的平面定位及尺寸详建施图,图中未注明的梁按图示线位居轴线(柱)中或贴墙(柱)边平。

32

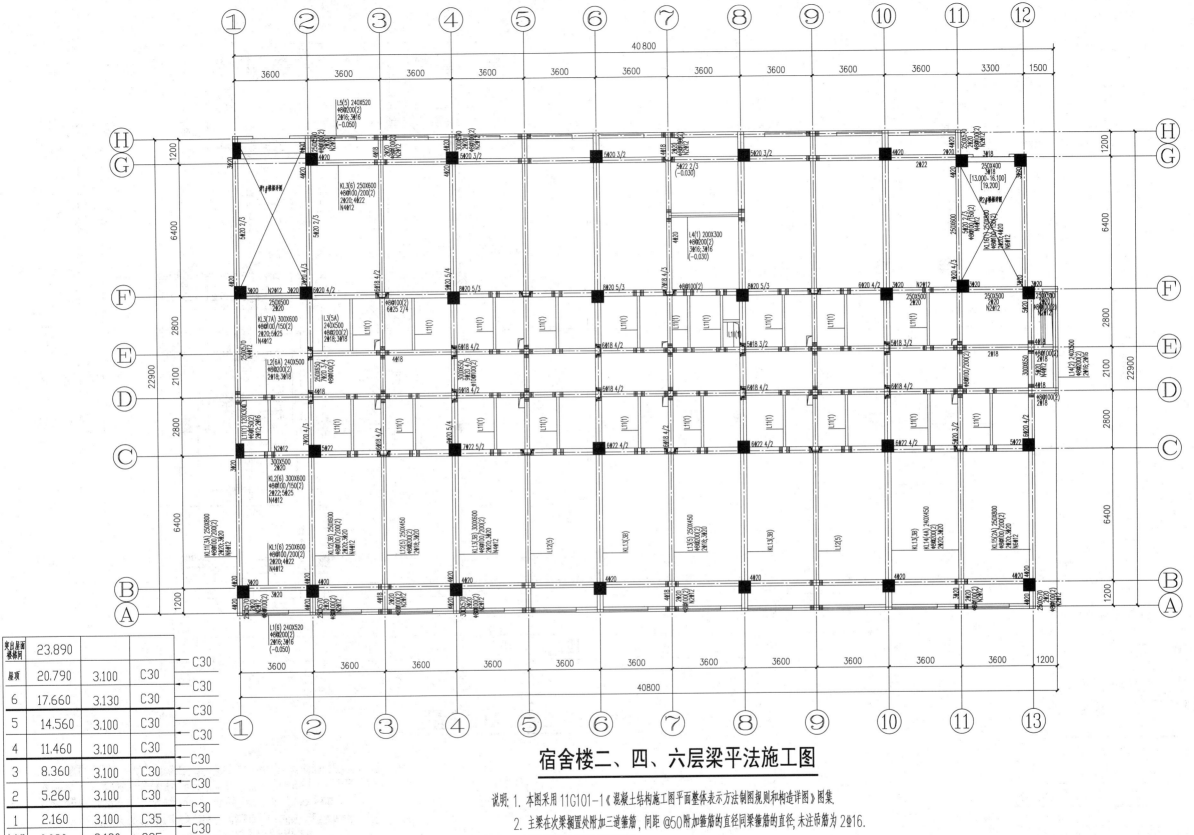

宿舍楼二、四、六层梁平法施工图

突出屋面楼梯间	23.890			C30
屋顶	20.790	3.100	C30	C30
6	17.660	3.130	C30	C30
5	14.560	3.100	C30	C30
4	11.460	3.100	C30	C30
3	8.360	3.100	C30	C30
2	5.260	3.100	C30	C30
1	2.160	3.100	C35	C30
架空层	-0.030	2.190	C35	
层号	标高(m)	层高(m)	柱墙混凝土	梁板混凝土

结构层楼面标高
结构层高

说明: 1. 本图采用11G101-1《混凝土结构施工图平面整体表示方法制图规则和构造详图》图集.

2. 主梁在次梁搁置处附加三道箍筋, 间距@50附加箍筋的直径同梁箍筋的直径, 未注吊筋为2Φ16.

3. 梁位置详见本层结构平面布置图.

4. 未注梁顶标高同所属板面标高, 两侧板面有高差时, 梁顶标高随高板面标高.

5. [ ]内值为梁顶相对±0.000标高; ( )内值为梁顶相对楼层结构标高.

6. 未注小梁截面尺寸为200x300, 上下两排2Φ16, 箍筋为Φ6@150.

33

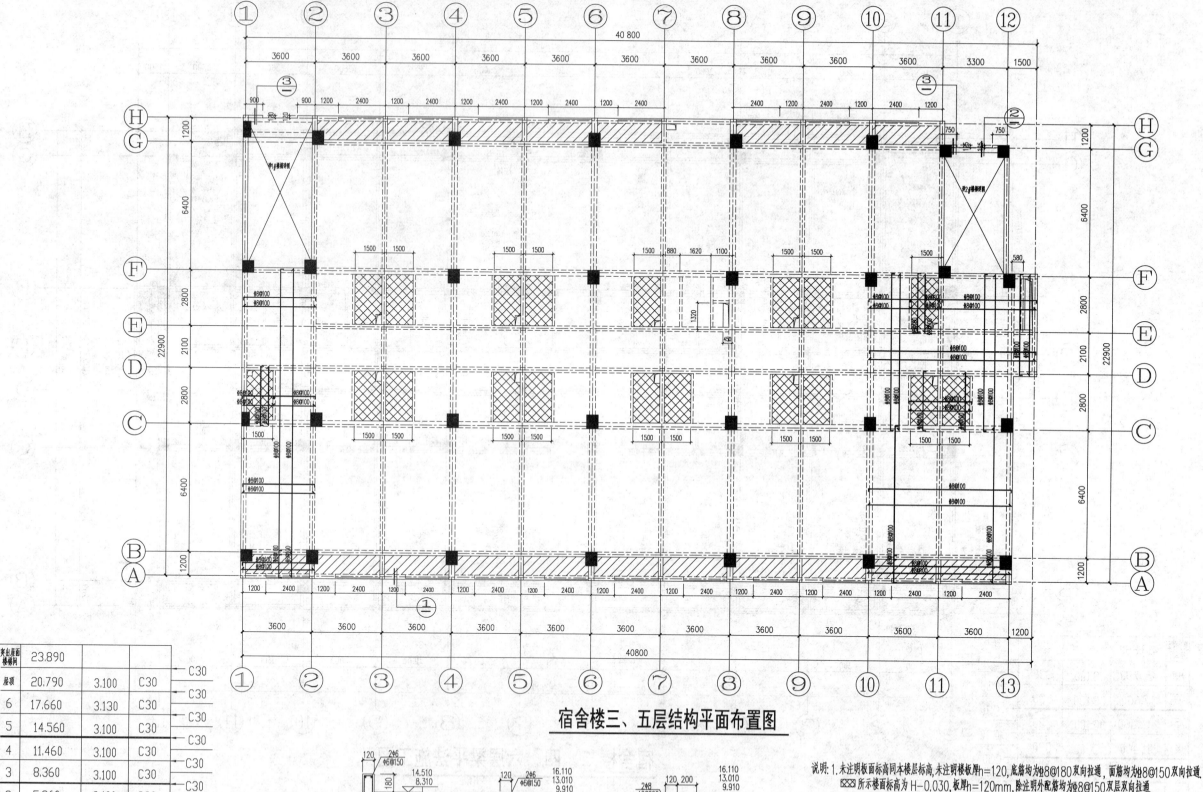

宿舍楼三、五层结构平面布置图

突出屋面楼梯间	23.890		
屋顶	20.790	3.100	C30
6	17.660	3.130	C30
5	14.560	3.100	C30
4	11.460	3.100	C30
3	8.360	3.100	C30
2	5.260	3.100	C30
1	2.160	3.100	C35
架空层	-0.030	2.190	C35
层 号	标高(m)	层高(m)	柱墙混凝土 梁板混凝土

结构层楼面标高
结 构 层 高

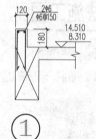

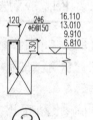

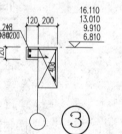

说明:1.未注明板面标高同本楼层标高,未注明楼板厚h=120,底筋均为φ8@180双向拉通,面筋均为φ8@150双向拉通.
　　 ▨所示楼面标高为H-0.030,板厚h=120mm,除注明外配筋均为φ8@150双层双向拉通
　　 ▨所示楼面标高为H-0.050,板厚h=120mm,除注明外配筋均为φ8@150双层双向拉通
　　 楼板高差大于30mm处板面钢筋断开,分别锚入梁肉,附加板筋长度从梁边算起.
　　2.卫生间排气排烟道留洞洞口尺寸详见建施图.
　　3.洞口加筋详见结构设计总说明.
　　4.卫生间水管留洞不得截断板筋,优先采用预理套管.
　　5.图中表示方法及结构造未详处详说明处参见图集11G101-1.
　　6.图中未注的平面定位及尺寸详见建施,图中未注明的梁按图示线位居轴线(柱)中或贴墙(柱)边平.

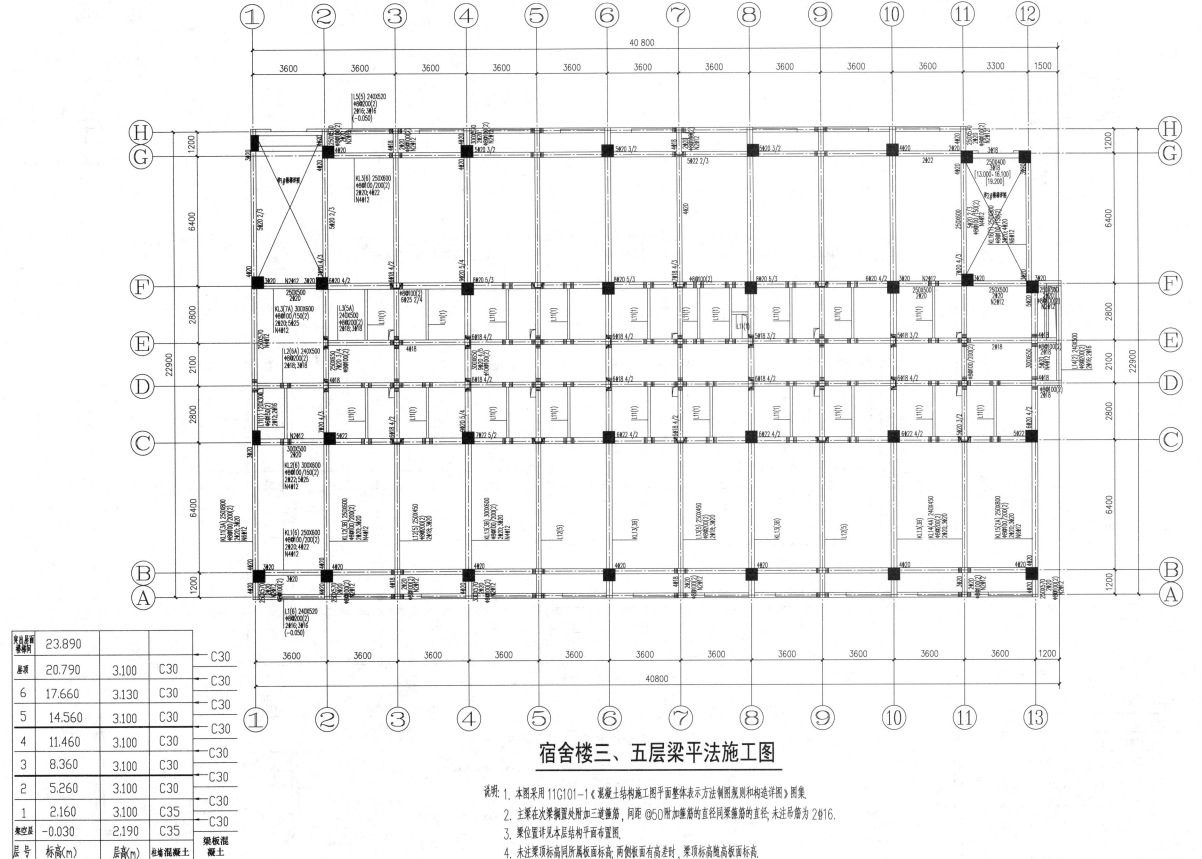

宿舍楼三、五层梁平法施工图

突出层面 楼梯间	23.890		
屋顶	20.790	3.100	C30
6	17.660	3.130	C30
5	14.560	3.100	C30
4	11.460	3.100	C30
3	8.360	3.100	C30
2	5.260	3.100	C30
1	2.160	3.100	C35
架空层	-0.030	2.190	C35
层号	标高(m)	层高(m)	柱墙混凝土	梁板混 凝土

结构层楼面标高
结构层高

说明: 1. 本图采用11G101-1《混凝土结构施工图平面整体表示方法制图规则和构造详图》图集

2. 主梁在次梁搁置处附加三道箍筋, 间距 @50附加箍筋的直径同梁箍筋的直径; 未注吊筋为 2Φ16.

3. 梁位置详见本层结构平面布置图.

4. 未注梁顶标高同所属板面标高; 两侧板面有高差时, 梁顶标高随高板面标高.

5. [ ]内值为梁顶相对±0.000标高; ( )内值为梁顶相对楼层结构标高.

6. 未注小梁截面尺寸为200x300,上下两根2Φ16, 箍筋为Φ6@150.

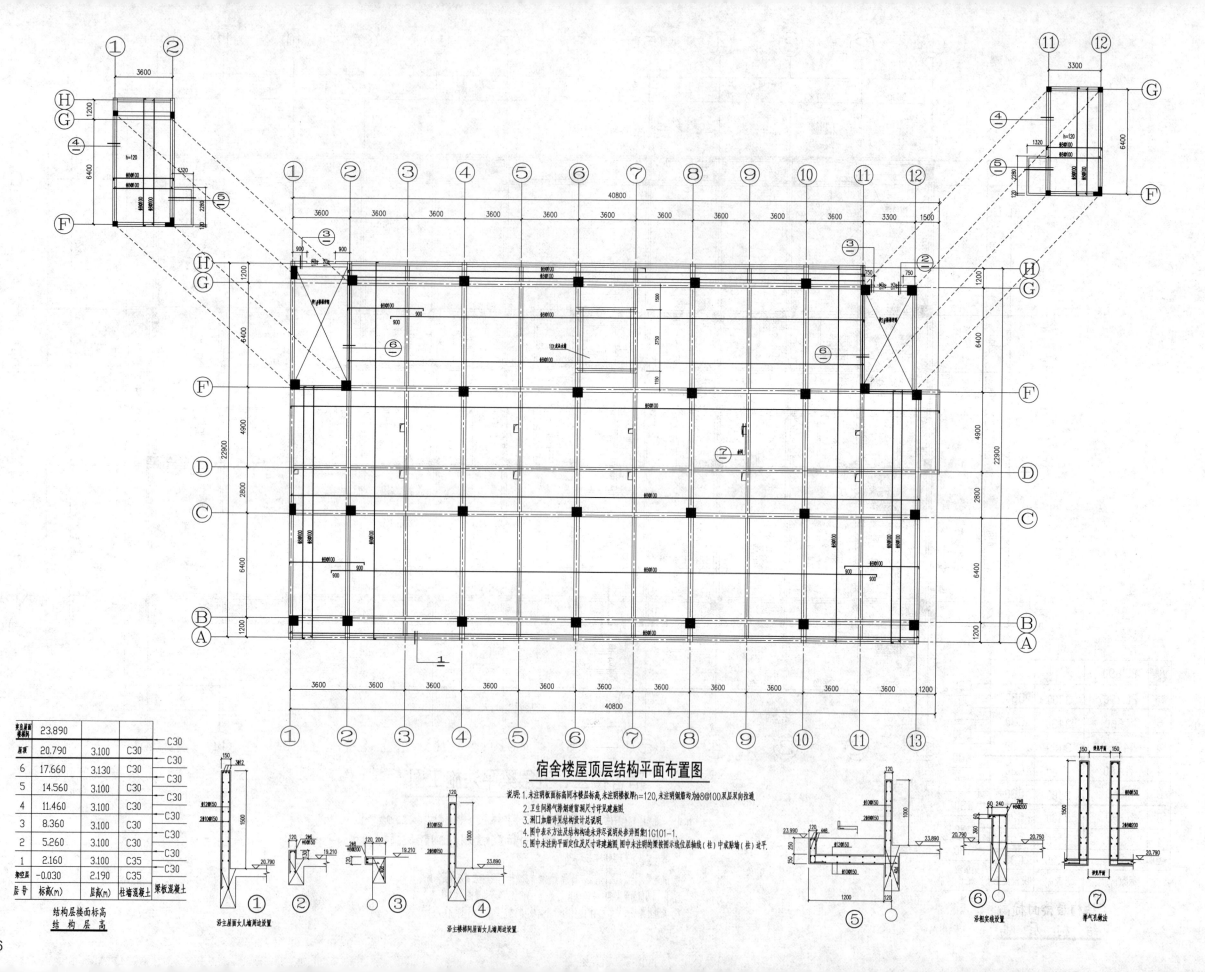

宿舍楼屋顶层结构平面布置图

说明：1.未注明板面标高同同本楼层标高，未注明楼板厚h=120，未注明钢筋均为φ8@100双层双向拉通
2.卫生间排气潜烟道留置洞口尺寸详见建施图
3.洞口加筋详见结构设计总说明
4.图中未表示方法及结构构造未详尽说明处参详图集11G101-1.
5.图中未注明的平面定位及尺寸详建施图，图中未注明的梁按图示纵位层轴线（柱）中或贴墙（柱）边平.

层号	标高(m)	层高(m)	柱墙混凝土	梁板混凝土
实际屋面	23.890			
屋顶	20.790	3.100	C30	C30
6	17.660	3.130	C30	C30
5	14.560	3.100	C30	C30
4	11.460	3.100	C30	C30
3	8.360	3.100	C30	C30
2	5.260	3.100	C30	C30
1	2.160	3.100	C35	C30
架空层	-0.030	2.190	C35	C30

结构层楼面标高
结 构 层 高

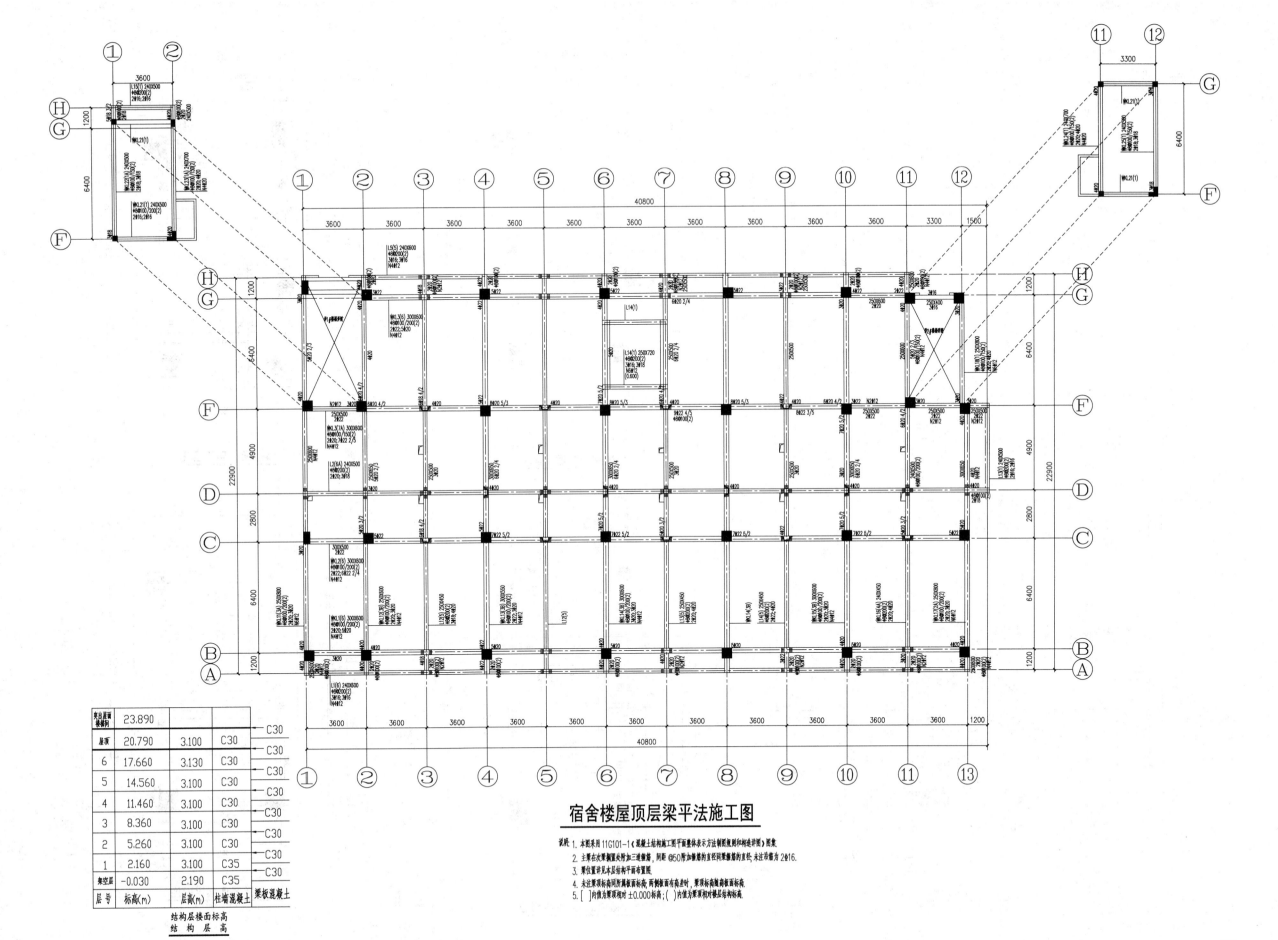

宿舍楼屋顶层梁平法施工图

突出屋面楼梯间	23.890		
			C30
屋顶	20.790	3.100	C30
			C30
6	17.660	3.130	C30
			C30
5	14.560	3.100	C30
			C30
4	11.460	3.100	C30
			C30
3	8.360	3.100	C30
			C30
2	5.260	3.100	C30
			C30
1	2.160	3.100	C35
			C30
架空层	-0.030	2.190	C35
层号	标高(m)	层高(m)	柱墙混凝土 / 梁板混凝土

结构层楼面标高
结构层高

说明: 1. 本图采用11G101-1《混凝土结构施工平面整体表示方法制图规则和构造详图》图集。
2. 主要在次梁搁置处附加三道箍筋, 间距 @50 附加箍筋的直径同梁箍筋的直径, 未注写需为2Φ16。
3. 梁位置详见本层结构平面布置图。
4. 未注梁顶标高同所属板顶标高, 两侧板面有高差时, 梁顶标高随板面标高。
5. [ ]内值为梁顶相对±0.000标高; ( )内值为梁顶相对楼层结构标高。

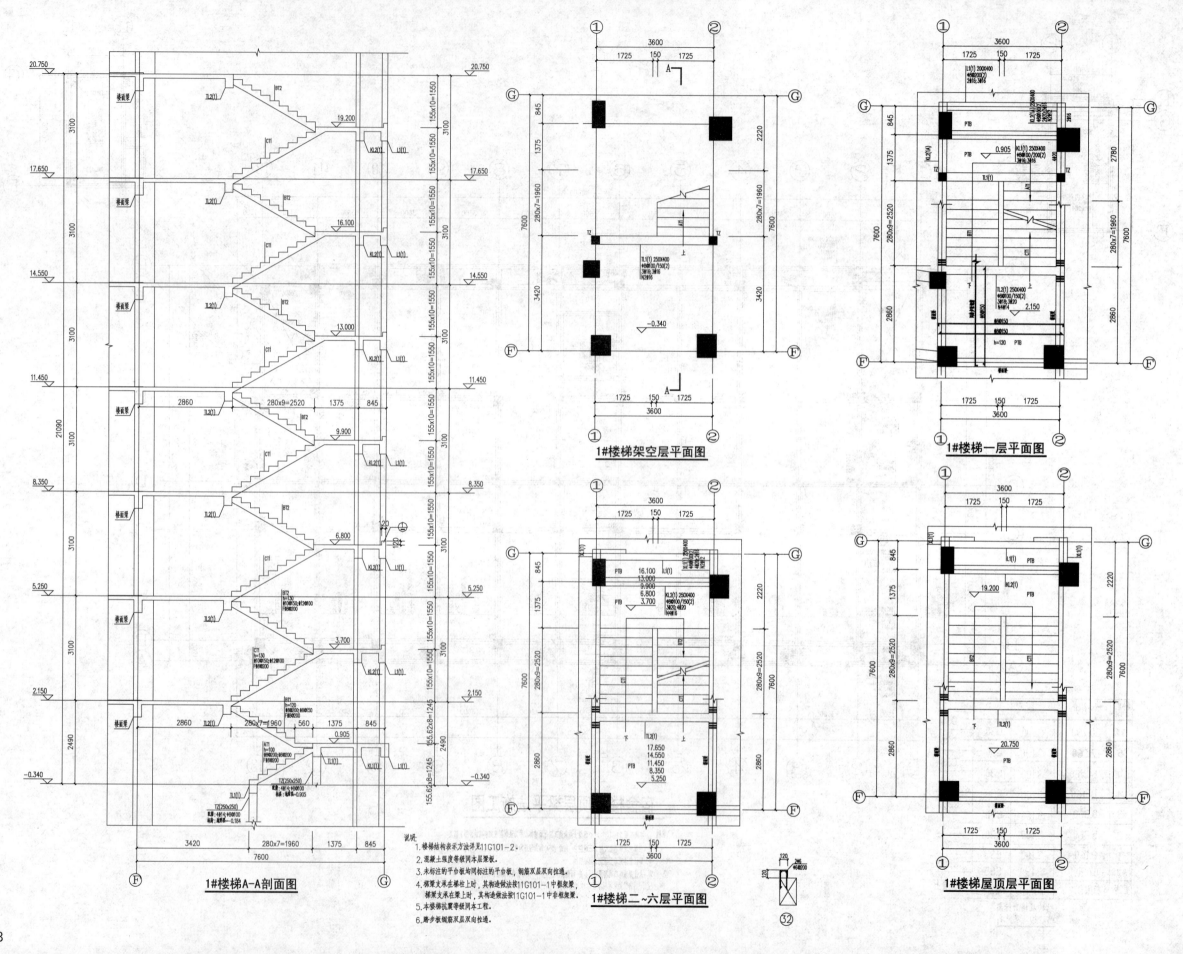

1#楼梯A-A剖面图

1#楼梯架空层平面图

1#楼梯一层平面图

1#楼梯二~六层平面图

1#楼梯屋顶层平面图

说明:
1. 楼梯结构表示方法详见11G101-2。
2. 混凝土强度等级同本层梁板。
3. 未标注的平台板均同标注的平台板,钢筋双层双向拉通。
4. 梯梁支承在梯柱上时,其构造做法按11G101-1中框架梁,
   梯梁支承在梁上时,其构造做法按11G101-1中非框架梁。
5. 本楼梯抗震等级同本工程。
6. 踏步板钢筋双层双向拉通。

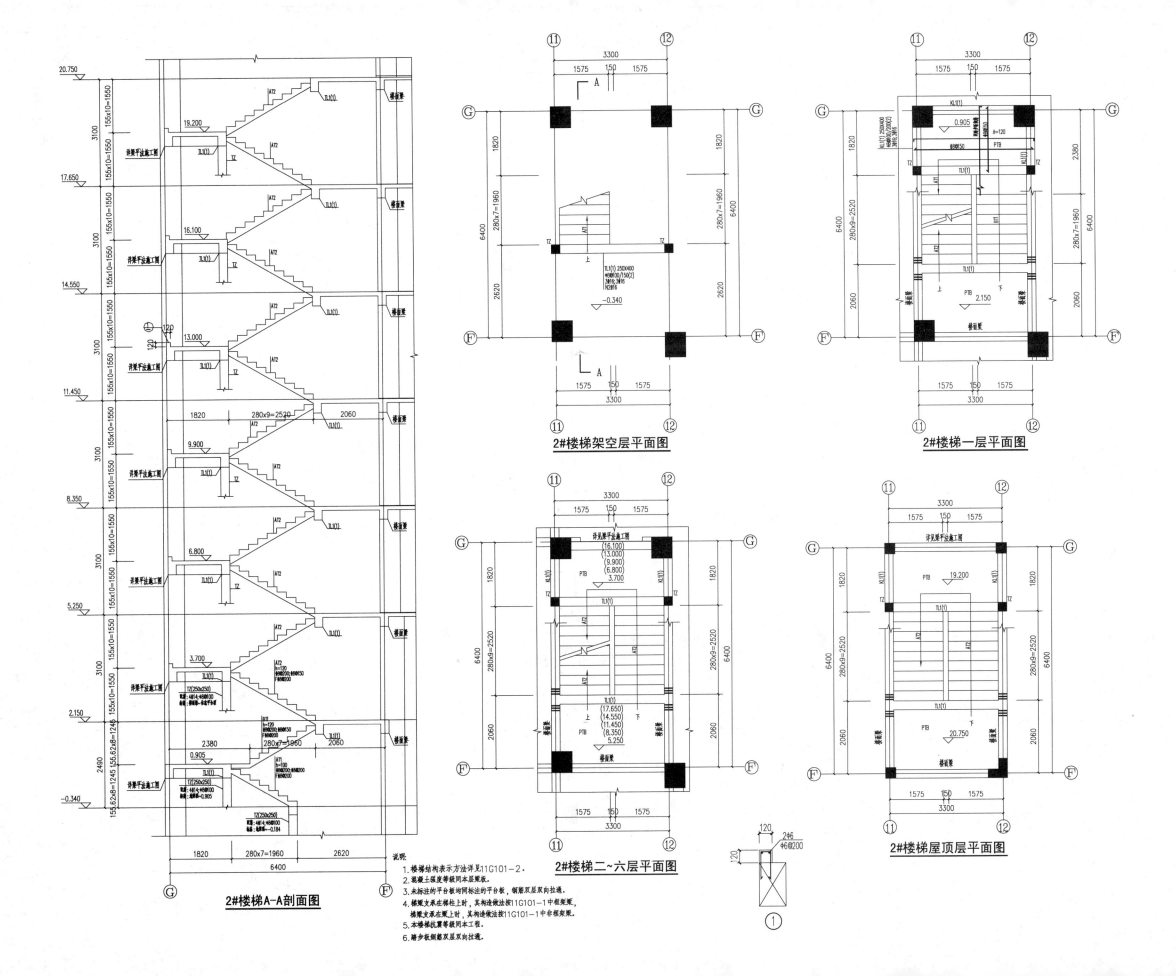

说明:
1. 楼梯结构表示方法详见11G101-2。
2. 混凝土强度等级同本层梁板。
3. 未标注的平台板均同标注的平台板,钢筋双层双向拉通。
4. 梯梁支承在梯柱上时,其构造做法按11G101-1中框架梁,梯梁支承在梁上时,其构造做法按11G101-1中非框架梁。
5. 本楼梯抗震等级同本工程。
6. 踏步板钢筋双层双向拉通。

2#楼梯A-A剖面图

2#楼梯架空层平面图

2#楼梯一层平面图

2#楼梯二~六层平面图

2#楼梯屋顶层平面图

关注我,关注更多好书

中国电力出版社教材中心

教材网址　http://jc.cepp.sgcc.com.cn
服务热线　010-63412706　63412548

刮开涂层
查询真伪

ISBN 978-7-5123-5928-4

9 787512 359284 >

定价：36.00 元